**NIEFORMALNE
ASPEKTY BIZNESU**

*Książkę dedykuję swojemu ojcu
Tadeuszowi Buszko*

Andrzej Buszko

NIEFORMALNE ASPEKTY BIZNESU

Rosja, kraje arabskie, Hongkong – Chiny
Z doświadczeniami praktycznymi Autora

Placet

Recenzja: dr hab. Małgorzata Poniatowska-Jaksch, prof. SGH

Projekt okładki: Aleksandra Olszewska

Redakcja: Leszek Plak

Wydanie I, 2010

Wydawca: Wydawnictwo PLACET
ul. Mickiewicza 18a/1
01-517 Warszawa
tel.: (22) 8393626
fax: (22) 8396761
e-mail: redakcja@placet.pl
Księgarnia internetowa http://www.placet.pl

ISBN 978-83-7488-156-2

Warszawa 2010

Skład i łamanie: PLACET
Druk i oprawa: ELPIL

Spis treści

Wstęp

Prowadzenie działalności gospodarczej wymaga znacznej wiedzy. Jest ona niezbędna przy podejmowaniu decyzji, opracowaniu i wdrożeniu odpowiedniej strategii zarządzania. Analiza strategiczna uwzględnia różne czynniki, w tym także makroekonomiczne. Poszczególne państwa, a nawet regiony świata wykazują pewne podobieństwa. Jednak postępująca globalizacja nie doprowadziła do zatarcia różnic między krajami. Mają one miejsce mimo sąsiedztwa, kontaktów gospodarczych, politycznych, zbliżonego języka, np. między Polską a Rosją. W innych przypadkach różnice nadal się utrzymują mimo stale rozwijających się technologii informatycznych. Świat biznesu na różnych rynkach w pewien sposób działa jednak podobnie. Sprzyja temu także wymiana informacji, migracje ludności, kształcenie studentów i dążenie do zatrudniania wybitnych specjalistów. Nie zawsze pochodzą oni z rodzimego kraju. Procesy integracyjne, ujednolicenie prawa, standardów zawierania kontraktów, ich rozliczania, rozstrzygania sporów, upowszechnienie angielskiego, jako języka biznesu rzutują na unifikację zachowań. Zmiany te nie doprowadziły do pełnej unifikacji standardów prowadzenia działalności gospodarczej. Bardzo często to specyfika danego kraju decyduje o sukcesie przedsięwzięcia.

W zbieraniu danych do opracowania stosownej strategii specyfika rynku z reguły jest pomijana lub marginalizowana. Rozpoczynając biznes menedżerowie nie zdają sobie tak naprawdę, do końca sprawy z przyczyn, dzięki którym osiągany jest sukces. Ogólne podstawy teoretyczne okazują się nie do końca jedynymi i wystarczającymi do tego, aby sprostać oczekiwaniom. Często bywa też i tak, że niektórzy, z pozoru stojący na straconej pozycji, zawierają i realizują kontrakty z powodzeniem. Inni, posiadający doskonałe (wydawałoby się na pierwszy rzut oka) przygotowanie, położenie geograficzne, wspólną historię, nawet znajomość języka nie mogą zrozumieć dlaczego sukces jest tak odległy, a prawie wszystkie próby nawiązania współpracy kończą się niepowodzeniem. Niekiedy ludzie sukcesu próbują problemy bagatelizować – twierdząc, iż powodzenie zawdzięczają sprzyjającemu zbiegowi okoliczności czy też szczęściu. Nie można twierdzić, że tak się w życiu nie dzieje, ale o wiele lepiej radzi sobie ten, kto zdarzenia potrafi dostrzec, zrozumieć, a następnie wykorzystać.

Relatywnie wcześnie znaczenie specyfiki biznesu danego kraju odnotowały koncerny zagraniczne, działające na różnych rynkach. Początkowo starały się one w pełni przenosić sprawdzone w swoich macierzystych krajach rozwiązania. Takie działanie nie w pełni okazało się skuteczne. Koncerny zmieniły swoje strategie. Starają się, i nadal to czynią, zdobywać jak najwięcej informacji (nawet z pozoru błahych) na temat specyfiki danego rynku. Współpracują z ośrodkami naukowymi, centrami badań lub tworzą własne na szczeblu zarządu. Druga droga postępowania sprowadza się do wykorzystywania miejscowych pośredników tak, aby obie strony czerpały z tego korzyści. Działanie przez pośredników okazywało się skuteczne i nadal jest bardzo przydatne w Chinach.

Uwarunkowania kulturalne, znajomość języka, obyczajów, formy zawierania transakcji były często niezrozumiałe dla europejskich biznesmenów. Dla Chińczyków z kolei Europejczycy jawili się, jako osoby nastawione jedynie na zysk, imające się wszelkich działań przynoszących im korzyść. Z tego względu wzbudzenie zaufania, nawiązanie długofalowej współpracy wcale nie było łatwe. O takim podejściu do biznesu (różnicach, specyfice) świadczą sprawozdania gospodarcze, jakie w pierwszych latach funkcjonowania Hongkongu kierowali do Londynu pierwsi gubernatorzy kolonii.

Postępująca globalizacja, procesy integracyjne przyczyniają się do dynamicznego rozwoju kontaktów gospodarczych. Omawiamy więc przyczyny, dzięki którym powstaje określona specyfika danego rynku. Tak jest w przypadku, np. w Rosji, gdzie znaczny wpływ na działania ma szara strefa i władze centralne. Władza ma o wiele większy wpływ na bieżącą politykę gospodarczą niż ma to miejsce w ugruntowanych gospodarkach rynkowych. Ważna jest próba odpowiedzi na pytanie, jak w takiej rzeczywistości należy się poruszać i czy zawsze transakcje na tamtych rynkach są zwierane po tzw. „błatu". Ukazany jest także kontekst historyczny – dlaczego rozmiar szarej strefy w krajach tzw. byłego bloku radzieckiego jest znaczny? Z przytoczonych w publikacji różnych opinii naukowych, popartych badaniami, wynika, że prędzej czy później każdy z praktykami szarej strefy się zetknie.

Duży wpływ na działania przedsiębiorstw w krajach arabskich ma islam. Poruszono kwestię tej religii, jej implikacje na zachowania podmiotów rynkowych. Zwrócono uwagę na zachowania inwestorów arabskich w krajach o rozwiniętej gospodarce rynkowej. Postępowanie arabskich przedsiębiorców pozwala na określenie różnic i podobieństw w strategiach, którymi kierują się, np. biznesmeni z Europy.

Książka omawia specyfikę rynku Chin i Bliskiego Wschodu. Część uwarunkowań jest zbliżona, np. związki nieformalne w Chinach tzw. *guanxi*, z przytoczonym wcześniej przypadkiem Rosji. A przecież z pozoru oba rynki, wręcz regiony świata znaczne się od siebie różnią. Inna jest rola władz w Pekinie. Jest ona nastawiona na długofalowy efekt i niezmiernie pragmatyczna. Władze są gotowe na poniesienie nawet w krótszym okresie porażek, ale liczy się końcowy efekt. Pragmatyczne działania władz chińskich zostały opisane w odniesieniu do Hongkongu. Pozycja wyjściowa Chin była trudna. Hongkong był kolonią pod protekcją silnego, o ugruntowanej pozycji międzynarodowej, państwa. Wielka Brytania była i nadal pozostaje w związkach partnerskich z najsilniejszymi mocarstwami świata. Chiny, zatem nie mogły pozwolić sobie na otwarty konflikt. Dodatkowo chińskie społeczeństwo w kolonii składało się z uciekinierów z ChRL. Byli oni wrogo nastawieni do komunistycznej władzy w Pekinie. Polityką małych kroków Chiny związały się gospodarczo z Hongkongiem, następnie go zdominowały (bez Chin Hongkong nie byłby centrum pośrednictwa w skali światowej), a w 1997 roku nastąpiło formalne przejęcie terytorium. Z tego względu wnikliwej analizie poddano okres współpracy gospodarczej Hongkongu i Chin w latach 1949–1976. Ukazana została także rola Hongkongu po 1997 roku.

Ważne miejsce w życiu gospodarczym regionu odgrywają chińskie triady. Szczególnie istotna okazuje się ekspansja triad z Hongkongu na terytorium Chin. W ChRL triady trafiają na podatny grunt, otwierają się przed nimi szerokie (nie znane do tej pory) możliwości funkcjonowania. Przedstawiono genezę powstania triad, ich rodzaje oraz zasady działania. Książka zwiera informacje na temat typowych pułapek kontraktowych, z którymi może zetknąć się biznesmen starający się nawiązać współpracę na międzynarodowych rynkach.

Strategię można definiować jako spójny, całościowy plan działania przedsiębiorstwa. Nawet dobrze opracowana strategia nie gwarantuje niestety sukcesu. Należy bowiem dysponować z jednej strony odpowiednimi umiejętnościami, pozwalającymi realizować strategię, a z drugiej dostrzegać i uwzględniać te uwarunkowania, które zasadniczo wpływają na zasady działania podmiotów gospodarczych. Często zdarza się tak, że czynniki determinujące strategię są pomijane, niekiedy wydają się one oczywiste, lub brakuje odpowiedniej wiedzy – jak dany czynnik ująć i wykorzystać? W przypadku kiedy zostaną one uwzględnione, strategia nabiera cech oryginalności i pozwala na nawiązanie walki konkurencyjnej. Celem autora jest zwrócenie uwagi na takie właśnie uwarunkowania. Dlatego poruszono jednocześnie wątki makro i mikroekonomiczne.

Autor legitymuje się długoletnią praktyką gospodarczą, przedstawia swoje spostrzeżenia, wnioski pod takim kątem, by podkreślić możliwości aplikacyjne poruszanych zagadnień. Struktura tematyczna przy omawianiu każdego z rynków (Rosja, kraje arabskie, Chiny–Hongkong) jest odmienna i dostosowana do specyfiki prowadzenia biznesu na poszczególnych rynkach. Każdy z rynków jest omawiany z jednej strony na podstawie przeglądu współczesnej literatury światowej, dotyczącej jego historii i specyfiki działań biznesowych. Przedstawiono badania innych zagranicznych autorów, ukazano zasady działania na wybranych rynkach, strategie przedsiębiorstw, podstawowe uwarunkowania zawierania i realizowania transakcji. Druga część dotyczy już własnych opinii, doświadczeń autora. Te ostatnie często odbiegają od tradycyjnego spojrzenia na możliwości współpracy z zagranicznymi partnerami. Konfrontacja części teoretycznej i praktycznej powinna inspirować czytelnika do wyciągnięcia własnych wniosków, pomóc w opracowaniu strategii zarządzania przedsiębiorstwem na rynkach zagranicznych. Temu też służy ostatni rozdział. Uwypukla on elementy otoczenia makroekonomicznego, jakie należy wziąć pod uwagę rozpatrując możliwość zaistnienia na danym rynku. W tym sensie jest on wskazówką do opracowania stosownej strategii, a nie teorią analizy strategicznej czy gotową receptą.

Publikacja jest przede wszystkim pomyślana jako inspiracja do opracowania oryginalnej strategii zarządzania. Ponadto może ona, (zwłaszcza jej część teoretyczna), być traktowana jako uzupełniający materiał dla studentów pierwszego oraz drugiego stopnia kształcenia na kierunku ekonomia i zarządzanie.

1

Warunki prowadzenia działalności gospodarczej na rynku rosyjskim

1.1. Dlaczego Rosja?

Rosja zajmuje powierzchnię prawie 17 mld km^2. Jest największym względem terytorium państwem świata. Zamieszkuje ją obecnie 142 mln ludności. W 1995 roku było 145 mln obywateli. W ciągu piętnastu lat odnotowano zatem spadek ludności o 3 mln. W 2009 roku Rosja wytworzyła 1699 mld USD PKB. Jest krajem wielonarodowym, co prawda największą grupę stanowią Rosjanie, blisko 80% społeczeństwa, ale na drugim miejscu są już Tatarzy 3,8%, Ukraińcy 2,03%, pozostali to Baszkirzy, Czuwasze, Mordwini, Awarowie, Buriaci, Niemców jest ok. 0.41%, Koreańczyków 0,1%. Rosja dzieli się na 21 republik, 8 krajów, 47 regionów, 2 miasta federalne, 1 region autonomiczny i 8 autonomicznych dystryktów.

Relatywnie rzadko podkreśla się, że Rosja dysponuje trzecimi największymi rezerwami walutowymi na świecie (po Chinach i Japonii). W 2007 roku rezerwy w walutach zagranicznych i złocie sięgnęły 476,4 mld USD. Rezerwy walutowe Rosji w podstawowym stopniu są uzależnione od ceny surowców. Wysokie ceny surowców w 2004 roku (np. cena ropy marki Urals w styczniu 2005 roku była prawie 2,5-krotnie wyższa niż przed trzema laty) spowodowały wzrost dochodów budżetu. Powstała w ten sposób nadwyżka budżetowa (ponad 4% PKB; planowano 0,5%). Dzięki temu środki zgromadzone w Funduszu Stabilizacyjnym przekroczyły na koniec 2004 roku 18 mld USD. Światowy kryzys finansowy w 2009 roku spowodował, że rezerwy w lutym wynosiły tylko 383 mld USD, ale w połowie 2009 roku przekroczyły 400 mld USD. Dla porównania rezerwy walutowe Polski wynoszą ok. 68 mld USD. Tak wysoki stan rezerw walutowych pozwala Rosji sukcesywnie regulować swoje zobowiązania, w tym także dług zagraniczny, który pod koniec 2009 roku wyniósł 360 mld USD. Rosja posiada dodatnie saldo w handlu zagranicznym. W 2009 roku eksport wyniósł 355 mld USD a import 225 mld USD. (Dla porównania Polska ma ujemne saldo, eksport zamyka się kwotą rzędu 144 mld USD, a import 160 mld USD). Chiny mają PKB prawie czterokrotnie większe niż Rosja, a eksport tego kraju wynosi 1220 mld USD, import 940 mld USD.

Należy podkreślić handlową atrakcyjność rynku rosyjskiego. Jak wynika z badań PMR, w porównaniu do Rosji i Ukrainy, rynki takich krajów środkowoeuropejskich jak Węgry, Czechy i Słowacja są niewielkie. Kraje te są za to bogatsze. Na przykład w Czechach PKB na mieszkańca wyrażony w sile nabywczej stanowi 81% średniej unijnej. Relatywna zamożność mieszkańców Europy Środkowej (w porównaniu do ich wschodnich sąsiadów) uczyniła region atrakcyjnym dla detalistów już w latach dziewięćdziesiątych. Skusiło to wielu międzynarodowych graczy do rozbudowy swoich lokalnych sieci w Europie Środkowej. Ci z nich, którzy osiągnęli sukces, mogą cieszyć się dużymi udziałami w rynku. Tym samym nieuniknionym rezultatem szybkiego rozwoju rynku detalicznego w małych krajach Europy Środkowej okazała się wysoka koncentracja rynku. W 2007 roku dziesięciu największych detalistów spożywczych miało łączny udział rynkowy na poziomie 71% na Węgrzech, 75,3% w Czechach i 78% na Słowacji. Koncentracja rynku jest szczególnie dobrze widoczna w dużych miastach. Na przykład w Budapeszcie działa aż 30 hipermarketów, w Pradze jest ich 20. Z powodu niewielkiego rynku oraz silnej i dobrze zadomowionej konkurencji, małe kraje Europy Środkowej zostały uznane za mniej atrakcyjne dla firm planujących rozwój sieci detalicznych, według rankingu PMR (Indeks Atrakcyjności Handlowej Państw™ - Country PMR Retail Attractiveness Index™).

W Polsce jest jednak nieco inaczej, głównie ze względu na większy rynek i mniejszy stopień koncentracji. Dziesięciu wiodących detalistów spożywczych w Polsce ma łączny udział rynkowy na poziomie 26,7%, nieporównywalnie mniej niż w Czechach czy na Słowacji. Tak niska koncentracja stanowi zachętę dla dużych graczy, którzy mogą zdobywać udziały rynkowe przez przejęcia mniejszych firm. Na tej podstawie można stwierdzić, że możliwości rozwoju w krajach Europy Środkowo-Wschodniej są już ograniczone. Znacznie większe możliwości można dostrzec w Rosji i Ukrainie. Kraje te są najatrakcyjniejszymi celami dla inwestycji w handel detaliczny, spośród ośmiu krajów Europy Środkowo-Wschodniej objętych rankingiem PMR. Polska jest najwyżej notowanym krajem spośród członków Unii Europejskiej. W rankingu PMR najbardziej atrakcyjnych miast zwyciężyły Odessa, Bukareszt i Donieck. W Rosji jest aż 160 ośrodków o liczbie mieszkańców powyżej 100,000 w tym 12 metropolii powyżej miliona. Sama Moskwa i Sankt Petersburg są, według oficjalnych danych, zamieszkane przez odpowiednio 10 i 4,7 miliona ludzi. W rzeczywistości, liczba mieszkańców tych miast może być jeszcze większa.

Rosyjscy konsumenci są nie tylko liczni, ale także coraz zamożniejsi. Reformy gospodarcze wraz z korzystnymi dla Rosji trendami w gospodarce światowej (wysokie ceny ropy i innych surowców) umożliwiły przezwyciężenie długotrwałego kryzysu po rozpadzie Związku Radzieckiego. Obecnie rosyjskie PKB na mieszkańca, według parytetu siły nabywczej, sięga połowy średniej w UE. To niewiele mniej niż w Polsce. Choć według rankingu PMR Rosja jest najatrakcyjniejszym krajem dla rynku detalicznego, liderem zestawienia miast jest jednak ukraińska Odessa. W pierwszej piątce rankingu znajdują się jeszcze dwa inne ukraińskie miasta. Czynnikami, które spowodowały umieszczenie Odessy, Doniecka i Charkowa tak wysoko są: duża liczba mieszkańców oraz brak istotnej konkurencji na lokalnych rynkach.

Zupełnie inaczej jest w wielkich rosyjskich metropoliach, Moskwie i Sankt Petersburgu, których mieszkańcy mają dostęp do szerokiej gamy sklepów różnych formatów. Niemniej jednak, w prowincjonalnych, choć dużych miastach Rosji, takich jak np. Iżewsk czy Krasnojarsk, lokalny rynek detaliczny bardziej przypomina Ukrainę. Na przykład, we wspomnianym Iżewsku, liczącym 600,000 mieszkańców, nie ma ani jednego hipermarketu należącego do sieci o ogólno rosyjskim zasięgu. Pierwszy duży gracz, który zainwestuje w Iżewsku nie napotka więc mocnej konkurencji [www.gospodarka.pl/33420 2009-12-25].

Rosja posiada długoletnie i bogate tradycje w przemyśle maszynowym. Kraj ten słynie z produkcji i eksportu konwencjonalnego uzbrojenia. W 2009 roku wartość tego typu dostaw na rynki międzynarodowe wyniosła prawie 8 mld USD. Pierwsza rosyjska firma produkująca samochody powstała w 1874 roku. Produkcję miała zlokalizowaną w Rydze i początkowo wytwarzała całkiem udane wagony kolejowe. W latach 20. XX wieku firma zmieniła lokalizację – przeniesiono ją do Moskwy i tam już produkowano samochody. Działania władz centralnych Rosji zmierzają do tego, aby unowocześnić gospodarkę i wdrożyć nowoczesne technologie. Premier W. Putin w 2009 roku przeznaczył na program rozwoju nanotechnologii kwotę 7 mld USD. Próby modernizacji gospodarki Rosji mają na celu zwiększenie innowacyjności. Czynione są próby utworzenia w Moskwie światowego centrum finansowego (równorzędnego z Nowym Jorkiem, Londynem czy Tokio). Rubel (zapowiedzi prezydenta D. Miedwiediewa) ma się stać początkowo walutą rezerwową regionu, a potem stopniowo zyskiwać na znaczeniu – nawiązując tym samym do walut kluczowych takich, jak USD, euro czy yen, lub już nawet chiński yuan. Pod Moskwą powstać ma miasto na wzór amerykańskiej Doliny Krzemowej. Celem tego ośrodka będzie tworzenie podstaw do szerokiego wdrożenia bardzo nowoczesnych, innowacyjnych rozwiązań. Do tej pory Rosja jest jednak postrzegana jako kraj, który eksportuje głównie surowce i półprodukty. Rosyjskimi towarami eksportowymi były i nadal pozostają: ropa naftowa, gaz ziemny, rudy żelaza i innych metali, drewno, węgiel kamienny, produkty rolnicze, stal i żelazo, broń, maszyny. Główne kierunki eksportu w 2006 roku to: Holandia 12,3%, Włochy 8,6%, Niemcy 8,4%, Chiny 5,4%, Ukraina 5,1%, Turcja 4,9%, Szwajcaria 4,1%. Partnerzy importowi to: Niemcy 13,9%, Chiny 9,7%, Ukraina 7%, Japonia 5,9%, Korea Południowa 5,1%, USA 4,8%, Francja 4,4%, Włochy 4,3%.

1.2. Współpraca gospodarcza Polski i Rosji

Począwszy od 1990 roku na współpracę gospodarczą Polski i Rosji wpływa wiele czynników, w tym również politycznych. Z tego względu wartość obrotów handlowych, struktura wymiany, poziom inwestycji nie w pełni odpowiada możliwościom obu stron. Podstawę dla rozwoju dwustronnych stosunków gospodarczych stanowi Umowa między Rządem RP a Rządem FR o współpracy gospodarczej z 2 listopada 2004. Dzięki niej powołano Polsko-Rosyjską Międzyrządową Komisję ds. Współpracy Gospodarczej. Jest ona płaszczyzną dialogu, mającą na celu zwiększenie współpracy gospodarczej. Ważnym aktem prawnym jest także *Umowa między Rządem RP a Rządem FR w sprawie unikania podwójnego opodatkowania, w tym podatków od dochodu i majątku* z 22.05.1992 r. Fakt przystąpienia Polski do Unii Europejskiej powoduje, że podstawowym dokumentem regulującym współpracę gospodarczą jest *Porozumienie o partnerstwie i współpracy* ustanawiające partnerstwo między Wspólnotami Europejskimi i ich państwami członkowskimi a Federacją Rosyjską z 24.06.1994.

Oprócz umów na szczeblu rządowym obowiązują także umowy na szczeblu regionalnym. Podpisano tu szereg porozumień, np. *Porozumienie między Rządem Rzeczypospolitej Polskiej a Rządem Federacji Rosyjskiej o współpracy północno-wschodnich województw Polski z Obwodem Kaliningradzkim* – zawarte w maju 1992 r. Na podstawie tej umowy powołano szereg komisji, których zadaniem jest opracowanie wytycznych do zwiększenia współpracy gospodarczej, w tym inwestycyjnej i wymiany handlowej. W tym samym roku podpisano *Porozumienie między Rządem RP a Rządem FR o współpracy polskich województw z regionem Sankt Petersburga*. Kolejną jest *Umowa między Rządem RP a Rządem FR o współpracy trans granicznej.* W maju 1992 roku zawarto *Traktat między Rzeczypospolitą Polską a Federacją Rosyjską o przyjaznej i dobrosąsiedzkiej współpracy*. W listopadzie 2004 roku podpisano kolejną Umowę między Rządem Rzeczypospolitej Polskiej i Rządem Federacji Rosyjskiej o współpracy gospodarczej.

Oprócz tych umów krajowe administracje lokalne podpisały umowy z 25. regionami Federacji Rosyjskiej o współpracy. Istnieje także forum współpracy w formie miast partnerskich, dzięki czemu ma się ożywić współpraca regionalna. Warto podkreślić, że przedstawiciele województw: pomorskiego i warmińsko-mazurskiego działają w komisjach Polsko-Rosyjskiej Rady ds. Współpracy Regionów RP z Obwodem Kaliningradzkim oraz Polsko-Rosyjskiej Radzie ds. Współpracy Regionów RP z Regionem Sankt Petersburga. Istnieje także współpraca między polskimi izbami a izbami handlowo-przemysłowymi w Moskwie, Smoleńsku, Niżnym Nowgorodzie, Nowosybirsku, Kiemierowie, Saratowie, Riazaniu, Omsku, Jekaterynburgu, Kazaniu. Duże nadziej wiąże się z Rosyjską Radą Biznesu ds. współpracy z Polską. Jednak mimo relatywnie dużej liczby porozumień i form nie doprowadziło to do większej dynamiki wymiany handlowej oraz współpracy gospodarczej. Dowodem jest tu wartość wzajemnych inwestycji bezpośrednich i duże wahania w wymianie handlowej.

Inwestycje między Polską i Rosją, mimo oficjalnego optymizmu, nie są wysokie. Według danych rosyjskich (ROSSTAT), wartość polskich inwestycji w rachunku skumulowanym, na koniec marca 2009 r., wyniosła 525 mln USD, z czego 82,6% stanowiły inwestycje bezpośrednie (434 mln USD). Polscy inwestorzy podkreślają zawiłość przepisów, niestabilność podatkową, brak gwarancji. Co prawda w latach 2003–2008 zarysowała się lekka tendencja wzrostu napływu inwestycji z Polski do Rosji, z 20,1 mln USD w 2003 r. do 324 mln USD w 2008 r. Obecnie poziom inwestycji jest stabilny zamyka się w przedziale 70 mln USD rocznie. Najwięcej polskich inwestycji bezpośrednich skoncentrowanych jest w przemyśle przetwórczym (52,2%), w tym chemicznym (11,4%), obróbce i produkcji artykułów z drewna (24,4%), oraz produkcji tekstylnej (7,1%), rynku nieruchomości (11,6%) i w obrębie działalności finansowej (20,2%). Największa regionalna lokalizacja polskiego kapitału ma miejsce w Północno-Zachodnim Okręgu Federalnym – m.in. Sankt Petersburg, Obwód Leningradzki i Kaliningradzki (skumulowana wartość polskich inwestycji bezpośrednich na koniec marca 2009 r. wyniosła 273,5 mln USD) oraz w Centralnym Okręgu Federalnym (m.in. Moskwa i Obwód Moskiewski i Obwód Samarski – 223,5 mln USD).

Z krajowych przedsiębiorstw, które zdecydowały się zainwestować w Rosji należy w pierwszym rzędzie wymienić Toruńskie Zakłady Materiałów Opatrunkowych „Bella-Jegoriewsk" w Obwodzie Moskiewskim (materiały higieniczne), Fabrykę Płyt z Grajewa w Wielkim Nowgorodzie (płyty wiórowe), Forte we Włodzimierzu (meble), Bioton w Orle (produkcja insuliny).

Wartość inwestycji rosyjskich w Polsce w rachunku skumulowanym pod koniec 2009 r. wyniosła 690 mln USD. Według danych NBP w 2007 r. nastąpił odpływ rosyjskiego kapitału z Polski w wysokości 251,1 mln EUR. Do największych inwestorów rosyjskich w Polsce należy Gazprom (gazociąg tranzytowy), Łukoil (stacje paliw, gaz propan-butan), i Bagdasarian – Śnieżka S.A. w Wałbrzyskiej SSE (wyroby cukiernicze), Siewierstallat (metalurgia). Najnowszą inwestycją rosyjskiego kapitału jest terminal paliwowy budowany przez Łukoil.

Wymiana handlowa Polski i Rosji ulegała w latach 2000–2009 znacznym wahaniom. Do roku 2008 można odnotować tendencję wzrostu polskiego eksportu. Ale już pierwszy kwartał 2009 roku przyniósł załamanie. Podstawowe przyczyny załamania obrotów handlowych z Rosją to:

1. światowy kryzys gospodarczy i jako efekt spadek obrotów w handlu światowym;
2. dewaluacja rubla o ok. 30% w okresie listopad 2008 rok – styczeń 2009 rok;
3. instrumenty protekcjonistyczne stosowane przez Rosję (m.in. podwyższenie ceł);
4. spadek cen surowców energetycznych (w eksporcie rosyjskim).

Tabela 1. Obroty handlu zagranicznego Polski według ważniejszych krajów

Wyszczególnienie	I 2009						2009	2010
	w mln zł	w mln USD	w mln EUR	I 2009 = 100			I	
				zł	USD	EUR	struktura w %	
EKSPORT								
1. Niemcy	8087,1	2760,8	1938,0	100,1	100,2	98,4	27,1	26,2
2. Francja	2268,1	774,3	543,5	100,6	100,6	98,9	7,6	7,4
3. Wielka Brytania	2135,3	728,9	511,7	110,3	110,3	108,4	6,5	6,9
4. Republika Czeska	1837,1	627,7	440,8	101,0	101,0	99,3	6,1	6,0
5. Włochy	1642,1	560,6	393,5	82,7	82,8	81,3	6,7	5,3
6. Niderlandy	1363,8	465,6	326,8	95,4	95,4	93,8	4,8	4,4
7. Rosja	1224,5	418,0	293,4	123,7	130,1	123,1	3,3	4,0
8. Hiszpania	956,0	326,3	229,1	141,6	141,7	139,2	2,3	3,1
9. Węgry	854,4	291,7	204,7	114,3	114,3	112,3	2,5	2,8
10. Szwecja	843,6	288,1	202,2	90,9	91,0	89,4	3,1	2,7
IMPORT								
1. Niemcy	6974,1	2381,6	1672,1	96,2	96,3	94,7	21,3	20,7
2. Rosja	3948,7	1352,2	950,5	118,1	118,7	116,6	9,8	11,7
3. Chiny	3320,1	1133,4	795,6	85,9	87,4	84,8	11,3	9,8
4. Włochy	1954,3	667,2	468,3	97,1	97,1	95,4	5,9	5,8
5. Francja	1442,3	792,4	345,6	94,9	94,9	93,3	4,5	4,3
6. Niderlandy	1197,8	408,9	287,0	100,7	100,8	99,0	3,5	3,5
7. Republika Czeska	1196,6	4,8,5	286,7	120,6	120,7	118,6	2,9	3,5
8. Republika Korei	978,7	334,1	234,5	98,9	101,5	97,7	2,9	2,9
9. Wielka Brytania	888,8	303,4	213,0	86,9	87,0	85,5	3,0	2,6
10. Stany Zjednoczone	884,2	301,8	211,9	84,4	87,0	83,6	3,1	2,6

Źródło: www.stat.gov.pl 2010-03-29

W I półroczu 2009 r. polsko-rosyjskie obroty handlowe (6762 mln USD) odnotowały podobną dynamikę i kierunek jak i całość obrotów handlowych Rosji z krajami UE. Jednocześnie jednak spadek, zarówno eksportu do Polski, jak i importu z Polski był o kilka punktów procentowych głębszy. Spadek eksportu rosyjskiego wyniósł 55,2% (UE – 51,5%) i był skutkiem wyjątkowego spadku cen na surowce. Dynamika spadku importu z Polski była mniejsza i wyniosła 45,7% (UE – 41,9%). Głębszy niż dla innych krajów spadek eksportu do Rosji, był skutkiem załamania się eksportu w grupie maszyny i urządzeń (z 1097 mln USD do 342,25 mln USD). Należy jednocześnie odnotować wzrost eksportu artykułów rolno-spożywczych (z 346,11 mln USD do 426,75 mln USD), głównie za sprawą kilkukrotnego wzrostu wartości eksportu jabłek. W rezultacie korzystnie zmieniła się wielkość salda obrotów handlowych w pierwszej połowie 2009 roku, które było ujemne dla Polski i wyniosło -3201,7 mln USD - w analogicznym okresie 2008 roku ujemne saldo wynosiło -7832,4 mln USD.

W I półroczu 2009 r. Rosja była trzecim co do wielkości naszym partnerem handlowym w imporcie oraz siódmym w polskim eksporcie, co oznacza spadek o jedną pozycję w stosunku do 2008 r. Polska także zajmuje wysoką pozycję w rosyjskiej wymianie gospodarczej z zagranicą. Uwzględniając wartość obrotów jest ona dla Rosji piątym (spadek o jedną pozycję) partnerem spośród krajów UE. W I połowie 2009 roku nastąpiła kolejna znacząca zmiana struktury polskiego eksportu do Rosji. Zmniejszył się udział wyrobów przemysłu elektromaszynowego, wzrosła natomiast waga artykułów rolno-spożywczych. Podstawową pozycję w strukturze polskiego eksportu do Rosji w I połowie 2009 roku (w nawiasach wartość za 2008 r.) stanowiły: artykuły rolno-spożywcze - 26,6% (7,9%) wyroby przemysłu chemicznego - 26,1% (19%), elektromaszynowego - 20,7% (45%), drzewno-papierniczego - 12% (8,5%) i metalurgicznego - 5,2% (9%). Artykuły rolno-spożywcze w 2008 r., stanowiły zaledwie 7,9% eksportu ogółem do Rosji - najniższy wskaźnik udziału od 1997 r., kiedy to polska żywność była wiodącą pozycją w eksporcie na rynek rosyjski z udziałem 42% eksportu ogółem - stały się w pierwszym półroczu 2009 r. główną pozycją wzrostową polskiego eksportu do FR.

W strukturze importu z Rosji od wielu lat przeważają produkty mineralne, w tym ropa naftowa i gaz ziemny (udział w imporcie 80%). Z rynku rosyjskiego importowane są również wyroby przemysłu chemicznego (6%), drewno i wyroby z drewna (5%) oraz wyroby metalurgiczne (3%) [www.mg.gov.pl,www.money.pl/gospodarka/ww.msz.gov.pl/files/...%20pdf/Rosja/Rosja%2004.pdf,www.moskwa.polemb.net, 2010-03-29]. Pierwszy kwartał 2010 roku przyniósł kolejne ożywienie w wymianie handlowej. Eksport polski na rynek rosyjski, w porównaniu z analogicznym okresem roku poprzedniego, zwiększył się o ok. 25%, a import o ok. 20%. Jednak nadal problemem jest zwiększenie dostaw żywności. Rosjanie wykorzystują narzędzia parataryfowe, głównie wymogi sanitarne, nie dla utrzymywania wysokich standardów jakościowych, ale bardziej w celu ograniczenia dostaw i wykorzystywania tego instrumentu, jako argumentu w ewentualnych dalszych negocjacjach.

1.3. Szara strefa w Rosji

Chociaż szara strefa istnieje praktycznie w każdej gospodarce, to brakuje jednej jej definicji. Najogólniej można przyjąć, że polega ona na działalności niezgodnej z prawem. Może jednak być tak, że przedsiębiorstwo działa legalnie, ale część swoich obrotów nie zgłasza władzom. W szarej strefie także mogą funkcjonować jednostki całkowicie nieformalnie, np. na użytek własny. Szarą strefę należy odróżnić od czarnej strefy. Różnica polega na tym, że działania w czarnej strefie podlegają przepisom prawa karnego i dotyczy to np. handlu bronią, narkotykami, przemytu materiałów rozszczepialnych, prostytucji itd. Przestępczość zorganizowana (mafia rosyjska) z reguły działa w obu strefach, a w zależności od posiadanej specjalności większy nacisk kładzie na strefę szarą lub czarną.

Powszechnie przyjmuje się, że szara strefa jest bardzo zła. Powoduje znaczne szkody w gospodarce, nie tylko utrudnia przejrzystość zawieranych transakcji, ale również destrukcyjne wpływa na konkurencję, postęp technologiczny, sprzyja wzrostowi cen. Pojawia się zatem pytanie, dlaczego w niektórych gospodarkach tak jest wysoki poziom szarej strefy? Wielkość jej zwykle porównuje się w stosunku do całości PKB. W Rosji szacuje się, że prawie 40% PKB tworzone jest w szarej strefie. Zatem dlaczego ona występuje, jakie są jej przesłanki?

Pierwsze ogólne stwierdzenie wynika z faktu, że praktycznie w każdej gospodarce mamy do czynienia z szarą strefą, różni się ona jedynie wielkością. Nawet takie kraje jak Szwecja, Finlandia, Szwajcaria powszechnie uchodzące za te, w których praktycznie wszystko odbywa się zgodnie z prawem – szara strefa oscyluje na poziomie kliku procent wartości PKB. Władze szeregu krajów *„przymykają oko”* na tego typu działalność i nie jest to skutkiem trudności ukrócenia złych praktyk. Można przyjąć, że władza poszczególnych państw doskonale orientuje się w wielkości szarej strefy i obowiązujących w niej mechanizmach. Swoista akceptacja dla tych działań wynika z przyjęcia przez poszczególne rządy pewnej strategii. Likwidacja szarej strefy spowoduje powstanie bezrobocia, zwiększą się wydatki budżetowe na funkcję socjalną. A tak szara strefa nie wymaga od państwa pomocy, a środki jakie zarabiają zatrudnieni w tej działalności w pewnym momencie i tak zasilają budżet państwa, np. w formie podatków VAT. Dlatego mimo oficjalnych deklaracji rządy państw niechętnie i niezbyt zdecydowanie starają się wyeliminować szarą strefę. Kontrolują jedynie jej poziom, aby jej rozmiary nie zdominowały całej gospodarki. Z drugiej jednak strony istnieją typowe przesłanki powstania szarej strefy. Poznanie ich pozwala zrozumieć działanie przedsiębiorców. Do takich typowych przesłanek należy zaliczyć:

- skomplikowany system podatkowy,
- wadliwy wymiar sprawiedliwości,
- wysokie podatki,

- wymuszenia rządowe,
- zorganizowaną przestępczość.

Skomplikowany, niespójny system podatkowy jest ważną przyczyną powstania szarej strefy. Przedsiębiorcy nie są w stanie prawidłowo zinterpretować przepisy, a ich obejście automatycznie powoduje działania niezgodne z prawem. Część przedsiębiorców nawet nie zdaje sobie sprawy z tego, że działa w szarej strefie. Nie ma możliwości uzyskania jednoznacznie brzmiących interpretacji przepisów. Często bywa tak, że opinie prawników, pracowników poszczególnych urzędów kontroli skarbowej na ten sam temat znacznie się od siebie różnią. Co więcej opinie te nie są wiążące dla tego, kto je opracował, nie bierze za nie odpowiedzialności (tylko wynagrodzenie). Dlatego biznesmen z reguły wybiera taką ścieżkę postępowania, która jest dla niego najwygodniejsza. Ponadto jego decyzjom sprzyja także duża liczba zwolnień, ulg w podatkach, np. VAT. Przedsiębiorca zadaje sobie wówczas pytanie, dlaczego firma X ma zwolnienie i płaci podatek VAT w wysokości, np. 2%, a Y 22%. Wiadomo, że VAT działa *„cenotwórczo"* .Wyższy podatek VAT – wyższa cena. Konsekwencją będzie ucieczka firmy X w szarą strefę; wyższe podatki nie tylko uszczuplają jego dochody (zyski), ale przyczyniają się do przegrywania walki konkurencyjnej. Aby istnieć, musi działać w szarej strefie. Obciążenia podatkowe powodują, że przedsiębiorcy zatrudniają pracowników bez stosownych umów. Powszechna praktyka w budownictwie, rolnictwie czy też w usługach hotelarskich, gastronomii. Korzystniej dla obu stron jest, gdy umowa opiewa na minimalną kwotę wynagrodzenia, a pozostałą wypłaca się pod tzw. stołem.

Drugą przyczyną szarej strefy jest wadliwie działający system prawny. Z jednej strony polega on na niedostosowaniu się do współczesnych oczekiwań rynkowych, a z drugiej brak odpowiednich reform. Powszechną plagą jest, np. długotrwałe dochodzenie swoich praw przed sądem. Czekanie na wyrok około 2 lata nie tylko generuje koszty (opłaty adwokatów, procedury sądowe), ale odwraca uwagę przedsiębiorców od bieżącej działalności. W wielu krajach, nie tylko w Rosji, oczekiwanie na wyrok powoduje zawieszenie funkcjonowania firmy, konieczność uiszczenia ewentualnych kar, a swoich roszczeń można dochodzić na drodze postępowania cywilnego. To znowu jest przyczyną dodatkowych kosztów i wydłużenia procedury. Szereg firm, działających na terytorium Rosji, podkreśla znaczne różnice między ich systemem prawnym a systemami w ugruntowanych gospodarkach rynkowych. Brak zgodności dostosowania do wymogów może okazać się swoistą pułapką nie tylko dla firm zagranicznych, ale także miejscowych podmiotów gospodarczych.

Zbyt wysokie podatki także są istotną przesłanką ucieczki w szarą strefę. Jeżeli przedsiębiorcy po opłaceniu wszystkich należności niewiele zostaje na własne potrzeby, wówczas ucieczka (lub rezygnacja) w szarą strefę jest pewnym rozwiązaniem. Szczególnie wysokie podatki nakładane są na firmy, które nie są przychylne „właściwej" polityce danego kraju. W Rosji nawet duże firmy zbankrutowały (po nałożeniu bardzo wysokich podatków, oskarżonych dodatkowo o malwersacje). Przykładem może być firma Jukos - zaangażowana w wydobycie surowców energetycznych. W swoim czasie była największą firmą w produkcji ropy i gazu w Rosji. Po oskarżeniach, jej właściciel i założyciel Chodorkowski, trafił do więzienia, a sama firma została przejęta przez spółki powiązane z obecną władzą. Inni na samą zapowiedź oskarżeń wybrali emigrację - *vide* Bierezowski.

W swoich opracowaniach I. Klyankin, L. Timofeev dowodzą możliwości przeprowadzenia dowolnego rozwiązania prawnego w rosyjskim parlamencie. Za kwotę 200 mln USD, zdaniem tych autorów, można wprowadzić do parlamentu taką liczbę posłów, która będzie wystarczająca do uchwalenia odpowiednich ustaw [Klyankin I., Timofeev L., 2000]. Takie praktyki utrudniają przeprowadzenie kompleksowych reform, a jedynie działają na rzecz bardzo wąskich grup interesu.

Nie bez znaczenia jest również działalność urzędników państwowych - nawet wysokiego szczebla. Według T. Davydovej stanowisko ministra w Rosji jest możliwe do „załatwienia" za opłatą 1 mln USD. Cena stanowiska mniej eksponowanego waha się w przedziale od 100 000 USD do 0,5 mln USD [Davydova T., 2000]. Szczególnie atrakcyjne są stanowiska generalnego dyrektora ceł, urzędu kontroli skarbowej, stanowiska w ministerstwach gospodarczych, zwłaszcza dotyczących wydobycia i przetwarzania surowców [Interpol, 2001]. Jeżeli osoba trafia na takie miejsce w wyniku odpowiedniej łapówki - wówczas kwota „opłaty" będzie stosownie pobierana z rynku. Opłaty będą wnosić przedsiębiorcy w różnym stopniu zależni od decyzji urzędnika. Wysokiej rangi 'czynownik' będzie pobierał swoje (nie osobiście!) należności przez sieć pośredników. Każdy z nich część opłaty będzie zatrzymywał dla siebie i tworzy się swoisty łańcuszek powiązań. Windując opłaty - łapówki do niebotycznych rozmiarów. Urzędnicy wysokiego szczebla przymykają oczy na działania podległych służb, a przedsiębiorcy są zmuszeni do wnoszenia relatywnie wysokich łapówek. Sprzyjają temu także niskie płace pracujących na stanowiskach państwowych oraz rozbudowany system pozwoleń, licencji. Nie tylko za każde wydanie dokumentu, ale przyspieszenie jego wydania należy wnosić nielegalne opłaty. W ten sposób przedsiębiorca znajduje się w sytuacji przymusowej i siłą rzeczy w szarej strefie. Czynnikiem sprzyjającym takiemu postępowaniu była powszechne okazywanie urzędnikom wdzięczności (*błagadarnost*). W gospodarce socjalistycznej, stałego niedoboru produktów, kupienie, a w zasadzie, zdobycie atrakcyjnego wyrobu (a szczególnie pochodzącego z importu) było bardzo trudne. Dlatego ten, kto dysponował możliwością dostarczenia towaru oczekiwał swoistego dowodu wdzięczności. I tak tworzyła się sieć wzajemnych powiązań nieformalnych. Były one powszechnie akceptowane.

Kolejnym często pomijanym elementem związanym z szarą strefą jest zorganizowana przestępczość. Siłą rzeczy funkcjonuje ona nielegalnie, ale jej działalność może skłaniać przedsiębiorców do działania w szarej strefie. Przedstawiciele zorganizowanej przestępczości zwracają się z propozycją tzw. ochrony – w terminologii rosyjskiej '*kryszy*', obiecując, iż odpowiednia opłata zapewni spokój związany, np. z kradzieżami, podpaleniem itd. Opłata z początku nieznaczna w końcowym etapie może doprowadzić do przejęcia całego przedsiębiorstwa. Z tego względu wielu przedsiębiorców woli pozostawać w ukryciu i zaniża swoje obroty – cały czas funkcjonując w graniach szarej strefy.

Jak podkreśla B. Kudryavtsev zorganizowana przestępczość w Rosji nie tylko tworzy sprawne struktury, ale jest ściśle powiązana z aparatem władzy. Z tego względu władza nie jest skłonna zdecydowanie walczyć z przestępcami. Często bywa tak, że władza i zorganizowana przestępczość ściśle ze sobą współpracują [Kudryavtsev B., 2000].

Na czele dużych przedsiębiorstw często zatrudniani są dawni politycy czy też funkcjonariusze służby bezpieczeństwa. Dzielą się swoim doświadczeniem, a kontakty wykorzystują dla ochrony obecnych mocodawców. Dla wielu polityków przejście do koncernów powiązanych poziomo, jak i pionowo z władzą jest wyśmienitym miejscem na osiągnięcie odpowiedniego statusu materialnego. Byli dyrektorzy takich przedsiębiorstw zajmują też wysokie stanowiska rządowe. Nawet ci, którzy są jedynie kojarzeni z Gazpromem mogą liczyć na lukratywne stanowiska. Powierza się im także bardzo odpowiedzialne misje, np. ambasadora w Kijowie. Taki przypadek odnotowano w odniesieniu do premiera Czernomyrdina. Powiązany z Gazpromem pełnił obowiązki premiera, a następnie ambasadora Rosji na Ukrainie.

Szczególną rolę w gospodarce odgrywają wielkie koncerny, np. Gazprom, Łukoil. Posiadają nie tylko dostęp do cennych zasobów energetycznych, ale również udziały w wielu przedsięwzięciach finansowych (banki), handlowych (sieci dystrybucji), magistrale przesyłowe. Zatrudniają setki tysięcy pracowników, a w swoich regionach działania w praktyce sprawują większą władzę niż państwowe urzędy. Dyrektor takiego przedsiębiorstwa nie tylko ma poparcie załogi, ale dysponuje praktycznie nieograniczonymi środkami finansowymi. Bazuje na rozległych znajomościach, wykorzystując pożyteczne kontakty polityczne. Lokalna władza nie zawsze może dysponować potrzebnymi funduszami, a kontakty z reguły są koniunkturalne. Gazprom, jako państwowy koncern, powstał w 1989 roku na bazie Ministerstwa Przemysłu Gazowego ZSRR. Na przełomie lat 1992/1993 utworzono spółkę akcyjną skarbu państwa, ale pierwsze walne zgromadzenie udziałowców odbyło się dopiero w 1996 roku. Gazprom ominęła fala prywatyzacji lat 90. XX wieku, gdy w Rosji nowi biznesmeni, powiązani często z władzą lub ze środowiskiem kryminalnym, przejmowali zakłady gospodarujące surowcami naturalnymi. Mówi się, że pieczę nad gazem sprawował osobiście ówczesny premier Wiktor Czernomyrdin, choć nigdy nie zasiadał we władzach spółki.

Lata 90. ubiegłego stulecia należą do najbardziej zagadkowych w historii spółki, mimo że została upubliczniona w 1996 roku. Warto wspomnieć choćby o tym, że

Gazprom notował notoryczne straty – w 1998 roku wyniosły 6 mln USD. W 1996 roku podpisał m.in. umowy handlowe z Polską, wówczas także zapadły decyzje o budowie gazociągu jamalskiego. Od tego czasu firma podpisywała rocznie po kilka międzynarodowych kontraktów na eksport gazu, ale wciąż była na minusie. Dopiero na przełomie lat 1999/2000, gdy do władzy doszedł prezydent Władimir Putin, państwo zainteresowało się kondycją firmy. Od tego czasu władze Rosji trzymają spółkę mocną ręką. Od 2001 roku kieruje nią Aleksiej Miller.

Podporządkowanie Gazpromu władzom centralnym wyszło na dobre obu stronom. Spółka zaczęła przynosić zyski i płacić wielkie podatki. Jednocześnie zaczęła ekspansję na zagraniczne rynki. Pierwsze umowy podpisywano już w 1997 roku, ale ich prawdziwy wysyp zaczął się w 2000 roku. Wówczas rozpoczęto także budowę drugiego zagranicznego gazociągu Błękitnego Potoku do Turcji, który w przyszłości ma dostarczać gaz przez Bałkany do Włoch. Jednocześnie ogłoszono, że spółka ma pozbyć się 150 podmiotów zależnych, niezwiązanych z jej główną działalnością. Jednak do dziś sprzedano zaledwie 24 za ok. 72 mln USD.

W 2001 roku Gazprom przejął największą prywatną telewizję NTW i poza gazowym stał się także gigantem medialnym. Należą do niego m.in. opiniotwórcze dziennik „Izwiestia" i radio Echo Moskwy. Gazprom ma także własne spółki ubezpieczeniowe, telekomunikacyjne, nawet linie lotnicze. Należący do niego Gazprombank jest trzecim co do wielkości bankiem w Rosji. Dziś Gazprom bezpośrednio i pośrednio ma udziały w ok. 270. spółkach w ponad 20. krajach. Nawet dopuszczenie akcji Gazpromu do publicznego obrotu, a potencjalnie zwiększenie udziału zagranicznego kapitału, nie zmieni statusu państwowej spółki. W 1999 roku państwo zagwarantowało sobie minimum 35% jej udziałów [*Rzeczpospolita*, 2001].

Ważnym elementem, w działaniach na terytorium Rosji, jest zorganizowana przestępczość. Pojęcie zorganizowanej przestępczości należy odróżnić od typowego pojęcia przestępczości. Ta ostatnia jest zjawiskiem typowym praktycznie dla każdej formy rynku może różnić się skalą i zakresem. Natomiast zorganizowana przestępczość pracuje jak „sprawna organizacja" – ma swoje cele, struktury, ściśle określone specjalizacje i bardzo mocne związki ze światem polityki i gospodarki. Bardzo często zatrudniani są w tych organizacjach osoby z wysokim wykształceniem, specjaliści z różnych branż. W bezpośrednich kontaktach nieraz jest bardzo trudno zorientować się, iż mamy do czynienia z grupami przestępczymi.

Genezy zorganizowanej przestępczości należy szukać w czasie rewolucji październikowej. W Rosji pojawiły się grupy tzw. *bezprizonych* w tym młodocianych, którzy tylko dzięki przestępczości mogli liczyć na zdobycie środków do życia. Bardzo szybko grupy te zaczęły tworzyć swoje struktury i współpracować. Okazało się bowiem, że w latach 20. XX taka współpraca przestępców przynosi większe efekty [Gilinskiy Y.,

1997]. Na początku lat 30. XX wieku przyjęto określać „najważniejszych" przestępców określeniem „*wor w zakonie*" – taka osoba z reguły miała swoją „specjalność zawodową" i cieszyła się odpowiednim szacunkiem w swoich kręgach [Abadinsky H., 1994]. Drogę przestępstwa wybrała, jako jedyną formę zarobkowania i z reguły jest bardzo trudna w procesie resocjalizacji.

W latach 70. XX wieku pojawiło się określenie tzw. „*cieni nocy*". Grup o podłożu kryminalnym, ale koncentrujących się na typowych sferach działań gospodarczych. Zarabianie dużych sum w szarej strefie stało się ich domeną. W latach 90. XX wieku zaczęły w Rosji funkcjonować struktury mafijne o międzynarodowych powiązaniach. Mafia rosyjska nie tylko zajmuje się tradycyjnie „swoją" działalnością, tj. handel bronią, narkotykami, żywym towarem, porwaniami dla okupu, haraczami, ale również handlem surowcami, prywatyzacją, działalnością produkcyjną i usługową. Mafię rosyjską wyróżniają trzy charakterystyczne cechy:

- ściśle wyznaczona hierarchia i rozbudowane struktury (często za granicą),
- używanie siły do osiągania swoich celów,
- powiązanie ze światem polityki i gospodarki.

Mafię rosyjską rozpatruje się zwykle z trzech perspektyw. Pierwsza dotyczy tzw. grup kryminalnych i z tymi definitywnie kontakt jest niebezpieczny i trudny do utrzymywania w dłuższym horyzoncie czasowym. Grupy te honorują jedynie umowy zawarte między sobą, często okupione krwawymi porachunkami. Druga perspektywa dotyczy organizacji przestępczych i one nadają ton w działaniach gospodarczych. Są to działania na pograniczu oficjalnego biznesu i szarej strefy. Organizacje te (w przeciwieństwie do pierwszej kategorii) posiadają zarejestrowane firmy, niekiedy (bardzo rzadko, ale jednak i to się zdarza) płacą podatki, zatrudniają osoby, które z przestępczością mają niewiele wspólnego. Starają się ograniczyć wpływ grup kryminalnych, chociaż bywa to niekiedy niebezpieczne nawet dla nich samych. Trzecia perspektywa jest związana z kryminalnym otoczeniem. Dotyczy analizy środowisk, z jakich wywodzą się przestępcy. Etyki jaką się posługują. Dla wielu środowisk bycie przestępcą jest swoistą nobilitacją.

Obecnie w Rosji ważnym problemem jest postępujące rozwarstwienie społeczne i postępujące bezrobocie. Tzw. człowiek radziecki z bezrobociem miał jedynie kontakt teoretyczny. Poziom bezrobocia ok. 10% stanowi znaczny społeczny problem. Dochodzi do tego zjawisko bezrobocia strukturalnego. Osoby z wykształceniem zawodowym, potrzebnym w Rosji radzieckiej, nie mogą znaleźć zatrudnienia w gospodarce, która nosi cechy rynkowe (choć do końca ją nie jest). Osoby te zasilają struktury mafijne. Drugi czynnik to rozwarstwienie społeczne. Ci, którzy stoją na dole drabiny mają duże aspiracje, rozbudzone podejście konsumpcyjne tak ograniczane w poprzednim systemie. Jest ono podsycane możliwościami obejrzenia zagranicznych filmów, wystaw sklepowych

(Arbat, galerie handlowe w Moskwie i St. Petersburgu są zapełnione najlepszymi towarami, ale niewyobrażalnie drogimi dla przeciętnego Rosjanina), czy też prozaicznego Internetu.

Mafia rosyjska dąży do przejęcia najbardziej lukratywnych sfer gospodarki. Nie należy się zatem dziwić, że w pewnym momencie działań biznesowych, na tamtym rynku, okaże się, że mamy kontakt, tak naprawdę, z grupami mafijnymi, a nie super uczciwymi biznesami. Po zorientowaniu się, z kim prowadzimy interesy część przedsiębiorców szybko się wycofuje, ale szereg firm podtrzymuje takie kontakty, a nawet je rozszerza. Uważa jedynie, aby cały proces realizacji kontraktu był pod pełną kontrolą i nie pozostawiał pełnej inicjatywy drugiej stronie. Można dokonać podziału grup mafijnych według:

- miejsca działania,
- „specjalizacji",
- etnicznego.

Grupy przestępcze koncentrują się głównie w dużych aglomeracjach miejskich, zagłębiach przemysłowych oraz terenach gdzie występuje duża możliwość przemytu. Np. Władywostok jest centrum grup zajmujących się przemytem samochodów z Japonii oraz nielegalnego handlu rybami, owocami morza. St. Petersburg, Moskwa umożliwiają praktycznie wszelkie działania przestępcze łącznie z instytucjami finansowymi, giełdą, nieruchomościami czy zamówieniami rządowymi.

Grupy etniczne są kojarzone zwykle z regionem, z jakiego pochodzą – i tak powszechnie mówi się o mafii czeczeńskiej, gruzińskiej czy ormiańskiej. Poszczególne organizacje posiadają nie tylko swoje specjalizacje, ale również sfery wpływów. Szacuje się, że sama Moskwa jest podzielona na siedem części, które kontrolują duże grupy o charakterze mafijnym. Często sfery te podlegają zmianom i modyfikacjom, jednak poszczególne organizacje starają się utrzymać swój stan posiadania [Helly R. J., Chin K. L., Schatzbery R., 1994].

1.4. Przedsiębiorstwa rosyjskie

Bardzo ważne dla rozwoju gospodarczego państw dążących do wprowadzenia gospodarki rynkowej jest funkcjonowanie tzw. małych i średnich przedsiębiorstw (MŚP). Ich znaczenie jest z reguły rozpatrywane w kilku obszarach, a główne roli podmiotów z uwagi na:

- znaczny udział MŚP w strukturze PKB,
- tworzenie nowych miejsc pracy,
- postęp technologiczny,
- udział w obrotach handlu zagranicznego,
- dominację w szeregu działach gospodarki, a zwłaszcza w usługach [Cook L. D. 1997].

Rosyjskie MŚP znaczne różnią się pod względem ich udziału i roli w lokalnym PKB oraz na rynku pracy w porównaniu z innym krajami o ugruntowanej gospodarce rynkowej. MŚP w Rosji tworzą 10–12% PKB, zatrudniają 12% ogółu pracowników, posiadają 2–3% aktywów. Natomiast w krajach UE MŚP (o liczbie zatrudnionych poniżej 100 pracowników) dają pracę prawie 60% wszystkich zatrudnionych i tworzą blisko 40% PKB. Na tej podstawie można stwierdzić, że w ugruntowanej gospodarce są one podstawowym graczem na rynku i istotnym kreatorem PKB. Natomiast w Rosji pełnią rolę drugoplanową.

Tabela 2. Liczba MŚP w Rosji i poziom zatrudnienia w latach 1990–2009

Rok	Liczba przedsiębiorstw w tys.	Zatrudnienie w mln
1991	261	8,8
1992	572	10,9
1993	688	11,3
1998	977	15,4
2000	861	16,2
2004	744	14,9
2006	720	13,7
2008	689	12,2
2009	654	11,5

Źródło: Goskomstat. *Rossyiski statisticheski ezhegodnik 2009*, Goskomstat, Moskwa, 2010.

Początków prywatnego biznesu w Rosji należy szukać w 1986 roku, kiedy prawo zaczęło regulować tzw. możliwości samozatrudnienia. Sprowadzało się ono do założenia praktycznie jednoosobowego podmiotu gospodarczego. Dopiero dwa lata później w marcu 1988 roku akt dotyczący przedsiębiorstw prywatnych umożliwił funkcjonowanie tego typu jednostek. W 1990 roku Duma Rosyjska przyjęła uchwałę, w której określono pojęcie MŚP. Tą kategorią objęto przedsiębiorstwa, które w sektorach przemysłowych zatrudniają 200 pracowników, 100 w B&R, 50 w innych sektorach a 15 w rolnictwie. Wymogiem jest również konieczność uzyskania wpisu do krajowego rejestru MŚP. Uzyskanie wpisu staje się bardzo trudne dla relatywnie dużej liczby przedsiębiorstw, z powodu bardzo długotrwałych procedur, a przyspieszenie wpisu wymaga, oczywiście, wręczenia łapówki.

Od 1991 do 1998 roku liczba MŚP w Rosji systematycznie wzrasta. W 1991 roku było zarejestrowanych 261 tysięcy takich pomiotów, a w 1998 roku rekordową liczbę 977 tysięcy. Od 2000 roku odnotowano systematyczny spadek MŚP. W 2004 funkcjonowało ich 744 tysiące, a w 2009 roku już tylko 654 tysiące, co było liczbą mniejszą niż w 1993 roku. Jednocześnie zmienia się liczba zatrudnionych. Najwięcej – 16,2 mln osób – pracowało w 2000 roku, natomiast w 2009 roku już jedynie 11,5 mln. Sam fakt rejestracji oraz zatrudnienia, a nawet podjęcia pewnej działalności nie do końca świadczy o prawidłowym funkcjonowaniu MŚP. Poważnym problemem jest płacenie podatków. Jak wynika z badań przeprowadzonych przez L. V. Babaeva i A. Chirikova na 20 000 działających MŚP w rejonie Magadanu tylko 4000 opłaciło wymagane podatki. W rejonie Moskwy, największego „zagęszczenia" MŚP, połowa firm nie płaci podatków [Babaeva L. V., and Chirikova A. 1996]. Zdarza się też i tak, że przedsiębiorstwa, które nie uiszczają niezbędnych opłat funkcjonują przez relatywnie długi czas i nie są niepokojone przez urzędy kontroli skarbowej. Część MŚP zawiesza swoją działalność nie informując w praktyce nikogo i tym samym nie przeprowadzając żadnej procedury likwidacyjnej [Borish M. S., Noel M., 1996].

Ponieważ wielu przedsiębiorców z różnych krajów jest zainteresowana rozwijaniem kontaktów gospodarczych z Rosją powstają interesujące opracowania dotyczące strategii jakie przyjmują lokalne podmioty oraz porównania wyników osiąganych przez MŚP w Rosji z wynikami pozostałych przedsiębiorstw. Raporty te mają pewną niedoskonałość polegającą na tym, że relatywnie dobrze przedstawiają stan faktyczny, ale brakuje propozycji, sugestii, wskazówek postępowania dla przedstawicieli z krajów zachodnich.

Badania na temat strategii firm rosyjskich w okresie transformacji gospodarki prowadziło relatywnie dużo analityków. Wyłania się obraz braku spójności przeprowadzonych reform, chaosu, z nadmiernie rozbudowaną i przesiąkniętą korupcją administracją. W takim środowisku przedsiębiorstwa działają jedynie na zasadzie przetrwania [Bayer A. 1995]. Z kolei G. Feller podkreśla, że uwarunkowania biznesowe w Rosji daleko odbiegają od doskonałości [Feller G. 1996]. Podobnego zdania jest V. Nee, który zwraca uwagę na brak profesjonalnych kadr zarówno po stronie rządowej (zdolnej ustanowić właściwy ład prawny i ekonomiczny), jak i w samych przedsiębiorstwach. Stan zmian określa mianem stałego chaosu, improwizacji bez spójnych działań [Nee V. 1992]. P. Gregory uważa, że całokształt przemian w Rosji można uznać za porażkę z punktu widzenia wdrożenia reform gospodarczych. Zmiany, które są tam przeprowadzane wyróżnia brak konsekwencji, planów strategicznych, a wszystko opiera się na tymczasowości [Gregory P., 1997]. Opinie te wydają się być nie do końca prawdziwe i obiektywne. Uwzględniając konkurencyjność można przekornie przyjąć, że rosyjskie przedsiębiorstwa są wysoce konkurencyjne, gdyż funkcjonują w bardzo skomplikowanym otoczeniu i mimo to udaje im się nawet działać w skali ponad regionalnej, a nawet międzynarodowej [Prahalad C, Hamel G. 1990, Collis D, Montgomery C. 1995, Áslund A., 1995]. S. Lipset na podstawie swoich analiz wyciąga wniosek o znacznych rozbieżnościach w obowiązującym prawie w Rosji i w krajach o ugruntowanej pozycji rynkowej. Termin, np. zysk, jest zupełnie odmiennie interpretowany w Rosji niż w innych krajach [Lipset S., 1994]. Badania J. G. Huntera dowiodły, że mimo znacznych trudności, wręcz niekiedy niesprzyjających warunków, przedsiębiorstwa rosyjskie wypracowują i starają się realizować odpowiednią (ich zdaniem) strategię. Dobór przedsiębiorstw i przedstawienie ich strategii wynika z następującej przesłanki. Firmy zagraniczne (w tym przede wszystkim polskie) pragnące nawiązać współpracę z miejscowymi partnerami powinny poznać różne realizowane strategie rosyjskich podmiotów. Strategie te pozwalają na ocenę możliwości i określenie zasad ewentualnej współpracy.

Tabela 3. Strategie wybranych przedsiębiorstw według J. G. Huntera

Firma	Strategia
Alcor	Agresywny marketing
Austria Ural STS	Dywersyfikacja produktowa
Chemogorski Keramik	Współpraca z kluczowym partnerem – rząd
ETC	Nisze rynkowe / „wykorzystaj i uciekaj"
KANTSbureau	Wysoka jakość usług
Plast Okno	Niskie ceny
Ratnik	Dywersyfikacja i dostosowanie do rynku
UST Abakanski	Kontakty z agendami rządowymi
Tirs	Kontakty z administracją lokalną
GEFEST	Dywersyfikacja
ETC	Zamówienia rządowe

Źródło: opracowanie na podstawie: *Determinants of Business Success under "Hypocapitalism"*. Case Studies of Russian Firms and Their Strategies. J. G. Hunter, „Journal of Business Research" Nr 56 2003.

Firma Alcor stara się swoją strategię oprzeć na agresywnym marketingu. Szereg firm swoje szanse dostrzega w rozwijaniu kontaktów ze strategicznymi partnerami w tym przede wszystkim z administracją rządową. Tak postępuje m.in. UST Abakanski, Tirs, ETC, czy też Chemogorski Keramik. Należy także zwrócić uwagę na te podmioty, które podkreślają konieczność wdrożenia strategii opartej na wysokiej jakości. Tak postępuje np. firma KANTSbureau. Inne relatywnie szeroko swojej szansy upatrują w dywersyfikacji produktowej. Szeroka gama produktowa pozwoli zdaniem badanych dotrzeć do większej grupy docelowej i utrzymać pozycję w niszy rynkowej vide Ratnik, GEFEST. Firma Plast Okno swoją strategię opiera na niskich cenach, dostosowując swój produkt do tych odbiorców, którzy nie posiadają dużych dochodów. ETC zachowuje się elastycznie, wchodzi na rynek po to, aby w maksymalnie krótkim czasie wykorzystać jego możliwości (nie utrzymuje długotrwałych relacji z typowymi klientami), a następnie przenosi się do kolejnej niszy. Tak więc, na podstawie przytoczonych przykładów, można przyjąć, że przedsiębiorstwa w Rosji starają się wypracować i realizować odpowiednie strategie. Są one na pewno rozbieżne z tymi, jakie występują w krajach europejskich, tym niemniej dążenie tych podmiotów do wdrożenia strategii pozwala innym na lepsze poznanie partnera oraz nawiązanie bezpiecznej współpracy.

A. Shama i M. N. Merrel analizowali sektor prywatny i państwowy. Interesowała ich odpowiedź na pytanie – Który z tych dwóch sektorów jest bardziej efektywny w warunkach transformacji rosyjskiej? Przeprowadzili badania dwudziestu przedsiębiorstw – reprezentujących różne gałęzie gospodarki (przemysł, usługi, konsulting).

Tabela 4. Porównanie wyników ekonomicznych sektora prywatnego i państwowego w Rosji

Obszar porównania	Sektor prywatny	Sektor państwowy
Sprzedaż i dochody	Wzrost 10–30%	Spadek do 50%
Zysk	Do 30%	Spadek o ok. 10%
Zakres oferty / liczba pozycji	Dostosowany do potrzeb odbiorców	Zmniejszona oferta
Grupa odbiorców	Krajowi i zagraniczni	Krajowi
Poziom cen	Elastyczny	Sztywny
Promocja	Aktywna	Pasywna
Inwestycje	Zwiększające się corocznie	Malejące
Eksport	Istotny	Marginalny
Operacje handlowe	Podwójna księgowość/ gotówkowe	Bezgotówkowe, głównie oficjalne
Zatrudnienie	Do 10% oficjalne	100% oficjalne

Źródło: A. Shama, M. N. Merrel, *Russia's True Business Performance: Inviting to International Business.* „Journal of World Business" Nr 32 1997.

Przedsiębiorstwa działały na terytorium Moskwy oraz Niżnego Nowgorodu (dawne miasto Gorki). Podstawą zbierania danych była ankieta, skierowana do kadry kierowniczej. Oczywiście tak nieznaczna grupa badawcza (i tylko z dwóch dużych miast) nie jest reprezentatywna. Wyniki pozwalają, tak naprawdę, wiarygodnie odnieść je jedynie do badanej grupy firm. Z drugiej jednak strony pozwalają one przedstawić pewien pogląd na temat funkcjonowania sektora prywatnego i państwowego w Rosji.

Sprzedaż i dochody przedsiębiorstw prywatnych w Rosji są wyższe niż państwowe. Wzrost zysku tych pierwszych wynosi do 30%, natomiast państwowe zanotowały spadek o ok. 10%. Przedsiębiorstwa prywatne zwiększają swoją ofertę, starając się ją dostosować do wymogów klienta, a oferta państwowych podmiotów ulega zmniejszeniu. Prywatni przedsiębiorcy zwiększają inwestycje, ich ceny są elastyczne, a oferta kierowana jest do odbiorców krajowych i zagranicznych. Odmiennie postępują państwowe jednostki gospodarcze - inwestycje są ograniczane, oferta przeznaczona jest przede wszystkim dla krajowych odbiorców, a ceny są sztywne. Minusem pierwszej grupy jest dość aktywne zaangażowanie w szarej strefie. A. Shama, M. N. Merrel dostrzegli, że prywatni właściciele tylko do 10% pracowników zatrudniali na umowę o pracę. Reszta pracowała na podstawie ustnych ustaleń. Właściciel nie płacił też niezbędnych opłat na rzecz budżetu. Popularne okazały się praktyki podwójnej księgowości. Jedna na potrzeby firmy - oddawała rzeczywisty stan, druga - na potrzeby kontroli skarbowej - zysk zaniżony, gdyż on stanowił bazę do wyliczenia podatków. Przedsiębiorstwa państwowe nie stosowały podwójnej księgowości, a wszystkich pracowników zatrudniano na umowę o pracę.

Szereg autorów zajmujących się funkcjonowaniem przedsiębiorstw w Rosji zwraca uwagę na brak klarownej koncepcji wprowadzania gospodarki rynkowej. Wydaje się, że przeważa pogląd, że typowa gospodarka planowa (mimo wprowadzania wielu reform) nie jest efektywna w porównaniu do tzw. gospodarki kapitalistycznej [Peck M. J., Richardson T. J. (ed.), 1992]. Z drugiej jednak strony trwa cały czas proces wypracowania koncepcji rosyjskiej drogi do gospodarki rynkowej [Prowse S., 1994]. Analitycy tego rynku zwracają uwagę na specyfikę instytucji finansowych. Mimo istnienia banków prywatnych, pozostają one pod kontrolą agend rządowych, tzw. rządowych holdingów. Przykładem są powiązania koncernów energetycznych z bankami. Z organizacji takich jak Yukos, Sibneft, Sidanko wywodziła się w latach 90. wyższa kadra większości banków rosyjskich. Drugi ważny element. Kadra kierownicza banków z reguły posiada znaczące udziały w zarządzanych przez siebie organizacjach. Ministerstwo Finansów nadzoruje dobór kadry kierowniczej. W ten sposób władza ma bardzo duży wpływ na działanie sektora finansowego. Warto przytoczyć przypadek M. Chodorkowskiego (Menatep Bank i przewodniczący Yukosu) czy też B. Bierezowskiego udziałowca Sibneftu, Logo-Vaz i twórcę holdingu przemysłowo-finansowego – FIG. Z chwilą utraty poparcia władz centralnych automatycznie pozbawiono ich funkcji w sektorze nie tylko finansowym, ale także w spółkach, w których byli właścicielami [World Bank, 2002].

Kolejny ważny aspekt dotyczy znaczenia poszczególnych ministerstw w podejmowaniu decyzji wykonawczych. Podstawową rolę odgrywają ministerstwa związane z produkcją i dystrybucją nośników energetycznych (ropa, gaz, węgiel) oraz pozostałych surowców wraz z ministerstwami siłowymi. Inne, które byłyby skłonne do wdrożenia bardziej radykalnych zmian i zmniejszenia roli państwa w gospodarce pozostają w mniejszości [Szelenyi I., Szelenyi S., 1995]. Ograniczenie roli państwa wiązano z prezydenturą B. Jelcyna. W latach 90. XX wieku propozycje Jelcyna porównywano nawet do rozwiązań zastosowanych przez Mitteranda we Francji. Działania W. Putina ponownie przywróciły decydujący głos władzy centralnej w funkcjonowaniu podmiotów gospodarczych. Wydaje się, że Rosja poszukuje własnej dogi (do tej pory bardzo sprzecznej w ustanowieniu spójnego prawa i warunków do działania) wprowadzenia gospodarki rynkowej. Koncepcja być może polegać ma na istotnej roli państwa, które w warunkowych „kapitalistycznych" pełni funkcję „regulującą". Zastępuje mechanizmy rynkowe tak typowe dla modelu anglo-amerykańskiego [Lane D., 2000]. Na tej podstawie można przedstawić pewien schemat powiązań i roli władz centralnych w działalności gospodarczej Rosji.

Rys. 1. Uwarunkowania funkcjonowania podmiotów gospodarczych w Rosji

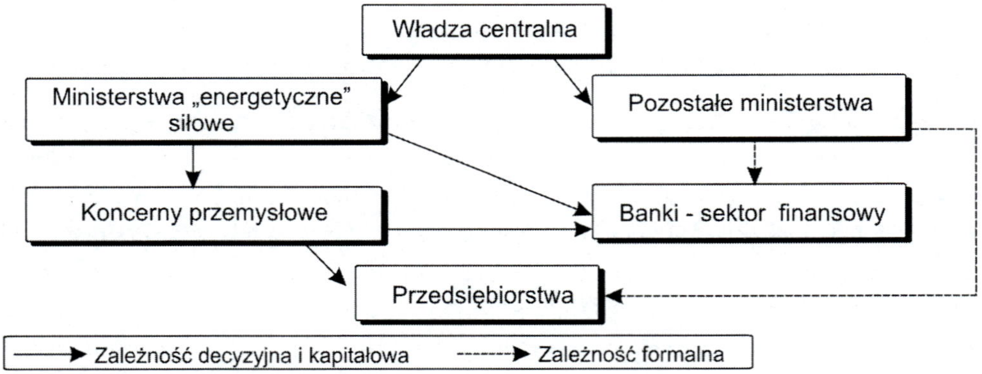

Źródło: opracowanie własne.

Podstawowy wpływ na funkcjonowanie podmiotów gospodarczych w Rosji mają wybrane ministerstwa. One decydują o obsadzie koncernów przemysłowych, a te nie tylko realizują wolę władz centralnych, ale są udziałowcami banków, posiadają wpływ na cały sektor finansowy. Ponadto należy mieć na uwadze znaczenie powyższych podmiotów w strukturze właścicielskiej wszystkich firm prywatnych. Mimo, że jest ich relatywnie niedużo, to stanowią podstawę zatrudnienia i całkowitej produkcji. Warto także podkreślić, nikłą rolę rynku kapitałowego w przekształceniach właścicielskich.

Z jednej strony giełda w Moskwie powstała relatywnie późno – w 1995 roku. Łączna jej kapitalizacja wynosi ok. 8% PKB Rosji. Dla porównania w Wielkiej Brytanii jest to ok. 80% PKB, w USA blisko 50% PKB. Zatem giełda w Rosji nie pełni funkcji koordynatora przemian właścicielskich.

Uzupełnieniem obrazu warunków funkcjonowania podmiotów rynkowych w Rosji są warunki zatrudniania pracowników. Szczególnie jest to ważne dla tych, którzy zamierzają inwestować i uruchomić na tym rynku produkcję. Pomocne informacje można uzyskać dzięki analizie wskaźnika swobody zatrudnienia. Wskaźnik ten składa się z następujących części: ograniczenia stosowania umów na czas określony, maksymalny okres na jaki można zawrzeć taką umowę, stosunek ustawowej płacy minimalnej do średniej wartości dodanej przypadającej na pracownika. Jeżeli umowy na czas określony mogą być stosowane wyłącznie do zadań trwających przez określony czas, kraj otrzymuje 1 punkt, w przypadku wszystkich zadań 0 punktów. Jeżeli maksymalny okres trwania umowy na czas określony nie przekracza trzech lat, kraj otrzymuje 1 punkt, jeśli wynosi on od trzech do pięciu lat – 0,5 punktu, jeśli więcej niż pięć lat 0 punktów. Jeżeli stosunek płacy minimalnej do średniej wartości dodanej jest wyższy niż 0,75 wówczas otrzymuje 1 punkt, przedziałowi 0,5–0,75 odpowiada 0,67 punktu, przedziałowi 0,25–0,5 – 0,33 punktu, a wartościom poniżej 0,25 – 0 punktu.

Wskaźnik elastyczności czasu pracy obejmuje pięć elementów: ograniczenia dotyczące pracy w nocy, ograniczenia dotyczące pracy w weekendy, możliwości przedłużenia tygodnia pracy do 5,5 dnia, wydłużenia dnia pracy do 12 godzin przez dwa miesiące w roku, długość płatnego urlopu. Za każdą odpowiedź pozytywną kraj otrzymywał 0 za negatywną 1 punkt.

Wskaźnik swobody zwalniania pracowników wyliczono na podstawie ośmiu elementów: brak przydatności jest podstawą zwolnienia pracownika, w razie zwolnienia pracownika istnieje konieczność powiadomienia osób trzecich, w razie zwolnień grupowych (powyżej 20. zatrudnionych) występuje obowiązek uzyskania zgody osób trzecich, wymóg prawny dotyczący przeszkolenia nowo zatrudnianych, zasady dotyczące kolejności zwolnień i powtórnego zatrudnienia.

Odpowiedzi twierdzące na pytanie powodowały przyznanie od 2–10 punktów. Uzyskane wyniki przeskalowano do 100 punktów. Im mniejsza wartość tym bardziej elastyczne okazują się regulacje [*Doing Business*, 2007]. Pozapłacowe koszty pracy obejmują wszystkie opłaty jakie ponosi przedsiębiorca w związku z zatrudnieniem pracownika. Zostały wyliczone jako procent płaconej pensji. Przykładowymi kosztami mogą być zasiłki chorobowe, urlopy macierzyńskie, dodatki mieszkaniowe, składki na ubezpieczenie społeczne itp.

Wskaźnik ochrony inwestorów jest średnią trzech wskaźników: jawności, odpowiedzialności członków zarządu oraz swobody wytaczania przywództwa przez udziałowców. Wskaźnik jawności obejmuje pięć elementów, które określają możliwość wyrażenia zgody na prawomocną transakcję. Uwzględnia się udział organów spółki do przeniesienia stosownych uprawnień. Wskaźnik zawiera się w przedziale 0–10, i im wyższa wartość tym większa jawność.

Wskaźnik odpowiedzialności określa zakres odpowiedzialności członków zarządu za podejmowane decyzje. Przyjmuje on wartości w przedziale 0–10. Wyższa jego wartość dowodzi wyższej odpowiedzialności zarządu za podejmowane decyzje. Tym samym udziałowcy posiadają możliwość dochodzenia ewentualnych swoich roszczeń na drodze prawnej.

Wskaźnik swobody wytyczania powództwa przez udziałowców obejmuje elementy stanowiące odpowiedź na następujące pytania:
- jakie dokumenty powód może uzyskać w trakcie procesu,
- czy powód może zadawać pytania w czasie procesu.
- czy zadawanie pytań musi być poprzedzone zgodą sądu,
- czy zakres dowodów w sprawach cywilnych jest węższy niż w sprawach karnych,
- jaki udział w spółce powinny posiadać jej udziałowcy.

Wskaźnik także zamyka się w przedziale 0–10 i im jest on większy tym wyższa okazuje się swoboda wytyczania przywództwa przez udziałowców [*Doing Business*, 2007].

Wskaźnik zakresu uprawnień odzwierciedla stopień w jakim przepisy dotyczące zabezpieczeń kredytowych i upadłości chronią prawa kredytobiorców i kredytodawców oraz ułatwiają udzielenie kredytów. Obejmują one siedem elementów odnoszących się przepisów zabezpieczeń kredytowych i trzy prawa upadłościowego. Za każdą z następujących cech przepisów przyznano jeden punkt:
- w umowach o zabezpieczenie kredytu nie jest wymagany szczegółowy, lecz ogólny stan aktywów,
- każda osoba prawna lub fizyczna może udzielić zabezpieczenia na majątku lub przyjmować takie zabezpieczenie,
- ujednolicony rejestr kredytobiorców obejmuje także zabezpieczenia na aktywach ruchomych,
- zabezpieczeni wierzyciele mają pierwszeństwo poza procedurą upadłościową,
- zabezpieczeni wierzyciele spłacani są jako pierwsi,
- zabezpieczeni wierzyciele mogą zając aktywa, gdy dłużnik przechodzi reorganizację,
- w przypadku reorganizacji spółką kieruje syndyk,
- strony mogą uzgodnić w umowie sposoby egzekucji,
- wierzyciele mogą w drodze pozasądowej przejąć przedmiot zabezpieczenia,

- wierzyciele mogą sprzedać przedmiot zabezpieczenia.

Tym samym wartość wskaźnika wynosi od 0 do 10. Wyższe wartości oznaczają, że krajowe przepisy odnoszące się do zabezpieczenia kredytu i upadłości zapewniają większe uprawnienia.

Tabela 5. Warunki prowadzenia działalności gospodarczej w Rosji według Banku Światowego (na podstawie raportu *Doing Business*)

Warunki zatrudnienia	Dane	Warunki rozpoczęcia działalności	Dane
Indeks elastyczności zatrudnienia	33	Liczba procedur	12
Indeks warunków pracy	77	Liczba dni poświęconych na rejestrację	29
Indeks elastyczności zwalniania	71	Koszt (% dochodu per capita)	10
Indeks prawa pracy	61	Minimalny wkład kapitału (% dochodu)	30
Warunki kredytowe		Dochodzenie praw przed sądem	
Istnienie publicznego rejestru	Brak	Liczba procedur	16
Liczba ww. rejestru na 1000 osób	0	Czas (dni)	160
Indeks publicznej rejestracji	0	Koszt (% dochodu per capita)	21
Biuro informacji kredytowej	Brak	Indeks procedur sądowych	48
Prywatny rejestr na 1000 osób	0	Zamknięcie działalności	
Indeks praw kredytobiorcy	2	Czas w latach	1,53
Informacje uzupełniające		Koszt (% od posiadanych nieruchomości)	5
Podstawa systemu prawnego	Socjalistyczna	Indeks postępowania sądowego	67
Wielkość szarej strefy (% PKB)	43	Indeks procedury upadłościowej	58

Źródło: *Doing Business. Understanding Regulation*. The International Bank for Reconstruction and Development, World Bank. Washington D.C. 20433 2009.

Prowadzenie działalności w Rosji (zgodnie z opinią Banku Światowego) wcale nie jest łatwe. Rosja mimo pewnych prób zbliżenia do gospodarek rynkowych nadal znacznie od nich odbiega, np. co do warunków kredytowych. Brak jest np. publicznego rejestru informacji kredytowej, a indeks praw kredytobiorcy wynosi 2. Długi jest okres zamknięcia działalności, przekracza 1,5 roku. Nie każdy biznes musi oznaczać sukces, w trakcie jego prowadzenia mogą zajść nieprzewidziane okoliczności i przedsiębiorca musi mieć względną łatwość nie tylko powołania firmy, ale także jej likwidację.

Tabela 6. Miejsce Rosji pod względem atrakcyjności działalności według Banku Światowego na tle 175 państw w 2009

Aspekt	Miejsce
Indeks elastyczności zatrudnienia	87
Indeks warunków pracy	93
Indeks elastyczności zwalniania	103
Warunki kredytowe	159
Zamkniecie działalności	81
Warunki rozpoczęcia działalności	33
Ochrona inwestorów	73
Rejestracja nieruchomości	44

Źródło: http://www.doingbuisness.org 2010-04-02

Na tle 175. państw świata Rosja zajmuje relatywnie odległe miejsca w atrakcyjności działania gospodarczego. Najwyższa pozycja dotyczy warunków rozpoczęcia działalności - 33. Warunki kredytowe plasują już Rosję na bardzo odległej pozycji 159, indeks elastyczności zwalniania 103 miejsce, indeks warunków pracy 93. Warto podkreślić odległą pozycję dotyczącą ochrony inwestorów - 73. Jeżeli Rosja będzie dążyła do zwiększenia napływu zagranicznych inwestycji te aspekty atrakcyjności gospodarczej muszą zostać znacznie poprawione. Powinny one plasować Rosję w pierwszej 20. najbardziej sprzyjających działaniom biznesowym gospodarek świata. Warto podkreślić niski stan aktywów banków rosyjskich.

Tabela 7. Porównanie aktywów banków w wybranych państwach

Kraj	Rok	Liczba banków	Aktywa % PKB	Przeciętne aktywa banku w mld USD
Rosja	2009	2782	0,23	0,036
Niemcy	2009	870	1,43	3,980
Wielka Brytania	2009	1211	2,70	4,600
Japonia	2009	269	1,59	44,350
USA	2009	11 922	0,59	0,390
Wenezuela	2008	52	0,36	0,510

Źródło: OECD Economic Survey. 2010.

W 2009 roku w Rosji funkcjonowały 2782 banki i posiadały 0,23% aktywów w relacji do PKB. Przeciętne aktywa banku wynosiły 0,036 mld USD. Dla porównania w USA działały 11 922 banki, ich aktywa w relacji do PKB wyniosły 0,59%, a przeciętne aktywa banku były ponad 10 razy większe niż w Rosji. Rosyjski sektor bankowy wypadał jeszcze gorzej w porównaniu do Japonii czy Niemiec lub Wielkiej Brytanii. Powyższe dane upoważniają do wyciągnięcia następującego wniosku – banki rosyjskie posiadają niewielkie aktywa i ich działalność (przy nietrafionych decyzjach inwestycyjnych) jest stosunkowo bardziej ryzykowna niż w ugruntowanych gospodarkach rynkowych.

W analizach dotyczących przedsiębiorstw rosyjskich należy zwrócić uwagę na rodzaj własności oraz ich udział w zatrudnieniu i wielkości produkcji. Oprócz przedsiębiorstw prywatnych i państwowych, funkcjonują tzw. podmioty mieszane. Te ostatnie mogą być z udziałem kapitału rosyjskiego lub zagranicznego. Udział kapitału rosyjskiego sprowadza się do kontroli rządowej. Przejawia się ona w dwojakiej formie: udział w przedsiębiorstwach tego rodzaju może być bezpośrednio przypisany określonej agendzie rządowej (ministerstwu), lub za pomocą spółek, w których zdecydowany głos posiada rząd. Spółki tego typu są oficjalnie kierowane przez prywatne podmioty (oligarchowie), które działają w niezwykłej symbiozie z władzą [Blasi J. R., 1997].

Rys. 2. Typ własności oraz wielkość zatrudnienia i produkcji przedsiębiorstw w Rosji w 2006 r. (%)

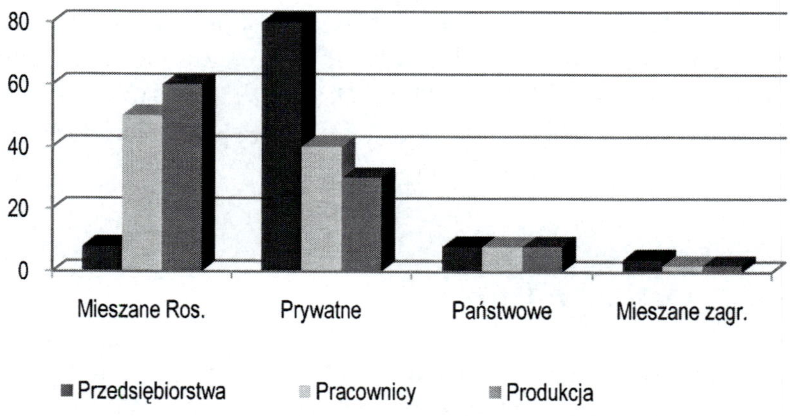

Źródło: Rossyiski statisticheski ezhegodnik 2008, Goskomstat, Moskwa, 2009.

Przedstawione na wykresie (rys. 2) dane pozwalają na wyciągnięcie następujących wniosków. Prawie 80% wszystkich podmiotów w Rosji są to firmy prywatne. Nie zatrudniają one jednak najwięcej pracowników, ani też nie dają największej produkcji. Odpowiednio niecałe 40% zatrudnienia i 30% produkcji. Dominują tu tzw. przedsiębiorstwa mieszane, w których znalazło zatrudnienie blisko 50% pracowników, dostarczających prawie 60% całkowitej produkcji Rosji w 2008 roku. Typowe przedsiębiorstwa państwowe w każdej z analizowanych dziedzin ich udział nie przekracza 10%. Znaczenie firm tzw. mieszanych z udziałem kapitału zagranicznego jest marginalne – nie przekracza 4% w liczbie przedsiębiorstw, produkcji oraz zatrudnieniu.

Należy także zwrócić uwagę na rolę administracji, która ma istotny wpływ w prowadzenie działalności gospodarczej. Mimo dążeń władz centralnych do przejęcia pełnej kontroli nad poszczególnymi obszarami administracyjnymi to nadal bardzo często władze lokalne także kształtują warunki funkcjonowania podmiotów gospodarczych. Część popiera rozwiązania gospodarki rynkowej i do takich miast zalicza się Stawropol, Tuła, Smoleńsk, Jamalsko-Neneński Autonomiczny Dystrykt [Aidis R., Adachi Y., 2007]. Natomiast w innych regionach spotkać można klasyczne przykłady nepotyzmu i działań korupcyjnych. Reguły wolnej konkurencji są bardzo wypaczane. Gubernator Kurska swojego syna mianował dyrektorem dużego przedsiębiorstwa „Kurskfarmacja" dając mu w ten sposób nie tylko możliwość szybkiego wzbogacenia, ale pełną kontrolę handlu lekami w regionie. Drugi syn otrzymał posadę w firmie „Kursneft". Pozostali członkowie rodziny obsadzili stanowiska w służbie bezpieczeństwa i nadzoru finansowego [OPORA, 2005]. Tak powstają bardzo szybko fortuny nielicznych, natomiast pozostali bądź ograniczają swoją aktywność lub przechodzą do szarej strefy [Kryshtanovskaya O., White S., 2005].

Ważną przeszkodą pozostaje system prawno-finansowy. Jest on bardzo niespójny a kontrolerzy mogą w praktyce dowolnie (niekiedy za pełną akceptacją władz) nałożyć ogromne podatki grożące upadłością firm. Przykładem jest *casus* firmy Yukos. Prężnie działający koncern został praktycznie (za należności podatkowe) przejęty przez zależne od władz centralnych jednostki.

1.5. Rosyjskie grupy biznesowe

Pod pojęciem grup biznesowych należy rozumieć powiązania przedsiębiorstw (administracyjnie, kapitałowo), działających na różnych rynkach. W Rosji takie grupy są bardzo typowym zjawiskiem i ich działanie wynika z:

- uwarunkowań historycznych,
- braku swobodnej konkurencji,
- znaczenia oligarchów w prywatyzacji i dalszej działalności gospodarczej,
- wpływu administracji rządowej,
- słabego systemem prawnego,

- dopiero rozwijającego się rynku kapitałowego i finansowego.

W teorii ekonomii działania grup biznesowych uzasadniano w krajach słabo rozwiniętych gospodarczo. Cenne są tu opracowania zwłaszcza N. Leffa, który dowodzi, że w tych krajach rynek jest jeszcze słabo wykształcony i z tego względu występuje tendencja do tworzenia grup biznesowych [Leff N., 1976]. Z jednej strony działają one pod pełną akceptacją władz, ale z drugiej dzięki temu, że działają na różnych rynkach, zmniejsza się ich ryzyko funkcjonowania. Posiadają związki z bankami i w takim przypadku dostęp do środków finansowych jest znacznie większy. Ponadto mogą sprawniej prowadzić operacje finansowe z zagranicą i lokować swoje nadwyżki w rajach podatkowych.

Należy jednak stwierdzić, że grupy biznesowe nie są jedynie przypisane do krajów słabo rozwiniętych gospodarczo. Przykłady silnych związków między firmami można także wykazać na rynkach rozwiniętych gospodarczo. Takim klasycznym przykładem może być Japonia, Korea - działania czeboli. Duże koncerny mają w swoich oddziałach (firmach) diametralnie różne działalności od produkcji maszyn, urządzeń do produkcji statków, wyrobów chemicznych, budownictwa i banków. Takie zgrupowanie można określić mianem dywersyfikacji biznesowej.

Grupy przemysłowe w Rosji często bazują na kapitale, który jest po części państwowy i prywatny. Wykorzystywane są niejednokrotnie więzy rodzinne - przykład mera Moskwy Łużkowa i jego żony. Ujawnienie wszystkich powiązań jest niejednokrotnie bardzo trudne w wyniku skomplikowanych procesów prywatyzacyjnych. Nawet biorące udział w prywatyzacji podmioty zagraniczne są tak naprawdę kontrolowane przez kapitał rosyjski. Może to być forma legalizacji wcześniej wyprowadzonych z Rosji środków pieniężnych.

Grupy biznesowe w Rosji mają kilka pozytywnych aspektów:

- według badań Gorodnichenko i Grygorenko grupy biznesowe (będące we władaniu tzw. oligarchów) charakteryzują się wyższą produktywnością niż inne prywatne podmioty [Gorodnichenko Y., Grygorenko Y., 2004];
- posiadają większe zasoby niematerialne mierzone m.in. współczynnikiem Tobina niż pozostałe przedsiębiorstwa. Wskaźnik ten odzwierciedla udział kapitału intelektualnego w wartości rynkowej przedsiębiorstwa. Wyniki takie ustalili w 2001 roku na podstawie swoich analiz E. Perotti i S. Gelfer;
- decyzje inwestycyjne grup zapadają przy zastosowaniu teorii kosztów transakcyjnych. Zgodnie z tym podejście wyznaczanie granic przedsiębiorstwa, a tym samym zakresów zadań realizowanych samodzielnie nie powinno być wyłącznie uwarunkowane wymogami technologicznymi, ale wysokością kosztów poniesionych w związku z przeprowadzaniem transakcji hierarchicznie (wewnątrz organizacji) lub między przedsiębiorstwami na rynku. Koszty te dotyczą przede wszystkim planowania, zdobywania informacji, adaptacji i nadzoru.

Grupy są miejscem zatrudnienia (jak na warunki miejscowe) wysoko wykwalifikowanych kadr. Niejednokrotnie pracują wysoko wynagradzani zagraniczni specjaliści. Warto podkreślić ich znaczenie w prywatyzacji i przechodzeniu z gospodarki centralnie planowej do gospodarki, w której rachunek ekonomiczny odgrywa coraz większą rolę. Nie można w pełni wykazać, że Rosja już wprowadziła rozwiązania w pełni wolnorynkowe. Jest to pewien konglomerat, który może nosić nazwę „transformacji rosyjskiej gospodarki". W wielu rejonach kraju (jest to spuścizna poprzedniego systemu) funkcjonowała gospodarka oparta na przemyśle ciężkim, wydobyciu surowców. Działały nieefektywne giganty przemysłowe. Przejmowanie tego typu obiektów dokonuje się w ramach rosyjskich grup biznesowych (oligarchicznych). Pojawia się zatem pytanie – kto inny byłby w stanie w pewnym sensie przejąć ten majątek, dać zatrudnienie przynajmniej części z dotychczasowych pracowników i przeprowadzać niezbędne reformy. W świetle przeprowadzonych rozważań wydaje się, że niezmiernie trudno byłoby w Rosji zaproponować inny model przekształceń gospodarczych. Jest on oczywiście obarczony wieloma nieprawidłowościami (korupcją, wyprowadzaniem środków finansowych za granicę, niespotykanym rozwarstwieniem dochodów, np. Abramowicz, Deripaska – magnat metalurgiczny), ale być może jest on na razie jedyny w warunkach tego państwa. Te podmioty, które decydują się na prowadzenie działań na rynku rosyjskim muszą brać pod uwagę przedstawione uwarunkowania.

Mimo kryzysu przedstawiciele rosyjskich grup biznesowych w 2010 roku odnotowali kolejny wzrost swoich dochodów. Liczba miliarderów zwiększyła się z 32 w 2009 roku do 62 w 2010 roku. Jest to o tyle zaskakujące, że w 2009 roku PKB Rosji spadło o 7,9%. Taka liczba miliarderów plasuje Rosję na trzecim miejscu w świecie, po USA (liczba miliarderów 400), Chinach 64. Moskwa skupia ich największą liczbę 50. Więcej miliarderów zamieszkuje jedynie w Nowym Jorku. Listę najbogatszych w Rosji otwiera Władimir Lisin (majątek 15,8 mld USD), właściciel Nowolipieckiego Kombinatu Metalurgicznego. W 2009 roku jego majątek szacowny był „tylko" na 6 mld USD. Zastanawiające jest jak w czasach dekoniunktury można prawie potroić swoje aktywa. Prezes rosyjskiej grupy ONEKSIM, Michaił Prochorow, dysponuje kwotą 13,4 mld USD (w 2009 roku niespełna 10 mld USD). Roman Abramowicz właściciel klubu Chelsea zajmuje trzecie miejsce – 11, 2 mld USD.

O symbiozie prywatnego i państwowego biznesu świadczą losy Olega Deripaski. Ten oligarcha odczuł bardzo kryzys 2009 roku i był na skraju bankructwa. Jednak pożyczka państwowa w wysokości 5 mld USD pozwoliła mu poprawić notowania i zgromadzić majątek wart 10,7 mld USD. Najbogatszą Rosjanką jest żona mera Moskwy Jurija Łużkowa – Jelena Baturina z kwotą 3,6 mld USD.

Analitycy rynku rosyjskiego zwracają uwagę na pewną symetrię. Otóż liczba miliarderów w Rosji zmienia się w zależności od cen surowców na giełdach światowych.

Spadek cen powoduje uszczuplenie liczby najbogatszych Rosjan (spadek wartości aktywów), wzrost cen sprzyja zwiększeniu liczby miliarderów (wzrost posiadanego majątku) [Radziwinowicz W., 2010].

1.6. Doświadczenia Autora

Moje doświadczenia zawodowe z przedsiębiorstwami rosyjskimi trwały relatywnie dość długo. Rozpoczęły się na początku lat 90. XX wieku i trwały prawie do końca roku 2005. Były w tym okresie przerwy, spowodowane m.in. pracą w dyplomacji, w konsulacie RP w Hongkongu, ale i tam miałem kontakt z firmami rosyjskimi. Były one nie tylko długotrwałe, ale obfitowały w różne zdarzenia, które znacznie to współdziałanie modyfikowały. Ponadto obie strony musiały (mimo pewnych podobieństw) poznać się i zrozumieć jakie zasady rządzą współpracą.

Pierwsze kontakty były sporadyczne i dotyczyły eksportu usług naszych firm budowlanych. Pracowałem wówczas w PRI Olsztyn i przedsiębiorstwo dążyło do samodzielnego zawierania zagranicznych kontraktów. W owym czasie tylko tzw. centrale handlu zagranicznego (w branży budowlanej, np. Polimex–Cekop, Budimex) oraz tzw. firmy posiadające koncesję (np. Exbud Kielce), uprawnione do podpisywania umów. Firmy te z reguły nie zatrudniały własnych pracowników do prowadzenia prac budowlanych (te wykonywali podwykonawcy) natomiast delegowali na kontrakty kadrę kierowniczą (zarządzającą) oraz odpowiedzialnych za rozliczenia finansowe. Sam system rozliczeń był tak skonstruowany, że praktycznie każda budowa przynosiła korzyści nie tylko firmie, ale i pracownikom. Pracownicy zarabiali relatywnie bardzo niedużo bo ok. 100 USD na miesiąc, ale kurs czarnorynkowy był taki, że wystarczało na utrzymanie rodziny przez przynajmniej 6 miesięcy. Kadra kierownicza otrzymywała znacznie większą pensję. Ponadto pracownik na kontrakcie dodatkowo otrzymywał część wynagrodzenia w złotych polskich, miał zapewniony przynajmniej jeden posiłek dziennie oraz warunki socjalne (mieszkanie, opiekę lekarską).

Wyjazdy były bardzo popularne. Ten kto w branży budowlanej chciał się dorobić, podnieść swój status materialny zabiegał o wyjazd na budowę eksportową. Natomiast firma z jednej strony nie traciła finansowo (działał rachunek wyrównawczy – ewentualne straty tak naprawdę pokrywał budżet), ale zdobywała nowe doświadczenie i, co nie jest bez znaczenia, sprzęt kupiony do realizacji (często za dewizy) pozostawał do dyspozycji wykonawcy. Prosperitę firm budowlanych widać było m.in. przez parking pracowników. W czasach szarej rzeczywistości na takich parkingach stały samochody zagraniczne (część co prawda używanych), ale robiły wrażenia niesamowitego dobrobytu. Pracownicy także budowali własne domy, mieli środki na sprowadzenie wyposażenia z zagranicy. Pod względem materialnym była to elita branży budowlanej. Część przedsiębiorstw osiągnęła bardzo wysoką specjalizację prac. Co prawda szereg kontraktów było zawieranych na bazie porozumień rządowych (zwłaszcza z rynkiem wschodnim i bliskowschodnim) to funkcjonowały podmioty, które wygrywały przetargi, gdyż posiadały wyraźną specjalizację.

Duże wrażenie zrobiły na mnie (w tamtym czasie) dwie firmy Naviga z Wrocławia i Spelwar z Gdańska, które zdominowały rynek czeski w pracach hydrotechnicznych (głównie śluzy, jazy, tamy). Rynek czeski był praktycznie podzielony przez te dwie polskie jednostki. W Olsztynie funkcjonowało szereg dużych, dobrych firm budowlanych, które realizowały zadania nie tylko w regionie, ale także w całej Polsce. Kierowane były przez dobrych fachowców, że warto w tym miejscu wymienić dyrektora R. Gadomskiego OPRI (Olsztyńskie Przedsiębiorstwo Robót Inżynieryjnych Olsztyn) czy też J. Cybrucha z WPB (Warmińskie Przedsiębiorstwo Budowlane), Jaremko IPB (Iławskie Przedsiębiorstwo Budowlane), Barcikowski OPGMB (Olsztyńskie Przedsiębiorstwo Gospodarki Maszynami Budowlanymi). Pan R. Gadomski jest przykładem osoby, która zaczynała pracę w budownictwie od szeregowego pracownika, przechodząc wszystkie możliwe szczeble kariery, aż do dyrektora zarządzającego. Nie było dla niego tajemnic związanych z prowadzeniem prac budowlano-montażowych. Pamiętam jego dyskusję merytoryczną z ministrem Jasińskim, w której dyrektor R. Gadomski przedstawiał bardzo logiczne argumenty w jakiej kolejności rozpocząć prace. Rzecz dotyczyła realizacji budowy oczyszczalni ścieków w Ćeskim–Krumlovie.

Potencjał budowlany Olsztyna był zatem duży i w konsekwencji istniała spora konkurencja. Dlatego dyrektor PRI Olsztyn J. Madej dążył do wejścia na rynki zagraniczne. Dyrektor J. Madej był wizjonerem, człowiekiem z ogromną pasją. Środowisko budowlane wiele mu zawdzięcza jeżeli chodzi o rozwijanie eksportu usług budowlanych z regionu Warmii i Mazur. Mimo naszych chęci do zawierania kontraktów z zagranicą to pierwszymi, którzy przyjechali do Olsztyna byli Rosjanie. Trafniej chyba jest to ująć – z grupą, którą się ja spotykałem i mogłem zabierać merytoryczny głos. Delegacji było co prawda kilka, szczególnie zaawansowane rozmowy prowadziła grupa ze Smoleńska. Delegacja przyjechała na relatywnie długi okres – dwa tygodnie. Pierwsze kroki skierowali do władz administracyjnych, a ta z kolei wytypowała do rozmów kilka przedsiębiorstw, w tym PRI Olsztyn. Dziwne dla nas było, że przedstawiciele Rosji szukają oparcia we władzach, a dopiero później rozmawiają z firmami wykonawczymi? Przecież tak naprawdę to przedsiębiorstwa budowlane wykonywałyby powierzone prace. Zatem dlaczego ten kontakt? W pierwszych dniach rozmów nie zadawałem tego pytania. Dopiero przy kolacji piątego dnia pobytu takie pytanie zadałem – wydawało mi się przewodniczącemu delegacji. Tenże nie okazał się wcale pracownikiem inwestora tylko też władz administracyjnych

– był tzw. „głową zastępcy miasta Smoleńska". Wyjaśnił mi, że wszelkie kontakty zagraniczne są zawsze w Rosji uzgadnianie z władzami. Ich akceptacja gwarantuje w miarę sprawną współpracę. W razie np. problemów ze służbami celnymi dobre ko ntakty z władzą pozwalają je szybciej i sprawniej rozwiązać. Przepis prawny można różnie interpretować. Można przychylnie, a można też i nieprzychylnie. Wówczas zaczynają się „schody". To samo dotyczy rozliczeń. Niby banki są samodzielne, ale nie zaszkodzi mieć i tu poparcie władz. Akceptacja władz też pomaga w dostępie do materiałów itd.

Bazując na własnych doświadczeniach partnerzy rosyjscy przyjęli taką samą ścieżkę postępowania w Polsce. Szukali poparcia, i w pewnym sensie akceptacji, władz do podpisania kontraktów, a następnie (według opinii administracji lokalnej) kontaktów. Nasza władza nie za bardzo chciała ingerować w podpisywanie kontraktów, zostawiając praktycznie wszystkie uzgodnienia przedsiębiorcom. Akurat okolicznością sprzyjającą był fakt, że wicewojewoda olsztyński bardzo dobrze znał się na sprawach budowlanych – gdyż sam przepracował wiele lat w tym sektorze usług. Strona rosyjska widząc pozycję wojewody w roli bardziej osoby umożliwiającej rozmowy, bez ingerencji w sprawy merytoryczne, być może odebrała jako swoistą niechęć władzy do zawierania takiego porozumienia. Kontrakt nie doszedł do skutku nie tylko z tego powodu, ale również dlatego, że Rosjanie nie do końca jasno mogli sprecyzować swoje żądania i nie wszystko chcieli ująć w kontrakcie. Otóż ewentualne zamówienie dotyczyłoby 4. bloków mieszkalnych w tzw. „ewrostandard" – europejskim standardzie. Dodatkowo w ramach wynegocjowanej kwoty chodziło w wybudowanie jednego bloku w wyższej jakości dla (jak się domyślałem) określonej grupy ludzi (administracji lokalnej) w Smoleńsku. Ta budowa miała być zrealizowana poza kontraktem. Z preliminarza robót wynikało, że prawie 40% całości kwoty kontraktowej pochłonie budowa tego budynku, a tylko 60% na pozostałe. Strona rosyjska nie wyrażała także zgody na zaliczkowanie budów. Chciała płacić zgodnie z postępem prac, a największe sumy uruchamiać na zakończenie inwestycji. Strona polska z kolei chciała zupełnie innego podejścia. Najpierw w miarę duża zaliczka, a potem sukcesywnie, od postępu prac, zapłata według wystawionych faktur. Dlaczego żądaliśmy zaliczki? Otóż PRI Olsztyn poniosłoby znaczne wydatki na przygotowanie pracowników, uruchomienie i przygotowanie placu budowy. Same koszty dojazdu i transportu sprzętu pochłonęłyby majątek. Wariant partnera mógłby spowodować wprowadzenie nas w spiralę zadłużenia i próbę kontynuowania prac za wszelką cenę – licząc, że na koniec wszystkie należności zostaną uregulowane. W czasie rozmów kwestie rozliczeń nie zostały uzgodnione, mimo pełnej zgody co do technologii prac, czasu realizacji, obowiązków stron. Pracownicy naszego pionu realizacji (tzw. pion techniczny i przygotowania produkcji) byli bardzo niezadowoleni z koncentrowania uwagi na rozliczeniach.

W tamtym czasie uknułem takie stwierdzenie – budowa (sprawy technicznie) w firmie wykonawczej są ważne, ale wcale nienajważniejsze. Najważniejszym jest zdobycie kontraktu, jego prawidłowe rozliczenie w trakcie realizacji i po terminie udzielenia gwarancji. Uzyskanie w pełni tzw. „retention money" – kwoty, którą z reguły zatrzymuje sobie inwestor na ewentualne pokrycie usterek. Prace budowlane należy traktować jako typową działalność biznesową. Jeżeli natomiast „waga kontraktu" jest skierowana na sprawy techniczne realizacji, wówczas z reguły zapomina się o wypracowanym zysku. Brak zysku przedsiębiorstwa budowlanego grozi w gospodarce rynkowej upadłością. Co z tego, że przedsiębiorstwo buduje wspaniałe obiekty o wysokiej jakości – kto za to zapłaci, kto pokryje koszty? Dlatego musi istnieć symbioza – budowa jest bazą do wypracowania korzyści (szeroko rozumianych) przez firmę wykonawczą. Prace, nawet skomplikowane, nie powinny być trudnością i podstawowym obiektem zainteresowania dyrekcji. Dyrekcja nie powinna wchodzić w szczegóły realizacji – te sprawy powinny pozostawać w gestii kierownika budowy. Dyrekcja powinna potrafić zarządzać inwestycją tak, aby osiągnąć największe korzyści dla przedsiębiorstwa. Zaliczałem się do osób, które chciały aby ten kontrakt został podpisany. Gdy nie doszedł do skutku zastawiałem się dlaczego. Po przeanalizowaniu moja opinia była następująca:

- *Rosjanie położyli nacisk na kontakty z władzą lokalną,*
- *kontrakt nie zabezpieczał interesów wykonawców.*

Nadmienić muszę, iż Rosjanie znali się na technologii prowadzenia prac, potrafili sprecyzować wymogi techniczne i jakościowe. Przy zwiedzaniu obiektów w Olsztynie i okolicach (np. Nagórki) bardzo trafnie zadawali pytania, jednym słowem byli dobrymi fachowcami. Na marginesie osoba z urzędu miasta, która oprowadzała delegację po Olsztynie (Nagórki) bardziej podkreślała co jest złe w tych budynkach, niż to co jest dobre. Nie jestem zwolennikiem ukrywania złego wykonawstwa, ale trzeba też znać odpowiednie proporcje. Co jest dobre powinno także być ukazane.

Od tamtej pory w rozmowach handlowych zawsze starałem się poznać cele partnera. Zadawałem sobie pytanie: o chodzi partnerowi, jaki jest jego cel? Ten cel starałem się porównać z naszymi możliwościami. W przypadku kiedy cel jest nieokreślony lub bardzo słabo wyznaczony trudno jest potem skonfrontować go z możliwościami wykonawcy. Może bowiem być tak, że partner świadomie nie określa dokładnie swoich wymagań, by następnie wszelkie niejasności w trakcie realizacji (lub po zakończeniu kontraktu) interpretować na swoją korzyść. Brak precyzji zawsze skłaniał mnie do podchodzenia bardzo nieufnie do podpisywania umów. W kolejnych krokach uzgodnień zadawałem sobie pytanie – kto z naszej strony ewentualnie może podjąć się zadania? Jakie środki są mu potrzebne (zespoły wykonawcze), kiedy jest w stanie ukończyć zadanie i co przemawia za tym, że kandydat daje gwarancję wykonania zadania? Same chęci są ważne, ale niewystarczające. Każdy z kontraktów był także analizowany co do sprawności jego realizacji i starałem się uzyskać odpowiedź na pytanie – co ewentualnie należałoby zrobić, aby przyszłe kontrakty poprawić.

Kolejny bardzo dobry kontakt, który mile wspominam dotyczył Gazpromu. Firma powszechnie znana z dostaw surowców energetycznych. Pracowałem w koncernie międzynarodowym, który dostarczał m.in. rury do transportu gazu i ropy naftowej a kontrakt z taką firmą mógł gwarantować duże obroty i pewność zapłaty. Pytanie było jak zdobyć kontrakt? Przecież wielu konkurentów również chciało oferować podobne wyroby. W pierwszym kroku wysłałem ofertę – pocztą i elektronicznie. Zero odpowiedzi. Próbowałem kontaktów nie tylko z dyrekcją generalną w Moskwie, ale także z różnymi oddziałami Gazpromu. Miałem wrażenie, że oferty trafiają w próżnię. Drugi mój krok polegał na rozmowach z tymi polskimi firmami, które już miały kontakty z Gazpromem i moja obecna firma nie stanowiła dla nich konkurencji. Ta próba również zakończyła się niepowodzeniem. Pracowałem w Warszawie, a najbliższy oddział Gazpromu znajdował się w Kaliningradzie – postanowiłem pojechać tam i na miejscu postarać się o spotkanie. Po przyjeździe próbowałem z hotelu dodzwonić się do osoby odpowiedzialnej za zakupy. Skierowano mnie na rozmowy z osobą w randze kierownika (ważnej, ale wcale nie decydującej o zakupach) odpowiedzialnego za remonty sieci przesyłowej gazu w regionie Kaliningradu. Człowiek ten wrócił z Kazachstanu a powodem było, jak twierdził, obsadzanie stanowisk kierowniczych w firmach kazachskich przez rdzennych mieszkańców. On jako Rosjanin miał mniejsze szanse na takie stanowisko i tym samym mniejsze zarobki. Więc wrócił i przyjechał, aż na drugi koniec kraju, aby nie mieć złych wspomnień.

W czasie początkowych rozmów przedstawiciel Gazpromu bardzo narzekał na tzw. przemiany demokratyczne. Był przeciwny upadkowi ZSRR. Nie podejmowałem takiej dyskusji, cierpliwie słuchając swojego interlokutora. Widząc moją reakcję po dość długim wywodzie przestał zajmować się polityką i przeszliśmy na bardziej biznesowe tematy. Odradzam każdemu dyskutowanie na tematy polityczne, religijne, mniejszości seksualnych itp. szczególnie na rynku rosyjskim (choć nie tylko tam, ale również na innych – o tym będzie mowa przy opisywaniu innych przypadków).

Rosjanie są wyczuleni na krytykę ich pozycji międzynarodowej, uważają się za kluczowe mocarstwo świata i próby negacji zwykle spotkają się z negatywną oceną. Przypominam sobie inną scenę kiedy mój partner handlowy z Ameryki Północnej w czasie rozmów przytaczał dowcipy o papieżu. Mimo, że były one utrzymane w łagodnym tonie to nie zdobył mojej sympatii. A co ma powiedzieć ortodoksyjny muzułmanin o żartach czy karykaturach Mahometa? Przywoływanie takich opinii zniechęci partnera. Niestosowne żarty o mniejszościach także mogą okazać się pułapką.

Zawsze należy pamiętać po co przyjechaliśmy do danego kraju – czy dyskutować o biznesie, czy przekonywać do swoich racji politycznych, religijnych? Anglicy stosują tu bezpieczne wyjście – zawsze mogą porozmawiać o pogodzie lub sporcie. Bezpieczne tematy są rozwiązaniem.

Kolejna uwaga dotyczy znajomości języka. Rosyjski jest bardzo podobny do polskiego. Wiele słów wydaje się tożsame, ale może wprowadzić w pewne zakłopotanie. Tak było i tym razem w Kaliningradzie. Towarzyszył mi Anglik (pracownik koncernu) polskiego pochodzenia Chris Lesnak. Bardzo dobrze wykształcony, chętny do pomocy, świetnie znał się na produktach oferowanych zwłaszcza na rynek wschodni. W czasie naszych rozmów okazało się, że pracownik Gazpromu ma imieniny. Zwyczajowo każdy koncern ma przygotowane pamiątki, które wręcza na początku rozmów. Koncern Uponor miał bardzo szeroki zestaw. Chris zaproponował (mówiąc po polsku), aby dołączyć do zestawu podarunków również krawat. Powiedział to dość głośno, a partner rosyjski usłyszał i skwitował to słowami, że w domu ma na czym już spać i zdziwił się, że „na podarki" przywozi się z Polski łóżka. On by to rozumiał w sytuacji, kiedy obdarowaną osobą byłaby kobieta. Dalszy wywód pominę milczeniem…

Podobne zdarzenie miało miejsce już przy następnej wizycie, kiedy przy kolacji kolejny mój współpracownik chciał zjeść kawior – i w języku polskim poprosił o niego. Kawior (co prawda z inną intonacją niż w języku polskim) oznacza dywan i Rosjanin zdziwił się i powiedział, że w życiu widział nie jedno, ale po raz pierwszy tego kto je dywany. Takie słowa mogą (jeżeli nie są obraźliwe) wywołać lekką konsternację i w rezultacie nawet rozweselić towarzystwo. Ale są słowa w języku polskim, np. szukać, które w Czechach może obrazić partnera, a już na pewno partnerkę. Wniosek jest taki, że należy rozmawiać, jeżeli jest to możliwe, w języku danego kraju, a jeżeli jest to trudność to w języku uniwersalnym, wygodnym dla dwóch stron. Jest nim zwykle język angielski.

Wracając do pierwszych rozmów w Gazpromie oddział Kaliningrad po przedstawieniu firmy, w której pracowałem – okazało się, że była ona doskonale znana mojemu rozmówcy. Sam nawet określił potencjalne możliwości, gdzie i jakie wyroby mogą być zastosowane. Dlatego cały czas zastanawiałem się jak prowadzić dalsze rozmowy i rozwijać kontakty. Zaproponowałem prezentację pełnej oferty koncernu, ale według propozycji Gazpromu. Jakimi wyrobami byliby zainteresowani? W jakich aspektach koncern posiada przewagę konkurencyjną nad pozostałymi rywalami? Nie poruszałem żadnych warunków kontraktowych, unikałem zwłaszcza informacji cenowych. Chciałem zainteresować stronę samym produktem i wynikającymi z niego korzyściami. Partner wyraził zgodę. W tym celu nawet sam zaproponował, że oprócz pracowników Gazpromu przyjdą projektanci z innych firm. Rzeczywiście tak się stało. Cenni są zwłaszcza projektanci, którzy umieszczając dany wyrób w do-

kumentacji technicznej, zmuszają tym samym wykonawcę do zakupu określonego produktu.

Przygotowana została przez nas pełna prezentacja multimedialna z ekspozycją wyrobów. Rosjanie unikają sytuacji, w której w ciągu pierwszego spotkania, praktycznie wszystko zostanie wyjaśnione. Jest to pewne przeciwieństwo tego co ma miejsce w gospodarce rynkowej, gdzie rozmowa jest wyłącznie merytoryczna i szybko dochodzi się do zawarcia kontraktu. Tak zwykle postępują np. Amerykanie. Unikają długich biesiad, rozmów o niczym – rozmowa „kręci" się wokół głównego nurtu. Wiele kontraktów można zawrzeć np. przez Internet. Kontakt interpersonalny jest praktycznie zbędny. Inaczej jest w Rosji. Kontakty bezpośrednie są podstawą. Mam wrażenie, że u Rosjan tzw. dłuższe poznawanie wynika z pewnej izolacji tego kraju. Przez długi czas wyjazd za granicę, czy kontakty międzynarodowe dla większości były bardzo mocno ograniczane. Ten kto je miał narażony był na inwigilację władzy lub też miał pewne problemy. Swoje zrobiła również propaganda. Ponadto pewien element, który niestety występuje u naszych biznesmenów – mianowicie podkreślanie różnic między Rosją a resztą Europy. Zwykle w tych porównaniach Rosja jest przedstawiana jako ta strona, która musi dużo poprawić. Nikt nie lubi być określany jako outsider, zwłaszcza kiedy my liczymy, że kupi nasz wyrób. Zawsze kiedy przyjeżdżałem do Kaliningradu po przekroczeniu granicy w Bezledach, czy Gronowie droga stawała się trudna. Mnóstwo dziur i jak określał to Chris Lesnak – jam wielkości sadziwki. Używał czasami „swoistych" słów niby polskich. Był urodzony i wychowany w Anglii i niektóre słowa zabawnie brzmiały w jego ustach. Tym razem chodziło oczywiście o – sadzawkę. Wyszło sadziwka. Otóż do takiej sadziwki wpadliśmy. Zniszczyliśmy miskę olejową, uszkodziliśmy resor. Zadzwoniliśmy do naszego partnera w Gazpromie. Błyskawicznie się zjawił, pomógł umieścić samochód w warsztacie nalegając na szybką naprawę. W rozmowie nie narzekaliśmy na stan dróg jedynie na nasze słabe umiejętności kierowania pojazdem. Takie nasze zachowanie było wyrazem zrozumienia istniejących warunków i próby dostosowania się do nich.

Kolejne rozmowy z Gazpromem były znacznie bliżej zawarcia kontraktu. Z jednej strony Gazprom przedstawił specyfikację wyrobów jakimi był zainteresowany, a z drugiej bardzo długo i obszernie podkreślał fakt korzyści ze współpracy z nimi. Pojawiały się zapewnienia o dużych zamówieniach i pewnej zapłacie. Gazprom był przedstawiany jako wiarygodny partner. Po podpisaniu kontraktu wystąpiły pewne komplikacje. Polegały one na tym, że partnerzy ciągle zamawiali (bez uzgodnienia pisemnego) dodatkowe wyroby. Tłumaczyli się tym, że w wyniku awarii sieci potrzebne są pilnie nowe produkty. Byliśmy elastyczni i wysyłaliśmy towar (lub Gazprom sam odbierał). Po podsumowaniu stwierdziliśmy, że te dodatkowe wyroby przekraczają sumę miesięcznych rozliczeń! Mogły się zatem pojawić problemy finansowe (opóźnienia rozliczeń) i wzrosło także ryzyko tych transakcji. Wszystko jest dobrze jeżeli pracują znani mi ludzie. Ale co będzie jeżeli personel się zmieni. Może paść stwierdzenie – rozliczenia poprzedników nas nie interesują. Teraz jesteśmy my i będzie inaczej, „po drugomu". A to „po drugomu" może oznaczać dla mnie kłopot.

Po paru miesiącach takiej współpracy, kiedy dostawy były uzgadniane na telefon, postanowiłem zmienić taktykę rozliczeń. Postanowiłem ponownie pojechać do Kaliningradu i ustalić nowe warunki. Tym razem już traktowany byłem jako zaprzyjaźniony człowiek Gazpromu. Naszą delegację podjęto w ośrodku wypoczynkowym holdingu. Ośrodek był zlokalizowany w lasach Kaliningradu otoczony murem i pilnie strzeżony. Warunki bardzo dobre, standard wysoki. Punktem kluczowym była typowa rosyjska bania z obowiązkową kąpielą w basenie z niezmiernie zimną wodą. Podobno taką wodę pobierano z bardzo dużej głębokości. Trzy rzeczy, które zrobiły na mnie wrażenie. Pierwsze to do sauny należało wchodzić w specjalnej czapce. Podobnej do tej jaką nakładają krasnale. Wynika to z konieczności ochrony głowy i uszu przed wysoką temperaturą. Drugi – bardzo długie i dokładne mycie całego ciała przed wejściem do samej sauny. Oprócz czapki dawano prześcieradło, którym się człowiek owijał. Czapka plus prześcieradło stanowiło frapujący atrybut, przypominało mi to mi ubiór w starożytnym Rzymie. Trzecia rzecz – pokutuje pewien pogląd o powszechnym piciu Rosjan. Otóż moje spotkania również alkoholowe w Gazpromie ten pogląd modyfikują. Pito alkohol, ale przed każdym rozlaniem wygłaszano bardzo kwieciste, niekiedy tekstem rymowanym, toasty. Nie pito, aby pić stworzono pewien ceremoniał podkreślony właśnie tymi toastami. Ponadto nie wymagano wypijania kieliszka do dna. Każdy pił tyle ile uważał za stosowne. Oczywiście strzemiennego, ważny toast, było w dobrym tonie wypić do dna.

Biesiada w Gazpromie trwała bardzo długo. W ośrodku było miejsce do gier sportowych (bilard, strzelnica, kręgle itd.). Kto chciał mógł skorzystać. Kolacja bardzo wystawna. Kaliningrad jest miejscem, w którym żyją różne narody, dzięki temu można zaproponować potrawy orientalne m.in. ormiańskie (np. mięsa, kiełbasy suszone), gruzińskie (szaszłyki), a nawet greckie. Rosjanie lubią oprócz swoich tradycyjnych dań podać łososia, kawior i sałatkę, w której np. pietruszka jest podstawowym składnikiem. Zasadniczym daniem na tejże kolacji był zapiekany prosiak podawany w kaszy gryczanej. W czasie kolacji nie poruszałem żadnej tematyki związanej z finansami. W drodze do hotelu – wczesnym rankiem – jechałem razem z dyrektorem oddziału, powiedziałem, że mam pewien problem i będę go prosił o pomoc w jego rozwiązaniu. Po południu zorganizowano kolejne, już utrzymane w tonie biznesowym, spotkanie. Mam jednak nieodparte wrażenie, że niezmiernie pomocnym na rynku rosyjskim jest zaprzyjaźnienie się z partnerem. Bliskie więzy pomagają. W czasie tego spotkania potwierdziłem zadowolenie z obrotów i współpracą z Gazpromem. Pojawił się problem związany z koniecznością zmiany cen. Z uwagi na nową politykę firmy – wyższa jakość produktów, wprowadzenia technologii innowacyjnych dotych-

czasowe ceny nie pokrywają kosztów produkcji. Zapytałem też ich o opinię na temat naszych produktów. Czy mieli z nimi problemy? Też okazali zadowolenie. Nastała chwila konsternacji i dyrektor spytał o jakiej podwyżce jest mowa. Powiedziałem, że koncern sugerował podwyżkę rzędu 60%, ale my z uwagi na kontakty z Gazpromem proponujemy wzrost tylko o 40%. Gazprom przystał na tę propozycję. W ten sposób udało się finansowo zabezpieczyć nieuzgodnione dostawy. Jedna opłacona faktura pozwalała na wysłanie nieuzgodnionego towaru rzędu ok. 40% wartości tejże.

W ten sposób strona polska zyskała bezpieczeństwo rozliczeń. Gazprom pomógł w sprawnym przekraczaniu granicy. Granica z obwodem kaliningradzkim stanowi źródło dochodów lokalnej ludności. Tzw. mrówki przewożą zwykle papierosy, alkohol, paliwa, niekiedy cukier lub inne produkty wykorzystując różnice cen. Dlatego ruch na granicy jest duży, a kolejki długotrwałe. Po stronie polskiej kolejki można było uniknąć otrzymując tzw. pieczątkę AB (biznesową), która upoważniała do szybszego przekroczenia. Ale to tylko strona polska. Po rosyjskiej już trzeba było czekać. Gazprom uruchomił swoje kontakty i dojeżdżając do granicy – przejścia w Bezledach – stojąc na tzw. patelni (jeszcze przed granicą polską) pogranicznicy rosyjscy znając numery naszego samochodu sprawnie przepuszczali naszą delegację. Co więcej niekiedy sami strażnicy prosili nas o podwiezienie kogoś z ich służby do Kaliningradu. Tak więc przekroczenie granicy było bardzo łatwe. Dodatkowo nie zatrzymywała nas wówczas milicja – tzw. GAI.

O pozycji Gazpromu świadczy fakt rezygnacji praktycznie z tzw. kryszy – biura ochrony. Zwykle w Rosji ochrona może pochodzić z trzech źródeł. Pierwsze – sama firma tworzy biuro ochrony, drugie powierza ochronę pracownikom milicji, którzy pełnią tę funkcję oficjalnie po zakończeniu swoich zadań. W praktyce bywa tak, że łączą swoje obowiązki w czasie godzin pracy. Trzecie świat przestępczy, pobierając opłaty, gwarantuje bezpieczeństwo prowadzenia działalności. Zapewnia, że nie będzie podpaleń, innych wymuszeń rozbójniczych a nawet kradzieży. W Gazpromie funkcjonowała własny dział ochrony. Wydaje mi się, że milicja bardziej niż gdzie indziej pilnowała bezpieczeństwa. Dodatkowo Gazprom okazywał pomoc, jeżeli potrzebowaliśmy informacji o ewentualnych innych możliwościach współpracy. Pomógł np. w kontaktach z rafinerią ropy naftowej, kiedy jeden z naszych partnerów chciał sprowadzić materiał do produkcji zniczy. Praktycznie to dzięki Gazpromowi nasz partner mógł zdobyć atrakcyjny surowiec. Gazprom okazał się także bardzo lojalnym kooperantem. Otóż z uwagi na relatywnie wysoką cenę, po jakiej kupował nasz towar, niekiedy nasi krajowi klienci zwracali się właśnie do Gazpromu oferując korzystniejsze warunki cenowe. Cena była atrakcyjna, ale asortyment i elastyczność dostaw była ograniczona. Gazprom ponadto wolał tak jak często podkreślał – „wychadit na priamuju". Można to przetłumaczyć na kontakty bezpośrednie, bez zbędnych pośredników. Dlatego godził się na zapłatę wyższej ceny.

Bazując na współpracy z Gazpromem nasuwają mi się następujące refleksje:

- *wszelkie decyzje należy wspólnie przedyskutować,*
- *przed rozpoczęciem rozmów należy przygotować precyzyjny plan, argumenty oraz określić cel,*
- *kontakty bezpośrednie (dobrze jeżeli są przyjacielskie) 'face to face' są niezwykle pomocne w biznesie,*
- *w czasie rozmów unikać z jednej strony tematów newralgicznych (np. polityka), skupiać się na biznesie, ale dobrze widzianym jest wymiana informacji na temat wspólnych pasji, np. sport, podróże, samochody,*
- *partnerzy rosyjscy źle odbierają krytykę: ocenę stanu ich gospodarki, warunków życia, infrastruktury. Lepiej jest ich chwalić (nawet na wyrost) niż krytykować.*

Teraz na bazie doświadczeń z Gazpromem rozważyłbym następującą formę współpracy na rynku rosyjskim. Poszukiwałbym firmy, która ma istotną pozycję, szerokie i liczne powiązania. W skrajnym przypadku mogłaby to być jednostka nawet nie związana bezpośrednio z moją biznesową działalnością. Ale przez jej kontakty wielce prawdopodobnym byłoby dotarcie do takich przedsiębiorstw, z którymi nawiązałbym współpracę. Ponadto od firmy wspierającej otrzymałbym bardzo szczegółowe (żadne inne źródło tego nie zapewnia) informacje o sytuacji potencjalnego partnera.

Kolejny przykład dobrej współpracy to przedsiębiorstwo Baucenter z Kaliningradu. Spółka prywatna założona przez dwóch braci z udziałem przedstawiciela rządu. Spółka zajmowała się sprzedażą materiałów budowlanych i wykończeniowych. Nawet według standardów europejskich stworzyła bardzo profesjonalną sieć sprzedaży z ekskluzywnymi salonami ekspozycyjnymi. Wybór produktów bardzo szeroki i praktycznie Baucenter był niejako skazany na oferowanie produktów naszego koncernu. Jeżeli chcieli być liderem w swojej branży, a mieli ambicję oferowania w swojej sieci najlepszych produktów, to prędzej czy później musieli się z nami związać. Początki były trudne, gdyż przedstawiciele Baucenter przyjeżdżali do Warszawy, oglądali produkty i długo nic nie zamawiali. Powodem (jak się później okazało) były wysokie ceny. Obawiali się, że kupując po wysokich cenach (a byli w pełnie firmą prywatną) nie sprzedadzą wyrobów w obwodzie kaliningradzkim. Musieli przecież narzuć swoją marżę, która jak się później okazała była rzędu 100–150% liczona od ceny zakupu plus koszty transportu. W końcu tylko dla celów prestiżowych zamówili niewielkie ilości towarów. Po pewnym czasie zwiększyli zamówienia. I nastąpił pewien zgrzyt. Towar po przyjściu do magazynów odbiorcy był reklamowany. Nie chodziło o jakość wyrobu, tylko ilość w specyfikacji się nie zgadzała ze stanem faktycznym. Rzecz dotyczyła relatywnie niedużej kwoty rzędu 1000 euro. Przyjazd do Kaliningradu delegacji był kosztem większym, więc początkowo zgadzałem się na korektę faktury. Sądziłem, że błąd leży po naszej stronie. Ale w przypadku, kiedy takich wysyłek jest kilkanaście i każda jest reklamowana w podobnej kwocie, suma staje się już znacząca. Z jednej strony pojawiła się chęć zrezygnowania ze współpracy, a z drugiej zależało mi aby ją utrzymać. Baucenter utworzył swój oddział w innych regionach Rosji, rozwijał się – był więc perspektywicznym partnerem. Reklamacje, które zgłaszali były dość dziwne. Ilość braków była równa wyposażeniu 1–2 domków jednorodzinnych lub remontu małego budynku. Po pewnym czasie jeden z właścicieli, Dima, zadzwonił do mnie i przeprosił za powstały problem. Powiedział, że błąd leży po ich stronie i chce zwrócić należne nam pieniądze. Otóż jeden z magazynierów „wykazał" się inicjatywą i część materiałów wywoził poza oficjalną ewidencją z magazynów. Materiał ten następnie trafiał do zamożniejszych Rosjan, bądź do innych domów lub na tzw. „dacze" położone nad morzem. Na jednej z nich był Dima i zobaczył ten materiał, który oficjalnie nie został przez Baucenter sprzedany. Po nitce do kłębka okazało się kto jest winny. Warto też podkreślić, że po pierwszych wysyłkach, w których były niby braki ilościowe – ja brałem winę na siebie, przepraszając Dimę, a on nie omieszkał poczynić drobnych przytyków słownych i aluzji. Niby taki koncern, profesjonalizm w każdym calu, a wysyłki do Kaliningradu nie potrafi zorganizować. Kiedy sprawa się wyjaśniła i uzgadnialiśmy kolejną formę współpracy – oczywiście powetowałem sobie w żartach i odbiłem sobie z nawiązką te wcześniejsze aluzje. Wyjaśniłem mu m.in. na czym polega w języku polskim określenie – jaki Pan taki kram. Po tym zdarzeniu lody zostały przełamane i przedstawiłem Dimie koncepcję możliwości współpracy bardziej zaawansowanej. Otóż opisałem źródła sukcesu koncernu jakie były na różnych rynkach. Jednym ze źródeł sukcesów jest takie przeszkolenie projektantów, aby byli przekonani do niezawodności systemów przesyłowych oferowanych przez koncern. W przypadku kiedy projektant umieści dany wyrób w dokumentacji technicznej, wówczas wykonawca nie ma wyboru i musi nabyć ten produkt. Dodatkowo projektant jest pierwszym rozmówcą inwestora. Inwestor z reguły określa ogólne wymogi, natomiast projektant podpowiada co uważa za stosowne. Inwestor nie musi do końca się znać na produktach i wyposażeniu budowlanym. Dlatego rozmowy z inwestorem nie są tym właściwym źródłem działań marketingowych. Jednym z argumentów użytych do przekonania projektanta jest jakość i niezawodność produktu. Projektant nie będzie miał żadnych problemów z reklamacją i uwagami inwestora. Dlatego produkt koncernu, w którym pracowałem zapewnia projektantowi bezpieczeństwo. Na marginesie projektant nie płaci za towar, robi to inwestor. O cenie generalnie z projektantem się nie dyskutuje, jedynie o parametrach techniczno-jakościowych, a te są naprawdę wyśmienite.

Dima podchwycił ten temat i rozpoczął cykl szkoleń nie tylko w Kaliningradzie, ale i w Moskowie, Niżnym Nowgorodzie, Petersburgu. Pojawiły się w konsekwencji znacznie większe zamówienia. Następnie z Dimą opracowaliśmy cennik sprzedaży oparty na specjalnych upustach powiązanych z ilością zamawianego towaru.

Chodziło głównie o to, aby nasz towar z produkcji nie zalegał w magazynie (jest to oczywisty nasz koszt), ale bezpośrednio trafiał do odbiorcy. Jeżeli, np. Dima zamawiał sukcesywnie partie towaru, tak aby nie trafiały na magazyn, to cena była pomniejszona o koszty magazynowania. W ten sposób każda ze stron była zadowolona. My, ponieważ mieliśmy relatywnie stałe i duże zlecenia, a Baucenter dostawy po atrakcyjnych cenach. Często także Dima pytał mnie o opinie na temat innych polskich firm, które zamierzały rozpocząć współpracę z Baucenter. Wydaje mi się, że dzięki takim opiniom rosyjscy partnerzy podejmowali stosowne decyzje. Jestem przekonany, że także i tym razem bezpośrednie kontakty, znajomości i zwłaszcza rozwiązywanie wspólnych problemów znacznie ułatwiają dalszą współpracę.

Ta konstatacja jest nawiązaniem do wypowiedzi pewnego Izraelczyka polskiego pochodzenia (syna rabina z przedwojennego Rzeszowa – a spotkałem go podczas mojej pracy w Hongkongu) Adama Shaniego, który w rozmowach ze mną biznes porównywał do zmiany świateł drogowych. I mawiał tak: „Panie Andrzej biznes jest taki, że po zielonym świetle zapala się żółte i potem czerwone. Jeżeli jest czerwone (czyli stop dla biznesu) to sztuką jest ruszyć z miejsca. Natomiast jak jest zielone to biznes idzie gładko. Jest to prosty czas. Nigdy nie jest tak, że jest zawsze zielono lub czerwono. To się zmienia i całe szczęście. Można wówczas poznać kto jest kto". I według mojej wiedzy w kontaktach z Rosjanami zyskuje na znaczeniu ten kto przeszedł z nimi okres „czerwonego światła".

Kolejna uwaga sprowadza się do dzielenia zysków. Współpraca jest możliwa tylko wówczas kiedy obie strony zarabiają. Relatywnie łatwo jest w początkowej fazie negocjacji tak ustalić kontrakt, aby wszelkie korzyści przeszły na jednego partnera. W pierwszej chwili przyszły kooperant może nawet tego nie zauważyć, ale i tak wszystko zostanie w pełni ukazane w trakcie rozliczeń. Gdy jedna ze stron zrozumie na czym polega tzw. „współpraca" szybko dochodzi do jej zerwania. Przytoczę rozmowy jakie miały miejsce w Baucenter, kiedy przy negocjacjach opornie dyskutowaliśmy o poziomie cen. Nic nie mogłem „ugrać". Wszelkie moje propozycje były zbywane takimi słowami. Baucenter nastawia się na duży obrót. Musi dostarczać towar do szerokiego grona odbiorców. Bogatych jest niewielu i tak naprawdę kiedy oni chcą sobie coś kupić to mogą sami pojechać za granicę i przywieźć. Dlatego cena musi być dostępna dla klienta – innymi słowy niska. Stąd presja na obniżkę cennika. Poprosiłem zatem o ustalenie ceny przez partnera. Zadałem wprost pytanie – jakie on uważa, że powinniśmy mieć zyski? Ja wiedziałem, że zyski Baucenter są wysokie. Partner określił zyski koncernu (czyli moje) rzędu 60–70%. Zgodziłem się, nawet mówiłem, że 50% jest ok. Następnie przedstawiłem (na ile mogłem obiektywnie i pozwalała na to tajemnica handlowa) koszty produkcji, logistyki, pensje pracowników, royality (płacone dla zarządu koncernu w Espoo) krajowe podatki itd. Wyszła określona suma, którą ogólnie można było zweryfikować. Następnie do tego dodałem proponowany przez rosyjskiego partnera zysk i okazało się, że moja początkowa oferta była o 30% niższa niż ta wyliczona wspólnie. W praktyce wyliczał to Dima na podstawie pewnych moich sugestii. W konsekwencji Dima odstąpił od swoich propozycji na rzecz mojej pierwotnej wersji. Czasami też Baucenter przelewał pieniądze wcześniej – dokonując przedpłat. Wynikało to po części z jego polityki finansowej. Dbał (jak się domyślałem) o odpowiedni stan konta, aby była na nim tylko niewielka suma środków. Gdy się zwiększała, partner był gotów zamawiać towar nawet wówczas, kiedy nie miał zapewnionych odbiorców. Wolał wydaje mi się, posiadać zapas na magazynie niż pieniądze w banku. Do końca tej inżynierii finansowej nie rozumiałem – mogłem tylko snuć przypuszczenia.

Koncern, w którym pracowałem stracił też szereg kontraktów o znacznej wartości. Otóż partnerzy rosyjscy proponowali następującą transakcję. Kontrakt rzędu kilku milionów euro. Cena za towar bardzo atrakcyjna. Jednak kwotę, którą partner przelewał należało odpowiednio podzielić. Część miała pozostać w Polsce (jako zapłata za wysyłkę) na rachunku bankowym, natomiast część powinna być przetransferowana zwykle do rajów podatkowych. W tym momencie pojawiała się trudność w takim rozliczeniu. Wymagane było podwójne podpisywanie kontraktów, fikcyjni agenci, pośrednicy. Z takiej formy współpracy rezygnowaliśmy. Oznaczało to znaczne uszczuplenie obrotów ze wschodnimi partnerami. Jednak były inne firmy zagraniczne, które prowadziły tego typu interesy. Dowiedziałem się o tym w czasie jednej z wizyt w Moskwie, kiedy partner który proponował nam taką transakcję, a wyraził zgodę na normalny obrót, stwierdził, że do swoich pierwotnych koncepcji z łatwością znalazł innych partnerów biznesowych. Z nami może tylko robić „dieliszki", a „dieła" z poważnymi firmami. Na takie jego stwierdzenie odpowiedziałem mu rosyjskim zwrotem – na pytanie „kak dieła" – odpowiada się – „dieła u prokurora u nas dieliszki". Tę frazę można przetłumaczyć, pytanie – jak idą sprawy? Sprawy (poważne) są u prokuratora u nas są tylko sprawki. Przez taką dygresję chciałem wyraźnie podkreślić, że nie interesują nas żadne niezgodne z prawem operacje handlowe.

Pracując na rynku rosyjskim bezpośrednio nie zetknąłem się grupami mafijnymi, choć miałem świadomość ich obecności. Podam taki przykład. W czasie rozmów handlowych w Rosji partner zaprosił nas na kolację. Lokal był usytuowany w kasynie. Przed wejściem na salę restauracyjną przeszliśmy przez bramkę i prześwietlono nasze bagaże. Podobna procedura jak na lotnisku. Następnie w szatni musieliśmy zostawić praktycznie wszystko oprócz ubrania. Zaciekawił mnie korytarz – kręty, zakręty pod kątem 45 stopni oraz grube ściany za wyjątkiem wejścia. Zapytałem dlaczego taka konstrukcja. Otóż odpowiedź brzmiała, że w wypadku wybuchu, np. bomby, siła i odłamki będą skierowane na zewnątrz lokalu tak, że w środku nikomu się nic nie stanie. Najniebezpieczniejszą funkcję miał szatniarz. Ewentualna eksplozja bezpośrednio jemu zagrażała. Klientami tego lokalu byli posiadacze ekskluzywnych samochodów z przyciemnionymi szybami, o charakterystycznych numerach rejestracyjnych, np. same 6 i posiadających tzw. migałki. Migałki oznaczają sygnalizację milicyjną i pierwszeństwo w ruchu na drodze. Zapewniam, że osoby te na pewno nie pracowały w milicji. W Rosji uprzywilejowane osoby mogły otrzymać taką sygnalizację, a za odpowiednią opłatą trafiały również do grup przestępczych. Pewną pułapką do poruszania się w Rosji była samodzielna jazda samochodem. Po pierwsze część dróg, zwłaszcza lokalnych, jest niskiej jakości, źle oznaczonych; po wóre milicja, która zatrzymuje pojazdy do kontroli. Należy wówczas mieć parę drobnych banknotów jako łapówkę za naliczane mandaty. Ja z reguły otrzymywałem takie mandaty – płaciłem ok. 3–4 euro. Podstawą było np. brak zaświadczenia, że pojazd nie jest kradziony w Polsce. Gdy takie zaświadczenie miałem to już o Polskę nie chodziło tylko o zaświadczenie w całej Unii, potwierdzenie, że samochód jest służbowy a nie prywatny, brak naklejki PL itd. Wolałem zapłacić niż wchodzić w dyskusje. Natomiast gdy zapłaciłem miałem wrażenie, że zyskuję sympatię milicjanta. Zwykle „gajowszczycy" (odpowiednik naszej drogówki) mieli swoje posterunki na rogatkach miasta i przy ruchliwych skrzyżowaniach, arteriach. Pobierając takie opłaty dorabiali do niskiej pensji.

Chciałbym podzielić się kilkoma uwagami na temat biznesu w Uzbekistanie. Jest to teraz samodzielna republika, ale zasady prowadzenia biznesu wynikały z tradycji byłego ZSRR. Po dłuższym pobycie w Azji, firma chińska w której podjąłem pracę zleciła mi kupno oraz zorganizowanie transportu drogą lądową mocznika. Nawóz był potrzebny w ChRL, a zakład produkcyjny znajdował się w dolinie Fergany. Dlatego musiałem wykorzystać poprzednie kontakty rosyjskie, które pozwoliły mi nawiązanie stosunków w Uzbekistanie. Pomocnym były rekomendacje Gazpromu. Otrzymałem wskazówki z jakimi przedsiębiorcami należy się spotkać i prosić o pomoc. Przylot do Moskwy odbył się bez problemów, natomiast już przemieszczenie na następne lotnisko Szeremietiewo 2, skąd były wyloty do Taszkientu, zmusił mnie do kontaktów z tzw. mafią taksówkową. Polegało to na tym, że prywatne osoby oferowały przejazd proponując bardzo różne stawki. Kluczyłem od jednego do drugiego oferenta, aż wreszcie jeden wydawał mi się wiarygodny. Uzgodniłem wcześniej cenę, ale i tak mnie obwiózł znacznie dłuższą trasą niż było trzeba. W Taszkiencie panowała przyjemna pogoda, podobały mi się szerokie ulice, parki. Optymistycznie byłem nastawiony do podjęcia działań biznesowych. Na lotnisku czekał partner, który od razu zaznaczył, że on nie jest w stanie pomóc w załatwieniu dostaw, jedynie służy transportem. Po krótkim odpoczynku w Taszkiencie ruszyliśmy tzw. perełom do doliny Fergańskiej. Trasa długa, obfitowała w spotkania z nomadami głównie przemieszczającymi się Kirgizami. Ludność można rozróżnić po charakterystycznych czapkach. Uzbecy noszą małe kolorowe, płaskie czapki, natomiast Kirgizi znacznie większe wywinięte od dołu stożki, koloru kremowego. Uzbecy raczej wolą rolniczy tryb życia. Dom, sad z winogronami jest ich azylem, natomiast Kirgizi wolą się przemieszczać ze swoimi stadami. Spotykaliśmy także sprzedawców owoców i jogurtu.

W Ferganie czekała mnie niespodzianka, otóż nie mogłem nocować w hotelu, jedynie w domu prywatnym. Dom należał do krewnego naszego kierowcy. Po przyjeździe gospodarz dokonał bliżej nieznanego mi ceremoniału – okadzenia wszystkich dymem. Spaliśmy na podłodze – kobiety w oddzielnym pomieszczeniu. Toaleta w ogrodzie. Woda była sprowadzana z gór i jednocześnie służyła domownikom i zwierzętom oraz nawadniała pole. Pamiętam jak myłem zęby i odłożyłem szczoteczkę na bok (a towarzyszyło mi ok. 10 osób), to każdy po kolei wykorzystał moją szczoteczkę naśladując moje ruchy. Zanim udaliśmy się do zakładu produkującego nawozy ponad tydzień trwały różne rozmowy. Musiałem spotkać się ze starszyzną poszczególnych klanów, które posiadały władzę w wyodrębnionych rejonach doliny Fergańskiej. Jak mnie zapewniano władza klanów była zawsze przestrzegana nawet w czasie ZSRR. Oprócz klanów spotykałem się z władzą administracyjną, a na końcu dopiero z zarządem firmy produkującej mocznik.

Spotkania odbywały się w restauracjach tzw. czajchanatach. Usytuowane były w parkach, a głównym daniem był tzw. płow. Ryż gotowany na parze z dodatkiem baraniny, przypraw. Podawany w dużych misach. Alkoholu bardzo niewiele lub wcale. Zbliżając się do fabryki zobaczyłem dużo wojska, które strzegło wjazdu i bocznicy kolejowej. Otóż okazało się, że kontrakty, które zostały zawarte przez poprzedni zarząd zostały anulowane (przedpłata wykorzystana) i dodatkowo produkcja została sprzedana dwóm różnym firmom. Dlatego dyrekcja fabryki realizując bieżące dostawy poprosiła o pomoc wojsko. Towar praktycznie sobie wyrywano. Przyszedłem na rozmowy i nie miałem koncepcji jej prowadzenia. Na wstępie otrzymałem zamiast zwyczajowej herbaty, kawy lub wody – zupę pomidorową z jogurtem. Następnie wyjawiłem cel mojej wizyty i zapytałem się czy jest możliwa jakakolwiek dostawa mocznika. Dyrektor tylko się uśmiechnął i powiedział, że ten sam mocznik, który sprzedał już dwukrotnie może po raz trzeci również i mnie sprzedać. Poprosiłem o czas do namysłu i niestety musiałem zrezygnować z kontraktu.

Pewna refleksja dotyczy stosunku Rosjan do religii. Przez wiele lat oficjalne chodzenie do cerkwi (w czasach komunizmu) było przez władze źle postrzegane. Jednak ludzie starsi przekazywali wzorce religijne młodym pokoleniom. Jeden z moich partnerów handlowych z miejscowości Orzeł miał wszyty w kołnierz medalik, który otrzymał od swojej babci. Traktował go z dużą czcią i wierzył, że przynosi mu szczęście. Kolejna moja subiektywna opinia – Rosjanie często działają na zasadzie dużego ryzyka i uważają, że w przypadku powodzenia jest to zasługa Boga, a kiedy się nie udaje to widocznie tak miało być. Trzeba ufać Stwórcy. Podają przykłady kiedy w sytuacjach beznadziejnych znajdowano wyjście. Dla wierzących jest to ważna kwestia, ale nie należy prowokować powstawania sytuacji ryzykownych i „cedować” odpowiedzialność na Stwórcę. Takie postępowanie niekiedy może ograniczać przedstawienie racjonalnych argumentów i dyskusję merytoryczną. Rozmowy handlowe mogą okazać się trudne, kiedy strona rosyjska nalega na zbyt ryzykowne kroki. Wielokrotnie widziałem Rosjan uprawiających hazard – oddają się temu zajęciu z dużym zaangażowaniem – często tracąc kontrolę. Zawsze kiedy przegrywali, uważali, iż opatrzność w tym przypadku nie była dla nich łaskawa.

2
Kraje arabskie

2.1. Sytuacja społeczno-gospodarcza

Przedstawiając warunki prowadzenia biznesu w krajach arabskich większość przedsiębiorców myśli o krajach muzułmańskich. Kraje arabskie należy zaliczać do państw, w których co prawda dominuje islam, ale przecież są i takie, które nie można włączyć do grupy państw arabskich choć islam jest tam ważny. Przykładem jest Indonezja, w której mieszka najwięcej na świecie muzułmanów. Za kraje arabskie uznaje się: Algierię, Arabię Saudyjską, Bahrajn, Dżibuti, Egipt, Irak, Jemen, Jordanię, Katar, Kuwejt, Liban, Libię, Mauretanię, Maroko, Oman, Somalię, Sudan, Syrię, Tunezję i Zjednoczone Emiraty Arabskie. Państwa te tworzą Ligę Państw Arabskich. Współcześnie liczbę Arabów na świecie szacuje się na ok. 200 mln. Część z nich pozostaje w tzw. diasporze – mieszkając głównie w Europie i Ameryce Północnej. W krajach tych należy wyodrębnić generalnie dwie grupy obywateli. Nie uwzględnia się w tym podziale emigrantów, zatrudnionych czasowo obywateli obcych państw (np. Filipińczyków, Pakistańczyków czy też Hindusów). Pierwsza grupa obejmuje tzw. Arabów właściwych wywodzących się z Półwyspu Arabskiego (generalnie dzisiejszy obszar Arabii Saudyjskiej) a druga składająca się z podbijanych plemion. Przykładem są Berberowie, pierwotna ludność północnej Afryki, która częściowo została zasymilowana z napływowymi Arabami. Obecnie przeżywają pewien renesans i stanowią, np. w Tunezji, wyraźną mniejszość etniczną. Z uwagi na znaczenie religii, wśród Arabów dominuje islam, który dzieli się na dwie odmiany sunnicką i szyicką.

Kraje arabskie notują zróżnicowane wskaźniki rozwoju społeczno-gospodarczego. Wartość PKB per capita waha się w przedziale od 330 USD do 22 300 USD. Najniższą wartość osiągnął Sudan, a najwyższą Kuwejt. Przy najwyższym PKB per capita, Kuwejt może pochwalić się też niskim udziałem analfabetów (tylko 4%) w całej populacji, relatywnie niska jest także liczba śmiertelności noworodków 26 na 1000 urodzin. Niż-

Tabela 8. Dane statystyczne wybranych państw arabskich w 2008 roku

Kraj	Zasoby* pracy	Długość życia	Edukacja+	PKB p/capita	Analfabeci (%) populacji	Śmiertelność na 1000 urodzin
Algieria	33	72	45	1870	10	33
Bahrajn	45	70	62	9450	9	7
Egipt	47	67	40	1450	12	47
Irak	37	65	59	2900	9	51
Jordania	35	70	66	1760	14	24
Kuwejt	30	72	63	22300	4	26
Liban	36	68	61	1670	5	23
Mauretania	46	59	43	450	23	68
Maroko	37	70	48	1450	7	22
Oman	37	73	54	6500	6	17
Arabia S.	34	72	67	7900	7	12
Sudan	39	55	41	330	26	56
Syria	31	71	52	1390	8	11
Tunezja	33	72	59	2490	5	14
Emiraty	32	76	69	1860	6	9
Jemen	31	56	28	421	21	79

*Zasoby pracy wyliczono jako udział zatrudnionych w ogólnej populacji osób zdolnych do pracy + udział młodzieży objęty edukacją na poziomie szkoły podstawowej.

Źródło: obliczenia na podstawie: genderstat.worldbank.org 2010-01-12.

szy wskaźnik (7 na 1000 urodzin) posiada Bahrajn. Średnia długość życia w Kuwejcie wynosi 72 lata i zaliczyć ją można do najdłuższych wśród krajów arabskich. Dłużej żyją mieszkańcy Emiratów (średnio 76 lat) i Omanu (średnio 73 lata). Generalnie należy stwierdzić, że w krajach arabskich udział młodzieży objętej edukacją na poziomie szkoły podstawowej w ogólnej populacji tej grupy wiekowej jest niski. Najwięcej 67% młodzieży uczęszcza do szkół w Arabii Saudyjskiej, a w Jemenie tylko 28%. Ten niski wskaźnik powoduje, że w krajach arabskich brakuje własnych dobrze wykształconych kadr. Udział analfabetów w ogólnej populacji w Sudanie wynosi aż 26% społeczeństwa, w Mauretanii 23%, w Jemenie 21%, a w Egipcie 12%. Najmniej analfabetów odnotowano w Kuwejcie – jedynie 4%.

Podobnie duże zróżnicowanie występuje pod względem efektywności. Efektywność badanych państw określono z wykorzystaniem nieparametrycznej **metody DEA** (*Data Envelopment Analysis*) zakładającej pomiar relatywnej efektywności obiektu względem obiektów w pełni efektywnych. Metoda DEA jest wykorzystywana wówczas, kiedy pomiar efektywności jest szczególnie utrudniony ze względu na istnienie wielu nakładów i efektów (CSR - *constant return scale*) i zmiennych (VRS - *variable return scale*). Autorzy metody DEA (Charnes, Cooper i Rhodes), bazując na koncepcji produktywności sformułowanej przez Debreu i Farrella, definiującej miarę produktywności jako iloraz pojedynczego wyniku (efektu) i pojedynczego nakładu, zastosowali ją do sytuacji, w której dysponujemy więcej niż jednym nakładem i więcej niż jednym efektem. Zatem DEA koncentruje się na badaniu relacji między poziomem wielu nakładów i wielu efektów. Metoda DEA pozwala na ustalenie krzywej efektywności (nazywanej również graniczną krzywą produkcji (*production frontier*), na której znajdują się wszystkie najbardziej efektywne jednostki badanej branży lub sektora [Baran J., Pietrzak M., 2010].

Efektywność metodą DEA można wyrazić następującym wzorem:

$$\text{Efektywność (DEA)} = \frac{\sum_{r=1}^{s} w_r * e_r}{\sum_{i=1}^{m} v_i * n_i}$$

gdzie: s – liczba efektów, m– liczba nakładów, w – wagi efektów, v – wagi nakładów.

Rys. 3. Krzywa efektywności technicznej

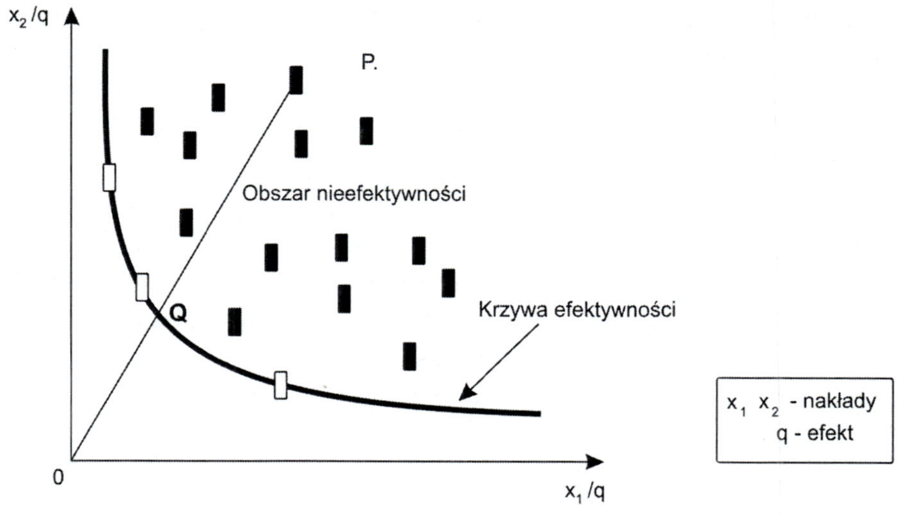

Źródło: Baran J., Pietrzak M.: *Analiza efektywności wybranych branż polskiego agrobiznesu bazująca na metodzie DEA*. Roczniki Naukowe SGGW. Tom IX, zeszyt 3. Dostępne: www.seria.home.pl/2007_zeszyt3/3_baran 2010-02-24.

Tabela 9. Wyniki efektywności technicznych wybranych krajów arabskich w 2009 roku

Kraj	Efektywność CRS	Efektywność VRS
Algieria	0,50	0,60
Bahrajn	1,00	1,00
Egipt	0,50	0,55
Irak	0,40	0,36
Jordania	1,00	1,00
Kuwejt	1,00	1,00
Liban	0,78	0,81
Mauretania	0,44	0,45
Maroko	0,66	0,62
Oman	0,51	0,56
Arabia S.	0,55	0,57
Sudan	0,51	0,52
Syria	0,50	0,53
Tunezja	0,62	0,63
Emiraty	1,00	1,00
Jemen	0,30	0,24

Źródło: obliczenia własne z wykorzystaniem *World Bank Indicators*. Washington DC. 2010

Z przeprowadzonej analizy wynika, że z pośród badanych krajów tylko cztery z nich, tj. Bahrajn, Jordania, Kuwejt i Emiraty są efektywne. Najmniej efektywny okazuje się Jemen, zarówno w odniesieniu do skali CSR i VRS. W Iraku efektywność CRS i VRS wyniosły odpowiednio 0,4 i 0,36. W większości krajów arabskich efektywność zamyka się w przedziale 0,5–0,81. Taki poziom efektywności dowodzi znacznych rezerw. Generalnie niski poziom efektywności wynika z zasad funkcjonowania przedsiębiorstw arabskich i jest między innymi źródłem ich porażek na arenie międzynarodowej. Przedstawiona analiza upoważnia do wyciągnięcia wniosku, że wyroby bądź usługi przedsiębiorstw o wysokiej efektywności i zaawansowanej technologii mogą stanowić interesującą ofertę eksportową skierowaną na rynki państw arabskich.

Nabiel A. M. Saleh w swoich analizach podkreśla, że w krajach rozwiniętych gospodarczo jest prawie 10 razy więcej naukowców z branży B&R niż w krajach rozwijających się (w tym państwach arabskich) - odpowiednio 3,8 w stosunku do 0,4 na 1000 mieszkańców. Pierwsza grupa państw na B&R wydaje średniorocznie 2–3,8% PKB i w krajach tych powstaje blisko 85% naukowych artykułów oraz zarejestrowanych jest 97% wszystkich światowych patentów [Saleh N. A. M., 2002].

Pierwszy uniwersytet arabski powstał w Al-Azhar w roku 975. Funkcjonował on bardziej w formule nieregularnych spotkań, dyskusji głównie w sprawach religijnych. Nie miał zatem ściśle wyznaczonego programu nauczania. Dlatego ogólnie przyjmuje się, że uniwersytety w krajach arabskich powstały pod koniec XIX i w połowie XX wieku (np. 1860 roku Amerykański Uniwersytet w Bejrucie, Al-Alzhar w Egipcie w 1961 roku). Ogólna liczba uniwersytetów w krajach arabskich wynosi 175. Sześć krajów posiada tylko jeden uniwersytet, najwięcej Sudan 27. Większość szkół wyższych zajmuje się edukacją o profilu humanistycznym [Shawky T. G., 2000]. Brak jest związków między uczelniami wyższymi, a gospodarką. Na bazie doświadczeń krajów rozwiniętych gospodarczo można wskazać na trzy możliwości współpracy:

1. kontrakty zawierane między ośrodkami akademickimi a przedsiębiorstwami; powstają wówczas opracowania pod wyraźnym kątem aplikacyjnym;
2. granty, programy badawcze ogłaszane przez rząd; rząd w ten sposób chce ukierunkować badania pod wyraźne potrzeby gospodarki; unika dzielenia środków administracyjnie, wymusza większą efektywność pracy naukowej;
3. powstają wspólne przedsięwzięcia (np. inkubatory, centra, parki technologiczne) uniwersytetów i przedsiębiorców.

W krajach arabskich prace badawcze koncentrują się w rządowych instytutach (70% wszystkich opracowań), a w uniwersytetach odbywa się kształcenie studentów. M. Gibbons zauważa, że zdecydowana większość ośrodków akademickich w krajach arabskich nie zdecydowała się jeszcze, czy skoncentrować się wyłącznie na edukacji czy też może włączyć się aktywnie w nurt badań i wdrożeń na potrzeby gospodarki [Gibbons M., 2000]. Systematycznie rośnie liczba ośrodków, w których absolwenci mogą zdobywać stopnie naukowe. Dominują miejsca, w których jest możliwość zdobycia stopnia licencjata (pierwszy poziom kształcenia) – w 2009 roku było ich 677, na poziomie magistra 482, a doktoratu tylko 27. Zdecydowana część (74%) dotyczy kształcenia w kierunku humanistycznym, a nie techniczno-przyrodniczym lub zarządzania. Zarządzanie z reguły jest związane z politechnicznym profilem kształcenia i istotnie sprzyja wdrażaniu rozwiązań innowacyjnych [Al.-Otaibi, 2000]. Mimo znacznych kłopotów w kształceniu kadr oraz badań 8 krajów arabskich (Tunezja, Egipt, Irak, Jordania, Liban, Arabia Saudyjska, Syria) wdrożyło specjalny program mający na celu implementację systemów zarządzania, sprzyjających unowocześnianiu gospodarek. Na przykład w Egipcie taki program jest realizowany od 1972 roku pod egidą Egipskiej Naukowej Akademii Badań i Technologii (*Egyptian Academy od Scientic and Technology* – ASRT), w Kuwejcie Fundacja na rzecz Zaawansowanej Nauki – *Kuwait Foundation for the Advancement of Science* – KFAS. Należy także odnotować inicjatywę z 1964 roku, kiedy to powstało stowarzyszenie arabskich uniwersytetów, którego celem jest podniesienie jakości kształcenia i prowadzenia wspólnych badań (*Association of Arab Universities*). Siedzibą jest Amman w Jordanii. Część Arabów podejmuje studia na renomowanych uczelniach w rozwiniętych krajach głównie Europy, Ameryki Północnej. Nie jest to zjawisko masowe mające znaczny wpływ na poprawę innowacyjności gospodarek krajów arabskich. Wynika to przede wszystkim z dwóch powodów. Absolwenci dość powszechnie decydują się na pozostanie na emigracji, lub po powrocie nie podejmują pracy w wyuczonej profesji. Wywodzą się z bogatych rodzin, często panujących i ukończenie renomowanych studiów nie jest warunkiem zdobycia pozycji materialnej. Taką już posiadają.

Wśród krajów arabskich zwraca uwagę ułomność systemu politycznego. I. Badawi oraz S. Makdisi dokonali analizy systemu politycznego w krajach arabskich. Analiza dotyczyła lat 1972–2002, a system polityczny określono w trzech kategoriach tj. pełna swoboda (zbliżone warunki do krajów o ugruntowanej gospodarce rynkowej), dyktatura (brak swobód politycznych, pełna kontrola władzy, silnie rozbudowana policja, inwigilacja przeciwników) oraz system pośredni, w którym możliwa jest ograniczona (pod kontrolą) forma swobód politycznych.

Tabela 10. System polityczny w wybranych państwach arabskich w latach 1972–2002

Kraj	% lat danego kraju w systemie politycznym		
	Pełna swoboda	**Ograniczona**	**Dyktatura**
Algieria	0	25	75
Bahrajn	0	100	0
Egipt	0	100	0
Jordania	0	50	50
Kuwejt	0	100	0
Liban	50	50	0
Mauretania	0	0	100
Maroko	0	100	0
Oman	0	0	100
Katar	0	0	100
Arabia Saudyjska	0	0	100
Somalia	0	0	100
Sudan	0	33	67
Syria	0	0	100
Tunezja	0	100	0
Emiraty Arabskie	0	100	0
Jemen	0	100	0

Źródło: Badawi I., Makdisi S., *Explaining the democracy deficit in the Arab world.* „The Quarterly Review of Economics and Finance" Nr 46 2007.

Wśród przedstawionych w tabeli państw tylko Liban i tylko w zaledwie w 50% badanego okresu zaliczał się do państw o pełnej swobodzie politycznych. W pozostałych państwach układ polityczny był zaliczany do dyktatury lub formy ograniczonej. Takie kraje jak Mauretania, Oman, Katar, Arabia Saudyjska, Syria w całym analizowanym okresie pozostają pod dyktaturą. W Algierii 75% czasu zaliczono do dyktatury, a tylko 25% do okresu ograniczonych swobód politycznych. W Sudanie odpowiednio 67% i 33%.

Międzynarodowa organizacja *Freedom House* opracowuje **indeks wolności obywatelskich**. Zawiera się on w siedmiostopniowej skali od 1 do 7. Przy czym 1 jest uznawany za najlepszą ocenę, a 7 najsłabszą. Wartość wskaźnika konstruowana jest na podstawie opinii ekspertów powołujących się na wtórne źródła informacji (np. doniesienia mediów, raporty organizacji pozarządowych) oraz źródła pierwotne (np. kontakty z osobami z krajów objętych badaniem, wizyty w krajach objętych badaniem). Wartość wskaźnika określana jest także na podstawie punktacji uzależnionej od odpowiedzi na 15 pytań dotyczących poziomu wolności obywatelskich. Pytania zawarte są w 4. kategoriach: wolność wyznania i wyrażania opinii, prawo do zrzeszania się, rządy prawa, niezależność i prawa jednostki) [Map of Freedom, 2007 www.civicpedia.ngo.pl/x/332992 2010-02-11]. W Polsce według *Freedom House* indeks wolności obywatelskich wynosi 1.

Wskaźnik Wolności Ekonomicznej (*Index of Economic Freedom* – IEF) publikowany jest rocznie przez *The Wall Street Journal* i *Heritage Foundation,* i zawiera opis i ocenę ograniczeń, restrykcyjnych przepisów, zakresu stosowania przymusu przez aparat władzy w sferze gospodarki w różnych państwach świata. Każdemu państwu przyznawana jest punktacja według pięćdziesięciu niezależnych zmiennych podzielonych na dziesięć kategorii wpływających na wolność gospodarczą:

1. Polityka handlowa.
2. Obciążenia podatkowe.
3. Interwencje rządu w gospodarce.
4. Polityka monetarna.
5. Przepływ kapitału i inwestycje zagraniczne.
6. Bankowość i finanse.
7. Płace i ceny.
8. Prawa własności.
9. Regulacje prawne.
10. Aktywność czarnego rynku.

Wyższy wynik punktowy danego kraju oznacza większy zakres interwencji państwa w gospodarkę i mniejszą wolność gospodarczą. W ten sposób powstaje ranking państw, ułożony od najmniejszej liczby punktów do największej, czyli od państw o największej wolności gospodarczej do państw zniewolonych gospodarczo [www.wikipedia.org/wiki/Wskaźnik_Wolności_Gospodarczej 2010-02-11].

Tabela 11. Wartość indeksu wolności obywatelskiej i ekonomicznej w wybranych państwach arabskich

Kraj	Indeks wolności obywatelskiej	% miejsc zajętych przez kobiety w parlamencie	Indeks wolności ekonomicznej	System polityczny
Bahrajn	5	7,5	39	PF
Kuwejt	5	1,5	57	PF
Oman	5	7,8	54	NF
Katar	5	0	72	NF
Arabia Saudyjska	6	0	85	NF
Emiraty	6	0	74	NF

PF - częściowo demokratyczny, NF - nie demokratyczny

Źródło: Ksherti N., Ajami R., *Institutional reforms in the Gulf Cooperation Council economies*, „Journal of International Management" Nr 14 2008.

Indeks wolności obywatelskiej jest stosunkowo wysoki co wskazuje na ograniczone możliwości (wyrażania opinii, zakładania partii politycznych, dostępie do niezależnych mediów) mieszkańców państw arabskich. W Arabii Saudyjskiej i Emiratach indeks wynosi 6, a w Bahrajnie, Kuwejcie, Omanie, Katarze 5. Bardzo niski jest udział kobiet w parlamencie. W Omanie tylko 7,8% miejsc przypadło kobietom. Mimo tak niskiego udziału jest to najwyższy wynik wśród omawianych państw. W Bahrajnie jest 7,5% przeznaczonych dla kobiet, w Kuwejcie 1,5%, a w Katarze, Arabii Saudyjskiej i Emiratach nie ma kobiet w parlamencie. Indeks wolności gospodarczej jest również wysoki. Najniższy jest w Bahrajnie tylko 39 punktów, a w Arabii Saudyjskiej 85, Emiratach 74 punkty. Takie wyniki dowodzą silnego wpływu państwa na działalność gospodarczą i tym samym ograniczenie wolności ekonomicznej.

2.2. Religia a transakcje biznesowe

Studia na temat zachowań przedsiębiorców z krajów arabskich koncentrowały się wokół pięciu podstawowych obszarów:
- religia,
- dystans do władzy,
- unikanie stanów niepewności,
- indywidualizm,
- pozycja kobiet i mężczyzn [Hofstede G., 1991].

Firmy wywodzące się z tradycji anglosaskiej i arabskiej różnią się zasadniczo pod względem kulturowym. Wpływ tego na zachowania biznesowe przedstawiono w tabeli.

Tabela 12. Różnice w komunikacji między podejściem amerykańskim a arabskim

Podejście	amerykańskie	arabskie
Wpływ socjologiczno-historyczny	Podejście technokratyczne, dokładne sprecyzowanie zagadnień	Symbole, wpływ poezji, opisowe określenia, emocje
Hall (1976)	Mówca jest odpowiedzialny za przekaz – kontekst przekazu	Słuchacz zobowiązany jest do zrozumienia przekazu – kontekst otoczenia
Levine (1985)	Dokładny opis, wierne odtworzenie zdarzenie, prosto do celu	Opis nierzeczywisty, długi, opis zdarzeń a cel drugoplanowy
Kuckhonh i Strodtbeck (1961)	Opis działania, plan, precyzja, unikanie emocji, wynik	Poszukiwanie emocji, trwanie, przeszłość ważniejsza niż przyszłość
Dodd (1982)	Podejście linearne, wynikowe, zorientowane na cel, analityczne	Podejście chaotyczne, istotni są ludzie, chaos, symboliczne
Kulturowe	Prostota, unifikacja, elastyczność, wsparcie, teraźniejszość ma służyć przyszłości	Komplikacja, sztywne reguły, brak elastyczności, teraźniejszość

Źródło: opracowanie na podstawie: Hofstede G., *Cultures and Organizations: Software of the Mind*. McGraw-Hill, New York 1991.

Między podejściem „amerykańskim" (charakterystycznym dla większości firm wywodzących się z ugruntowanej gospodarki rynkowej) a „arabskim" w systemie komunikacji występuje szereg istotnych różnic. Wśród firm amerykańskich dominuje ujęcie technokratyczne z dokładnym sprecyzowaniem problemu, o którym się dyskutuje. W podejściu arabskim dominują symbole, opis jest mniej dokładny i bardzo często odwołuje się do emocji. Podobne obserwacje odnotowali Kuckhonh i Strodtbeck, którzy podkreślili, że przedsiębiorstwa z rynku amerykańskiego są zwykle zorientowane na wynik, przedstawiają plan działania ze szczegółowym rozpisaniem zadań. Natomiast

Arabowie przeszłość i teraźniejszość przedkładają nad przyszłość i emocje decydują o zaangażowaniu pracowników. Jest to zbieżne z poglądami Dodd'a, który podkreśla różnice w podejściu do rozwiązania problemu. Amerykanie podchodzą analitycznie, natomiast Arabowie chaotycznie zrozumiale na ogół tylko dla jednej ze stron. Z kolei Levine uzupełnia wywód o dokładność opisu. Przedsiębiorcy z krajów arabskich raczej nie oddają wiernie rzeczywistości, opis jest niejednokrotnie pozbawiony obiektywizmu. Natomiast Amerykanie starają się dokładnie zdefiniować problem i opis sprowadzają do najistotniejszych kwestii. Bardzo oryginalne podejście do odpowiedzialności za przekaz przedstawił Hall. Otóż w krajach arabskich za zrozumienie komunikatu odpowiada słuchacz, natomiast amerykanie uważają, że to mówca powinien tak dobrać argumenty, aby trafić do słuchających. Wpływ na sposób komunikacji mają również uwarunkowania kulturowe. Kultura amerykańska sprzyja unifikacji i dąży do prostoty. Ramy działania są elastyczne. W kulturze arabskiej zachowuje się sztywne reguły.

Max Weber, w swoich pracach zwrócił uwagę na wpływ religii na zasady działania w gospodarce. Ukazał istotę związków między religią (w swoich badaniach głównie odniósł się do protestantyzmu), a wynikami w skali makroekonomicznej. Stwierdził on, że religia może istotnie sprzyjać działalności gospodarczej lub wyraźnie ją hamować [Weber M., 1994]. Szereg autorów zwraca uwagę, że w krajach arabskich wpływ religii jest bardzo istotny i wiele zasad reguluje formy prowadzenia biznesu. Na przykład, D. Baldwin uważa, że w świecie islamskim tak naprawdę nie ma rozróżnienia między słowem meczet, a państwo. W obu przypadkach religia jest ogniwem spajającym z pozoru odrębne terminy [Baldwin D., 1990]. T. Kuran, na podstawie swoich długoletnich obserwacji rynków muzułmańskich wyciągnął wniosek, że bez znajomości religii działanie obcokrajowców jest praktycznie niemożliwe [Kuran T., 2004].

Prawo koraniczne ma istotny wpływ na funkcjonowanie podmiotów gospodarczych w krajach arabskich. Nie tylko odnosi się ono do działania przedsiębiorstw, ale także do banków. Już w latach 90. XX wieku powszechnie przyjęło się rozróżnienie między tzw. bankami islamskimi (posługującymi się normami prawa koranicznego) a tymi jednostkami, które się nimi nie posługują. Islam zabrania aktywności takiej jak gry hazardowe (*maysir*) oraz podejmowania zbyt ryzykownych przedsięwzięć (*gharar*). Zabronione jest np. sprzedawanie towarów, co do których nie zostały określone prawa własności. Tymi normami E. Goldberg tłumaczy brak szerokiego zainteresowania firm wywodzących się z krajów muzułmańskich inwestowaniem na rynku kapitałowym w ryzykowne instrumenty finansowe [Goldberg E., 2004]. Innym niespotykanym zwyczajem przyjętym z Koranu jest tzw. zakat. Wiąże się on z redystrybucją dochodów. Koran zakłada różnice w poziomie bogactwa. Są zatem biedni i bogaci. Ale ci ostatni winni dzielić się swoim majątkiem i 2½% swoich dochodów przekazywać biednym (w formie jałmużny). W Pakistanie i Arabii Saudyjskiej zakat jest traktowany jako podatek i w takiej formie trafia do budżetu państwa. Banki muzułmańskie pełnią bardziej funkcje zarządzające aktywami posiadacza. Słowo odsetki od złożonych depozytów jest bliżej nie określone. Banki działają głównie według zasady tzw. murabahy. Formuła ta polega na tym, że bank jest aktywną stroną operacji (np. kupuje, sprzedaje obiekty, technologie) odpowiednio korygując stan konta swojego klienta. Konto jego, zostaje obciążone lub uznane w uzgodnionym przez wszystkie strony czasie. Klient w ten sposób osiąga odroczoną płatność (typowy kredyt) może rozpocząć działalność, a zyskami podzielić się z bankiem. Ta forma *murabahy* pozwala stwierdzić, że bank jest bardziej zainteresowany zyskiem niż dopisywaniem odsetek [Pryor F., 2007]. Ponadto bank cały czas sprawuje pieczę nad posiadanym kapitałem i jest zainteresowany tym, aby klient otrzymał taki produkt czy usługę jakiej poszukuje. Zasada mubarahy ogranicza w pewnym sensie ryzyko przeprowadzanych transakcji. Podstawowym źródłem reguł postępowania są nie tylko teksty Koranu (*hadith* i *sunnah*) opisujące zwyczaje Muzułmanów, ale także *Sharjah* – interpretacja prawa muzułmańskiego i *Ijma* wypowiedzi autorytetów (głównie duchownych). W roku 2010 Islamskie Instytucje Finansowe (IIS) dysponowały sumą aktywów przekraczającą 350 mld USD. Z uwagi na rosnące znacznie IIS w świecie biznesu szereg renomowanych i uznanych banków działających globalnie, np. Hongkong Shanghai Cooperation, Union Bank of Switzerland, wprowadziły zasady współpracy z islamskimi organizacjami finansowymi [El-Hawary D., Grais W., Iqbal Z., 2007].

Amana oznacza formę depozytów składanych w bankach. Islamska instytucja finansowa przyjmująca wkład zobowiązuje się do jego zabezpieczenia, udziela gwarancji bezpieczeństwa i jednocześnie deklaruje oddanie środków w przypadku kiedy zostaną one niewykorzystane.

Musharaka – pozwala na ustalenie udziału w zyskach lub w stratach kilku partnerów (w tym także banku). Zyski i straty są ustalane na podstawie proporcjonalności wkładu kapitału. Upraszczając najwięcej może zyskać (lub stracić) ten kto wnosi największą część kapitału.

Kifala – zabezpieczenie udzielanego kredytu. Osoba trzecia poręcza za kredytobiorcę i w przypadku odmowy spłaty, poręczyciel jest zobowiązany do uregulowania długu. W prawie koranicznym jest także odniesienie do tzw. instytucji odpowiedzialności zbiorowej (*Takeful*). Za zobowiązania jednostki może odpowiadać grupa, np. klan rodzinny. Często transakcje oparte są na zasadzie wikali. *Wikala* jest formą umowy agencyjnej, w której przewiduje się specjalne prawa dla agenta jako strony pośredniczącej. Szereg kontraktów, np. dotyczących handlu ropą naftową, jest często zawierana przy udziale agenta. Ma on istotny wpływ na cenę, warunki dostawy, a bez jego udziału transakcja jest praktycznie niemożliwa.

Mudaraba określa zasady współpracy partnerów, z których jeden oferuje tylko siłę roboczą i pomysł (propozycję wspólnego przedsięwzięcia) a drugi kapitał. W przypadku porażki każdy traci swoją część. Ten kto, np. wniósł kapitał traci środki finansowe, a drugi siłę roboczą. Zyski dzielone są najczęściej po połowie. *Qard Hassana* reguluje zasady udzielania kredytu. Bank pobiera stosowną marżę w formie opłat manipulacyjnych, rezygnując z naliczenia odsetek w relacji do kwoty i terminu spłaty. Traktuje kredyt jako wsparcie potrzebującego, a zgodnie z prawem koranicznym taka forma wsparcia nie powinna służyć zarabianiu pożyczkodawcy (banku).

Ijara przewiduje transakcję leasingową. Właściciel przekazując drugiej stronie produkt otrzymuje spłatę ratalną. Każda rata zmniejsza całkowity dług i powoduje częściowe przeniesienie prawa własności, aż do całkowitego uregulowania należności. Ostatnia rata oznacza także przejęcie produktu na własność. *Ju'ala* reguluje opłaty za pomoc w kontrakcie. Strona, która pomaga, udziela fachowych rad (jako, np. konsultant) może liczyć na stosowne wynagrodzenie. Uzależnione jest ono od oceny wkładu przez strony transakcji, a w mniejszym stopniu przez doradcę. *Istisana* pozwala ustalić zasady rozliczeń z tzw. odroczoną płatnością. Dostawca godzi się na zapłatę w częściach lub po całkowicie wykonanym kontrakcie. Przeciwieństwem istisany jest bay salam, który przewiduje przedpłatę za usługę lub sprzedaż.

Rys. 4. Rodzaje transakcji na bazie prawa koranicznego

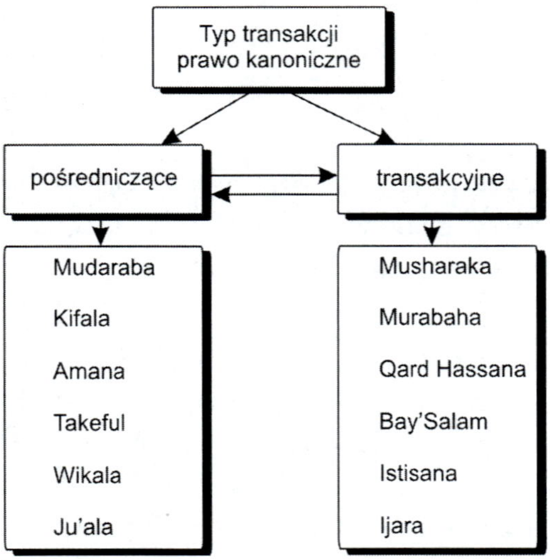

Źródło: El-Hawary D., Grais W., Iqbal Z., *Diversity in the Regulation of Islamic Financial Institution*. "The Quarterly Review of Economic and Finance" Nr 46 2007.

Zasada *Fiqh* w transakcjach finansowych oznacza konieczność odwołania się zdarzeń mających swoją interpretację w odpowiednich wersach Koranu (*hadith* i *sunna*). Interpretację powierza się autorytetom, biegłym w interpretacji *sharjah*. Nic więc dziwnego, że poszczególne zdarzenia mogą być różnie interpretowane, chociaż często są odwołania do podobnych zjawisk w przeszłości [Vogel F., Hayes S., 2006]. Warto zwrócić uwagę, że transakcje oparte na prawie koranicznym charakteryzują się następującymi cechami:

- określenie ryzyka stron,
- nacisk na wykonanie zobowiązań (materialny przepływ towarów i usług),
- ograniczenie (zakaz) wykorzystania jednej ze stron umowy,
- brak akceptacji finansowania szkodliwej dla człowieka działalności (np. produkcję alkoholu).

Kraje arabskie (z uwagi na eksport ropy naftowej oraz import wyrobów gotowych i usług) aktywnie uczestniczą w międzynarodowym handlu, a transakcje oparte na prawie koranicznym zdobywają coraz większe znacznie. Dowodem jest rosnący udział poszczególnych operacji w Arabii Saudyjskiej.

Tabela 13. Udział transakcji na podstawie prawa koranicznego w Arabii Saudyjskiej w latach 2007–2009 (%)

Rok/ Rodzaj	Murabaha	Musharaka	Mudaraba	Bay'Salam
2007	22	17	3,0	1,3
2008	24	19	3,4	0,9
2009	26	22	4,7	2,6

Źródło: Raport Banku Centralnego Arabii Saudyjskiej, 2010.

W latach 2007–2009 w Arabii Saudyjskiej odnotowano wyraźny wzrost zawieranych transakcji na bazie prawa koranicznego. Najpopularniejsze okazały się formy *Murabahy* i *Musharaki*, które w omawianym okresie stanowiły blisko 50% wszystkich operacji. Najmniej popularna okazała się *Bay'Salam* niespełna 3%. Należy jednak podkreślić, że *Bay'Salam* w ciągu trzech analizowanych lat zwiększyła swój udział dwukrotnie z 1,3% (2007 rok) wszystkich transakcji do 2,6% w 2009 roku.

W Egipcie wykształciła się pewna odrębna forma działań finansowych (nawiązująca do zasad Koranu) tzw. *Gam'iya*. Jest to swoiste wsparcie wspólnoty, zwykle z terenów wiejskich, gdzie jest utrudniony dostęp do instytucji finansowych. Wspólnota mieszkańców składa się na pożyczkę – każdy daje tyle ile może do ogólnej kwoty. Poszczególne składki wahają się z reguły od kilku centów do nawet kilkuset dolarów. Osoba, która otrzymuje pożyczkę, jednocześnie nadal uczestniczy w programie *Gam'iya*. Formuła ta sprawdza się zwłaszcza w przypadku ubogich społeczeństw [Van den Akker P., 1987].

2.3. Arabowie w Europie - migranci i inwestorzy

Diaspora arabska, mieszkająca głównie w krajach Europy Zachodniej i Ameryki Północnej, jest ,jak na razie, nie wykorzystywana do rozwinięcia współpracy gospodarczej. Powstała ona w wyniku dwóch procesów. Pierwszy ma podłoże historyczne. Szereg krajów (np. Anglia i Francja) posiadały kolonie, z których tradycyjnie wywodziła się emigracja. Przyjeżdżali w poszukiwaniu pracy, wykształcenia. Część z nich dzięki wykształceniu zdobyła pozycję materialną i społeczną. Drugi czynnik wynikał z tzw. emigracji politycznej i religijnej. Arabowie wyjeżdżali ze swojego kraju w obawie przed prześladowaniami. Tak było, m.in. z Irakijczykami, przeciwnikami dyktatury Saddama Husajna. Konflikty między Sunnitami i Szyitami były również źródłem migracji. Arabowie generalnie funkcjonują we wspólnocie, klanach, silnych związkach rodzinnych. Dobrze czują się razem, utrzymują związki z nawet dalszą rodziną, która pozostała w macierzystym kraju. Wydawałoby się zasadnym wykorzystać to do nawiązywania ściślejszej współpracy między krajami rozwiniętymi gospodarczo a arabskimi. Pewnym przykładem może służyć polityka Niemiec, kiedy w latach 60. XX wieku rząd niemiecki podpisał umowę o przyjęciu robotników z Tunezji, Maroka oraz Turcji. Wynikało to z potrzeby znalezienia nowej „siły roboczej" dla dynamicznie rozwijającej się gospodarki. Gotowość przyjęcia emigrantów deklarowały rządy Skandynawii, Beneluxu oraz Danii.

Generalnie asymilacja arabska nie do końca przebiegała i nadal przebiega zgodnie z oczekiwaniem wszystkich zainteresowanych. Przede wszystkim Arabowie w Europie włączyli się w szerszy ruch związany z innymi emigrantami z państw islamskich. Przyciągnęła i połączyła ich wspólna religia. Łącznikiem stały się praktyki i modlitwy w meczetach. Ruch ten wykształcił pewną odrębność. W społeczeństwach europejskich nie doszło do pełnej asymilacji, a wyraźnie została wyodrębniona klasa społeczna oparta na emigracji islamskiej. Powszechnie jest ona kojarzona nie tylko z wykonywanymi profesjami, miejscem zamieszkania (np. Edgeware Road w Londynie), ale np. z charakterystycznym strojem. Co więcej Arabowie przez właśnie strój chcą podkreślić swoją odrębność. Dyskusja i ostre polemiki wynikają w kwestii noszenia, np. przez muzułmanki chust, czadoru czy nawet burek. Fereshta Ludin, Afganka, która była nauczycielką w Niemczech, kiedy odmówiła żądaniu dyrekcji szkoły zrezygnowania z noszenia chusty - sprawa trafiła aż do Sądu Najwyższego Niemiec. W orzeczeniu przyznał on rację pani Ludin, jednak nie ustanowił prawa obowiązującego we wszystkich landach. W 2005 roku sąd w Danii zabronił muzułmance noszenia w sklepie chusty, gdyż stwierdził, że nie jest ona obowiązującą częścią stroju służbowego. Francuzi usunęli wszelkie symbole religijne w szkołach publicznych. W ten sposób wprowadzono nakaz noszenia przez uczniów strojów nie podkreślających przynależności religijnej. W krajach europejskich Arabowie i pozostali wyznawcy islamu generalnie zamieszkują mniej prestiżowe dzielnice i przedmieścia. Ich niski status materialny i poziom wykształcenia jest dobrą „pożywką" dla radykalnych ruchów religijnych – takim jak wahabizm.

Wahabizm wywodzi się z XVIII-wiecznej doktryny religijno-politycznej, która powstała w Arabii Saudyjskiej. Jej twórcą był Muhamad Al.-Wahabi i od jego nazwiska wywodzi się nazwa ruchu. Ruch uważany jest za radykalny i generalnie przeciwny kulturze krajów rozwiniętych gospodarczo [Norquist G., 2003]. Jego wyznawcy dążą do powrotu do korzeni wiary, głoszą, że konieczna jest surowość i prostota obyczajów. Mają swoje szkoły religijne, a jedynym źródłem wiary jest dla nich interpretowany dosłownie Koran. Wahabizm wyznaje Osama ben Laden, wielu członków al Kaidy i bojowników z Afganistanu czy Iraku. Na bazie takich poglądów kształtowane są wrogie postawy wobec szeroko rozumianej kultury zachodu. Jak uważa Zachary Shore, profesor z Instytutu Studiów Międzynarodowych Uniwersytetu w Berkeley, nikt nie rodzi się terrorystą, ale nim może relatywnie łatwo zostać w wyniku indoktrynacji. Tak się m.in. stało z Mohammed Bouyeri, który zamordował w Holandii producenta filmowego Theo van Gogha. Theo van Gogh wypowiadał się krytycznie o islamskich emigrantach, co spowodowało nieprzewidzianą reakcję radykałów. Ponadto europejscy arabowie stają się wyraźnymi przeciwnikami polityki amerykańskiej. Dzieje się tak mimo uruchomienia w lutym 2004 roku przez rząd USA rozgłośni telewizyjnej *Al-Hurra* (wolność). Nadaje ona w języku arabskim i farsi informacje na temat Stanów Zjednoczonych. Zadaniem rozgłośni jest wyjaśnienie i zbliżenie USA do krajów nie tylko arabskich, ale również islamskich. Koszt przedsięwzięcia szacowany jest na ok. 100 mln USD rocznie.

Dla przeciwwagi aktywna jest również katarska Al.-Jazeera. Jej programy poświęcone są w znacznym stopniu problemom muzułmanów w Czeczenii, Palestynie, konfliktom arabskim i izraelskim, a także obronie praw obywatelskich w świetle bazy – więzienia w Guanta´namo na Kubie. Platforma internetowa *Islam onLine* regularnie krytykuje USA i Izrael. Jeden z komentatorów Sheikh Yusuf Al.-Qaradawi wyzwą do bojkotu syjonistycznych towarów, twierdząc, że z ich sprzedaży finansowane są działania zbrojne m.in. przeciwko Palestyńczykom. Można więc zatem odnieść wrażenie, że muzułmanie (w tym Arabowie) są w pewnym stopniu prześladowani. Rodzi się w konsekwencji sprzeciw, poczucie przynależności, chęć usankcjonowania swoich przekonań.

W drugiej połowie lat 90. XX wieku Wilhelm Heitmeyer, Joachim Müller, i Helmut Schroeder przeprowadzili w Niemczech badania młodzieży tureckiej. Było to drugie lub nawet trzecie pokolenie mieszkające w Europie Zachodniej. Mające bliski kontakt z kulturą niemiecką, chodzili do typowych szkół, znali język, zwyczaje. Ich status materialny był znacznie wyższy niż rówieśników w Turcji. Badania wykazały, że 56% młodzieży uważa, że islam powinien być religią państwową w Niemczech. 43% stwierdziło, że muzułmanie są prześladowani i należy ten stan nawet radykalnymi środkami zmienić [Heitmeyer W., Müller J., Schroeder H., 1997]. Przedstawiona konkluzja koresponduje z analizą Pew dotyczącą 43. krajów. W tych państwach gdzie zamieszkiwali muzułmanie opinia o polityce i roli USA w gospodarce światowej była negatywna, a w pozostałych w większości pozytywna lub neutralna [*Pew Global Attitudes Project*, 2002].

Początki przyjazdu Arabów do Wielkiej Brytanii notowano już w XIX wieku, ale ruch ten przybrał na sile dopiero po 1950 roku, paradoksalnie wówczas kiedy Anglia rozpoczęła politykę kontrolowanej emigracji [Nagel C., 2005]. W 1960 roku Brytyjczycy rozpoczęli program pozwalający na przyjazd obcokrajowców i zatrudnienia ich w tych sektorach, gdzie brakowało pracowników. Były to zawody relatywnie niskopłatne i niewymagające kwalifikacji. Dzięki temu w latach 60. XX wieku przyjechało do Wielkiej Brytanii blisko 9000 Marokańczyków. Jednocześnie w latach 70. XX wieku arabscy studenci wybierali brytyjskie uczelnie, jako miejsce kształcenia. Początkowo przyjeżdżało ich relatywnie niewielu (ok. 500 - początek lat 80. XX wieku), natomiast na początku 2000 roku liczba ich wzrosła do 10 000. Ruch ten jest relatywnie łatwo oszacować - na podstawie udzielonych wiz.

Drugim ważnym czynnikiem sprzyjającym osiedlaniu się na wyspach brytyjskich były wydarzenia polityczne - wojna w Libanie. Libańczycy, którzy generalnie zajmowali się międzynarodowym handlem, pracowali w finansach, bankowości, ubezpieczeniach wybierali Londyn (chętniej niż Paryż) jako swoje miejsce działalności. W ten sposób powstała liczna diaspora Libańczyków w Wielkiej Brytanii. Z uwagi na liczną populację Arabowie mają swoje szkoły (m.in. finansowane przez króla Arabii Saudyjskiej), kluby (np. Arab Club of Britain, Arab Project) czy meczety (np. Londyński Meczet Centralny).

Konflikt arabsko-amerykański należy rozpatrzyć szerzej i uwzględnić kontakty z Izraelem. Otóż niechęć do Izraela w krajach arabskich nie rozpoczyna się od wojen arabsko-izraelskich, ani też nawet od powstania w 1948 roku Izraela. Już w latach 40. XX wieku Arabowie głosili bojkot towarów wyprodukowanych przez firmy „syjonistyczne" na terytorium Palestyny. Hebrajczycy są dobrze zorganizowaną grupą w USA. Działają w rozpoznawalnych i wpływowych organizacjach (np. Political Action Committees, czy też American-Israeli Public Action Committee - AIPAC). Na czele tych organizacji z reguły stały i stoją uznane osobowości (autorytety), np. Max Fisher republikański biznesmen z Ditroit. Był on uważany przez wiele lat za nieformalnego ambasadora Izraela w USA. Jego działania przyczyniały się do udzielania szerokiej pomocy przez kolejne amerykańskie rządy. W roku 1948 Liga Państw Arabskich wezwała w oficjalnej formie do bojkotu towarów izraelskich. W latach 60. XX wieku do listy dołączono firmy amerykańskie. Początkowo było ich 53, a w latach 70. XX wieku już 1300. Konferencja państw arabskich w 1994 roku w miejscowości Doha w Katarze podtrzymała w mocy bojkot.

Ekonomiści szacują, że tylko w latach 2005–2007 państwa znad Zatoki Perskiej na handlu ropą zarobiły „na czysto" 587 miliardów dolarów. Dzięki temu inwestorzy arabscy są aktywni na rynkach międzynarodowych. Pomnażaniem fortun arabskich zajmują się specjalne fundusze inwestycyjne, które powstały nawet w najmniejszych emiratach. Według szacunków banku Standard Chartered na całym świecie zarządzają już majątkiem o wartości 2,5 biliona dolarów. Kontrolowana przez emira Kuwejtu Sabaha al Ahmad al Jaber al Sabaha firma Kuwait Petroleum Corporation już na początku lat dziewięćdziesiątych kupiła sieć stacji paliwowych we Włoszech. Razem z włoską firmą paliwową Agip zarządza rafinerią w Milazzo. Sprzedaje paliwa w Szwecji, natomiast w Belgii odkupiła stacje benzynowe od koncernów BP i Aral.

Akcje europejskich firm petrochemicznych skupuje także szejk Khalifa bin Zayed al Nahayan, prezydent Zjednoczonych Emiratów Arabskich oraz władca Abu Zabi. Należąca do władz emiratu firma International Petroleum Investment Company posiada ponad 17% udziałów austriackiego koncernu paliwowego OMV. W październiku 2005 roku kosztem ponad 700 milionów euro przejęła kontrolę nad przedsiębiorstwem Borealis, jednym z największych w Europie producentów plastikowych rur, przewodów i podzespołów motoryzacyjnych.

Fortunę na zakup europejskich firm wydał także saudyjski książę Al Waleed bin Talal Alsaud. Ten pięćdziesięciolatek zdobył swój majątek - szacowany przez magazyn *Forbes* na 20 mld dolarów nietypowo, jak na członka rodziny królewskiej - sam zarobił każdego dolara. W 1980 roku za pożyczone od ojca 30 tys. dolarów założył Kingdom Holding Company. Doradzał zagranicznym firmom, które zamierzały wejść na saudyjski rynek. Ale wkrótce zorientował się, że większe zyski daje skupowanie i sprzedawanie akcji firm, z którymi współpracował. Szybko stał się właścicielem pakietu udziałów amerykańskich koncernów: AOL, Apple Computers, News Corp., Citigroup i Motoroli. Na początku lat dziewięćdziesiątych zaczął inwestować również w Europie. W 1994 roku kupił akcje holenderskiej firmy budowlanej Ballast Nedam Group, specjalizującej się w budowie tam i stadionów piłkarskich, oraz za 350 mln dolarów nabył blisko jedną czwartą udziałów Disneylandu wybudowanego pod Paryżem. Rok później przystąpił do spółki Canary Wharf, która w opuszczonych londyńskich dokach wzniosła nowe centrum finansowe. Wartość projektu to grubo ponad miliard dolarów. Na starym kontynencie książę inwestuje również w nieruchomości, m.in. za 185 mln dolarów kupił hotel George V w Paryżu i wydał na jego remont kolejne 120 mln dolarów.

Na europejskich inwestycjach skupił się, podobnie jak szejk Mohammed bin Rashid al Maktoum, po zamachach terrorystycznych w 2001 roku. Tuż po ataku na World Trade Center zaoferował swoją pomoc, jednak burmistrz Nowego Jorku Rudolph Giuliani nie przyjął od księcia czeku na 10 mln dolarów. Urażony Al Waleed bin Talal Alsaud dofinansował, kwotą 20 mln dolarów, rozbudowę paryskiego Luwru i postanowił przenieść swoje międzynarodowe biuro na stary kontynent [www.7dni.wordpress.com/.../inwestorzy-z-bliskiego-wschodu-inwestuja-w-europie/2010-02-15].

Książę z rodziny saudyjskiej Alwaleed bin Talal na początku lat 90. XX wieku nabył 3.9% akcji CitiGroup oraz jest strategicznym udziałowcem takich uznanych marek jak Hewlett-Packard, Apple Computer i ebay. Inwestorzy z Bahrajnu przejęli kontrolę nad Saks, Tiffany and Gucci, holdingiem CSK, oraz siecią detaliczną sklepów Circle K. Saudi Aramco państwowy koncern naftowy z Arabii Saudyjskiej wraz z Royal Dutch jest współwłaścicielem największych amerykańskich rafinerii. Dubai International Capital w 2005 roku kupił 2% akcji Daimler-Chrysler za kwotę 1 mld USD. Mubadala Development of Abu Dhabi nabył 5% akcji Ferrari i 25% akcji LeasePlan - holenderskiej firmy wynajmującej samochody [New York Times, 26 luty 2006].

Mimo relatywnie dużej aktywności inwestorów arabskich nie dominują oni na rynku amerykańskim. Według danych Departamentu Handlu USA inwestycje arabskie w 2008 roku wyniosły 7,8 mld USD. Dla porównania brytyjskie 248 mld USD, Japońskie 166 mld USD, Holenderskie 161 mld USD, Niemieckie 152 mld USD.

2.4. Inwestycje zagraniczne w krajach arabskich

Gospodarka krajów arabskich postrzegana jest przez pryzmat złóż, oraz wpływów z eksportu ropy naftowej i gazu ziemnego. Dochody z tej działalności pozwalają państwom arabskim na dość aktywną politykę inwestycyjną. W latach 2000–2009 inwestycje z krajów arabskich wynosiły blisko 27% ich PKB. Dla porównania inwestycje były o kilka procent wyższe niż w krajach rozwijających się. Inwestycje bezpośrednie mogą okazać się źródłem korzystnych zmian. Przede wszystkim pozwalają na ściślejszą międzynarodową współpracę. Firmy działające w skali światowej, lokując swoje oddziały w poszczególnych krajach, przyczyniają się do tworzenia miejsc pracy, transferu nowych technologii. Takim pozytywnym przykładem jest Irlandia, która dzięki bezpośrednim inwestycjom zagranicznym (BIZ) stworzyła silną proeksportową gospodarkę. Jeszcze w latach 70. Irlandia uchodziła za kraj relatywnie słabo rozwinięty gospodarczo. Szacuje się, że 90% eksportu z tego kraju pochodzi z firm, które powstały dzięki napływowi zagranicznych inwestycji. W krajach arabskich co prawda z jednej strony notuje się wzrost udziału w eksporcie towarów przemysłowych (ich udział wynosi ok. 17%), ale w krajach rozwijających się udział tej grupy towarowej wynosi blisko 70%. Natomiast bardzo niski jest udział eksportu towarów zaawansowanych technologicznie. W krajach arabskich udział tej grupy towarowej w eksporcie w latach 2000–2009 nie przekracza 1,5% [World Bank, 2010].

Tabela 14. Źródła bezpośrednich inwestycji zagranicznych w świecie w latach 2000–2009 (%)

Kraje/rok	2000	2001	2002	2003	2004	2005	2006	2007	2008	2009
Kraje rozwinięte	78	79	69	74	72	71	70	72	69	68
Kraje rozwijające	21	19,7	29,8	24,9	26,9	28,2	29	27,2	30	31
Kraje arabskie	1	1,3	1,2	1,1	1,1	0,8	1	0,8	1	1

Źródło: zestawienie na podst.: *World Bank. World Development Indicators*. Washington. DC. World Bank 2010.

Głównym beneficjentem BIZ są kraje rozwinięte gospodarczo. Przypada na nie blisko 70% wszystkich inwestycji zagranicznych. Kraje rozwijające się przyjmują około 29%, a kraje arabskie 1%. W liczbach bezwzględnych jest to rząd wielkości 10 mld USD rocznie. Wśród krajów rozwijających się prawie 80% wszystkich zagranicznych inwestycji przypada na Europę Środkowo-Wschodnią, Amerykę Łacińską oraz Chiny. Szacuje się, ze dzięki BIZ Chiny mogły w analizowanym okresie odnotować zdecydowanie większą dynamikę wzrostu PKB. Główni inwestorzy BIZ pochodzą z trzech ośrodków. Są nimi: Unia Europejska, USA, Japonia.

Inwestorzy z tych państw również preferują określone rynki.

Tabela 15. Kierunki napływu BIZ z Unii Europejskiej, Japonii i USA w latach 2000–2009

Kierunki inwestowania		
Unia Europejska	**Japonia**	**USA**
Kraje rozwinięte UE	Kraje rozwinięte UE	Kraje rozwinięte UE
USA	USA	Kanada
Ameryka Łacińska	Australia	Meksyk
Chiny	Chiny	Brazylia
Malezja	Ameryka Łacińska	Chiny

Źródło: zestawienie na podst.: *World Bank. World Development Indicators. Washington*. DC. World Bank, 2010.

Zarówno przedsiębiorcy z Unii Europejskiej, Japonii jak i USA najchętniej inwestują w krajach rozwiniętych gospodarczo. Ponadto inwestorzy z UE wybierają USA, państwa Ameryki Łacińskiej, Chiny i Malezję. Natomiast USA oprócz krajów rozwiniętych swoje kapitały kierują do Kanady, Meksyku, Brazylii oraz Chin. Podobny schemat działania można obserwować także w Japonii. BIZ w krajach arabskich rozkłada się bardzo nierównomiernie. Najwięcej BIZ w latach 2000–2009 pazyskały następujące państwa:

- Arabia Saudyjska,
- Egipt,
- Jordania,
- Tunezja,
- Maroko,
- Algieria,
- Oman.

Łącznie kraje te skupiły prawie 85% wszystkich BIZ. Najwięcej środków przypadło Arabii Saudyjskiej - prawie 27 mld USD [World Bank, 2010]. Inwestorzy zagraniczni podkreślają relatywnie drogie koszty pracy. Pensja pracownika (biorąc pod uwagę relację wynagrodzenia do produktywności) jest na przykład w Egipcie 30% wyższa niż w Polsce i Chinach. Ponadto krótki jest okres kształcenia. Wykwalifikowany pracownik w Egipcie uczy się przeciętnie w szkole średniej przez 0,48 roku, natomiast minimalny okres kształcenia powinien wynosić 0,52 co skutkuje korzystną relacją między wykształceniem a zwiększeniem produktywności [Sadik A. T., Bolbol A. A., 2001]. Sadik A. T., Bolbol A. A. przeprowadzili w krajach arabskich w latach 80. XX wieku badania na temat wpływu BIZ na ogólną produktywność pracy. Mimo relatywnie niskich inwestycji zagranicznych odnotowano pozytywne związki między BIZ a produktywnością. Dotyczyły one sześciu państw: Omanu, Tunezji, Arabii Saudyjskiej, Jordanii, Maroka, Egiptu. BIZ także miały wpływ na poziom kapitału społecznego w analizowanych państwach [op cit., 2001]. Należałoby zatem zwrócić uwagę na problem zwiększenia napływu BIZ do krajów arabskich. Tu także następują istotne, pozytywne zmiany. Na przykład, Tunezja, Maroko i Egipt już są postrzegane jako państwa, do których kierowany jest kapitał na rozwój produkcji przemysłowej (np. branża tekstylna), a Arabia Saudyjska przyzwoliła inwestorom na operacje finansowe w jej przemyśle naftowym, co przez wiele lat było zarezerwowane dla miejscowych przedsiębiorców [Bisat A., El-Arian, Helbing T., 1997].

2.5. Czy może istnieć teoria ekonomii specyficzna dla krajów arabskich?

Należy przyjąć, że kraje arabskie wyróżnia specyficzna forma prowadzenia działalności gospodarczej. Jest ona pod silnym wpływem nie tylko uwarunkowań historycznych, kulturowych, ale również religijnych. W 2000 roku w czasopiśmie The Journal of SocioEconomics ukazał się artykuł M. Umera Chapry pod przewrotnym tytułem – Czy jest potrzeba posiadania islamskiej ekonomiki (*Is it Necessary to have Islamic Economics?*). Autor porusza w nim bardzo istotną kwestię dotyczącą zasad działania w świecie arabskim, a nawet szerzej w islamie. Uważa, iż nie wykształciły się typowe poglądy ekonomiczne sprzyjające rozwojowi gospodarczemu tego regionu świata. Mimo, że część krajów arabskich posiada ropę naftową i dysponują one nawet znacznymi zasobami finansowymi, to nie potrafią ich optymalnie wykorzystać. Część krajów arabskich, np. Jemen, nadal pozostaje krajami biednymi. Zdaniem M. U. Chapry jest to wynikiem braku odpowiednich propozycji rozwoju (bazujących na teorii ekonomii), właściwych dla państw arabskich.

Co prawda wielu uczonych poruszało kwestie ekonomiczne, ale traktowało je łącznie z ujęciem historycznym, socjologicznym oraz religijnym. Wpływ religii jest widoczny w zdecydowanej większości prac opisujących zasady, formy i warunki prowadzenia działalności gospodarczej, m.in. opracowania Abu Yusufa, al.-Masudi, al.-Mawardii, Ibn Hazma, al.-Saraksi, al.-Tusi, al.-Ghazali, al.-Dimashqi, Ibn Rushdi, Ibn Taymiyyah, Ibn al.-Ukhuwah, al.-Magrizi, al.-Dawwani czy też Shah Waliyullah.

Należy podkreślić, że teoria ekonomii zajmuje się strukturą, osiągnięciami i zachowaniem gospodarki jako całości. Głównym przedmiotem zainteresowania ekonomii jest dążenie do zrozumienia podstawowych czynników wyznaczających tendencje w skali całej gospodarki. Teoria ekonomiczna jest zatem zbiorem poglądów na sposób funkcjonowania gospodarki, zorganizowanej w formie pewnej konstrukcji logicznej (zwykle przedstawionej w formie modelu), stanowi podstawę, na której kształtuje się i realizuje politykę gospodarczą [Snowdon B., Vane H., Wynarczyk P., 1998]. Dynamicznie rozwinęły się teorie ekonomiczne w ugruntowanej gospodarce rynkowej. Zdecydowana większość uczonych zgada się ze stwierdzeniem, że teorie te z jednej strony odpowiadały potrzebom (problemom z jakimi musiała się zmierzyć gospodarka, np. cykl koniunkturalny, bezrobocie, inflacja, inwestycje, bilans płatniczy, deficyt budżetowy itd.), a z drugiej nie były przywiązane do jednego słusznego dogmatu ekonomicznego. Dzięki temu powstają różne (często diametralnie różne od siebie) opinie.

Podstawową siłą napędową nowych teorii ekonomicznych jest bieg wydarzeń. Na przykład kryzys gospodarczy pozwolił stworzyć teorię nowoczesnej ekonomii. Inflacja z lat 60. i 70. XX wieku dała podwaliny pod poglądy monetarystów, w tym przede wszystkim M. Friedmana. Nawet w ugruntowanej gospodarce rynkowej można wyodrębnić istotne odrębności w modelach gospodarczych, które uwzględniają ich uwarunkowania. I tak można wyodrębnić model gospodarki skandynawskiej, anglosaskiej czy też model nadreński. Wszystkie te one nie negują podstawowych założeń gospodarki rynkowej, ale różni je np. rola państwa - zakres interwencjonizmu, polityka społeczna.

Natomiast w krajach arabskich brak jest przynajmniej jednej spójnej koncepcji - ekonomicznej teorii rozwoju. Co prawda dużą rolę przypisuje się państwu i jego odpowiednim agendom, ale należy też uwzględnić mocniej rolę rodziny, współdziałania grupowego, sprawiedliwości społecznej. Mniejsze znaczenie mają typowe prawa rynku, a już w zupełności założenia polityki liberalnej, w której rolę podstawową odgrywa jednostka, dopuszcza się znaczne nierówności społeczne, a państwo jest jedynie regulatorem warunków działania gospodarczego [Chapra M. U., 2000]. Dlatego też przed uczonymi pojawia się bardzo ważne zadanie - opracowanie teorii ekonomicznej uwzględniającej specyfikę krajów arabskich. Koncepcja powinna brać w rachubę oczekiwania społeczne (np. niskie bezrobocie - odrzucenie keynesowskiej propozycji przymusowego bezrobocia), wykorzystać być może teorię racjonalnych oczekiwań? Włączyć odpowiedzialność moralną, sprawiedliwość uwzględniającą prawo koraniczne.

Jak podkreśla M. U. Chapra specyfika poglądów społecznych opartych na islamie znacznie odbiega od współczesnych teorii ekonomicznych. Niewątpliwie będzie można wykorzystać niektóre z elementów aktualnych poglądów np. koncepcja płacy granicznej (niezbędnej przy tworzeniu sprawiedliwości społecznej), ale brakuje spójnych, całościowych poglądów - jednorodnej teorii. Problemem, który niewątpliwie się pojawi w ewentualnej teorii będzie nieodzowność dokonania odpowiednich wyborów. Wybory są związane z koniecznością przestrzegania praw ekonomicznych, i tak np. może powstać problem co jest ważniejsze - inflacja czy kwestia bezrobocia, wzrost inwestycji czy też większy deficyt budżetowy? Jakie narzędzia wybrać, aby likwidować niekorzystne trendy w gospodarce? Czy możliwa jest umowa społeczna - ponoszenie pewnych kosztów na rzecz przyszłego rozwoju?

Zdecydowana większość autorów zajmujących się gospodarką krajów arabskich zgadza się co do kwestii niezbędnych reform. Reformy powinny być związane z przyjętą, spójną teorią ekonomiczną. Niektóre jednak kraje starają się, mimo braku pewnej teorii, przeprowadzać na szerszą skalę reformy. Takim przykładem jest Maroko.

W drugiej połowie lat 80. XX wieku król Maroka Hassan II zainicjował szereg refom. Przeprowadzono konsolidację finansów publicznych, zmniejszono deficyt budżetowy, zwiększono nakłady na infrastrukturę oraz przeprowadzono prywatyzację [Moudden, M. A., 1998]. Objęcie władzy przez Mohammeda IV spowodowało bardziej zaawansowane i przemyślane zmiany. Nie można tego jednak uznać za podstawę teorii ekonomicznej, ale bez wątpienia pewien pakiet istotnych reform. Z uwagi na to, że król Moahammed IV reprezentuje najwyższą władzę w Maroku (może rozwiązać parlament, jest też zwierzchnikiem sił zbrojnych) reformy oparł na tradycyjnych typowych dla tego regionu instytucjach.

Pierwszą z nich jest tzw. *Bei'a* – rodzaj kontraktu, jaki król corocznie zawiera ze społeczeństwem. Kontrakt jest odnawiany, a opiera się na zasadzie, że społeczeństwo jest winne posłuszeństwo królowi, w zamian za co król zapewnia spokój i bezpieczeństwo. Na podstawie tej umowy król zdecydował się na znaczną redukcję zatrudnienia w sektorze państwowym. Do 2000 roku w tym dziale było zatrudnionych prawie 1 milion pracowników, którzy wypracowywali zaledwie 10% PKB Maroka. W przeciągu pięciu lat zatrudnienie w sektorze zmniejszyło się blisko o połowę, a udział w PKB zwiększył się do 13%. Powyższa zmiana oznacza wyższą efektywność funkcjonowania sektora państwowego. Zmniejszenie zatrudnienia było możliwe nie tylko dzięki zwolnieniom, ale wprowadzeniu specjalnego programu przedemerytalnego. Część zatrudnionych po 50. roku życia mogła skorzystać z wcześniejszej emerytury. Na ich miejsce nie zatrudniano nowych pracowników [Cherkaoui M., Ahmed, D., Abdelkhalek T., 2002].

Przeprowadzono decentralizację. Podstawową jednostką administracyjną w Maroku jest komuna (1544), następnie prowincje (72) i regiony (16). Równolegle oprócz władzy na szczeblu poszczególnych jednostek administracyjnych funkcjonowała władza centralna. W ten sposób istniała swoista dwuwładza, sprzyjająca korupcji, osłabiająca sprawność systemu. Król Mohammed IV doprowadził do ograniczenia władzy centralnej i sprowadził ją do roli nadzorowania stosowania przez pozostałych przyjętych rozwiązań prawnych. Władza wykonawcza zaś przeszła w ręce poszczególnych jednostek administracyjnych. W celu zapewnienia finansowania 30% z wpływów VAT zasila budżety samorządów. Król zapewnił funkcjonowanie związków zawodowych, i co jest bardzo ważne, partii politycznych, w tym opozycyjnych w stosunku do rządu. W Maroku działają trzy duże organizacje związkowe UMT (*Union Marocaine du Travail*) CDT (*Confederation Democratique du Travail*) i UGTM (*Union Generale des Travailleurs Marocains*). Ich pewnym mankamentem jest to, że skupiają zaledwie 9% wszystkich pracowników i działają jedynie w większych miastach.

W Maroku legalnie działają 23 partie, które można pogrupować w pięć kategorii. Pierwsza obejmuje partie o programie socjalistycznym, druga nacjonalistycznym, trzecia liberalnym, czwarta centrowa i piąta opiera się na fundamentalizmie islamskim. Ważnym elementem w systemie politycznym jest udział kobiet, które zajmują 11% wybieranych miejsc w parlamencie i samorządach. Król Mohammed IV obniżył wiek głosujących z 21 do 18 lat. Wybory z reguły cieszą się dużą frekwencją i do urn zgłasza się ponad 50% uprawnionych do głosowania. Ponadto zapewniono w Maroku prawo do stowarzyszeń. Takim pozytywnym przykładem jest CGEM (*Confederation Generales des Entreprises Marocaines*), która skupia 11500 firm. Jest to blisko 50% podmiotów zatrudniających powyżej 25 pracowników.

Tabela 16. Dynamika zmian realnego PKB Maroka w relacji do krajów rozwiniętych gospodarczo w latach 2000–2009

	Dynamika zmian PKB		Dynamika zmian PKB per capita	
Rok	Maroko	Kraje rozwinięte gospodarczo	Maroko	Kraje rozwinięte gospodarczo
2000	1,3	3,8	1,75	3,4
2001	1,4	4,3	2,1	4,4
2002	2,0	4,2	1,4	4,2
2003	2,1	4,1	1,8	4,1
2004	2,1	5,2	2,4	4,3
2005	1,9	5,0	2,2	4,5
2006	1,88	4,8	2,1	3,1
2007	2,6	4,2	2,3	2,9
2008	2,8	4,1	2,7	2,7
2009	1,4	0,3	1,1	1,6

Źródło: World Bank Statistics. Washington. 2010.

Mimo programów strukturalnych przeprowadzonych przy wsparciu Międzynarodowego Funduszu Walutowego, Banku Światowego i Klubu Paryskiego, dirham jest walutą w pełni wymienialną jedynie w transakcjach bieżących. W 2000 roku Maroko podpisało układ stowarzyszeniowy z UE, a w 2006 roku wszedł w życie układ o wolnym handlu z USA. Reformy te są widocznie wzorowane na krajach o ugruntowanej gospodarce rynkowej. Wywołały one jednak wzrost gospodarczy. Mimo, że jego dynamika jest mniejsza niż w krajach rozwiniętych, to zakres reform w Maroku należy uznać jako niezwykle kompleksowy (jak na standardy innych krajów arabskich) i pionierski.

Dynamika zmian realnego PKB w krajach rozwiniętych gospodarczo jest znacznie wyższa niż w Maroku. Można przyjąć, że jest ona prawie dwukrotnie większa, zwłaszcza w latach 2000–2005. Ostatni rok 2009 wykazuje wyraźny spadek i jest on związany z kryzysem finansowym, którego genezą był upadek dużych amerykańskich banków inwestycyjnych.

Współczesna gospodarka wymaga przeszacowania zasobów. Coraz większe znacznie mają zasoby niematerialne a nie tradycyjne materialne. Można uogólniając stwierdzić, że w tych państwach, które mają obfitość zasobów materialnych (Afryka, Azja i też w pewnym sensie państwa arabskie) poziom życia ich mieszkańców, czy dynamika zmian PKB jest mniejsza niż w państwach, które bogactw nie posiadają. Większość państw europejskich, np. kraje alpejskie, skandynawskie, nie posiadają bogactw materialnych - ich sukces jest oparty na innowacyjnej gospodarce wykorzystującej wiedzę. To wiedza jest dzisiaj tym zasobem, który pozwala przedsiębiorstwom osiągnąć przewagę konkurencyjną [Buszko A., 2010].

Ponieważ znaczenie zasobów niematerialnych dla gospodarki nie podlega dyskusji, rozpoczęto dość szerokie badania nad pomiarem kapitału intelektualnego, a następnie wiedzy na poziomie makro i mikroekonomicznym (przedsiębiorstwa). Na początku XXI wieku Bank Światowy sformułował definicję gospodarki opartej na wiedzy, pod pojęciem której przyjmuje się taką **gospodarkę gdzie wiedza jest tworzona, zdobywana, przekazywana i efektywnie wykorzystywana przez przedsiębiorstwa, organizację, poszczególne jednostki oraz społeczności.** Bank Światowy skonstruował tzw. indeks wiedzy, który został oparty na czterech podstawowych zbiorach:

1. reżim instytucjonalny i ekonomiczny,
2. edukacja i wykwalifikowana siła robocza oraz kadra naukowa,
3. efektywny system innowacji ze szczególnym zwróceniem uwagi na aplikacje mikroekonomiczne,
4. nowoczesna i odpowiednia infrastruktura informatyczna.

Najwyższą wartość indeks wiedzy osiąga w krajach wysoko rozwiniętych gospodarczo, a najniższą wśród państw słabo uprzemysłowionych. Kraje arabskie zajmują odległe miejsca w świecie, poniżej 30. Na poziomie przedsiębiorstw bada się wiedzę jawną, ukrytą, chronioną, procesową, tajną itd. Prekursorami byli tu Skandynawowie oraz Amerykanie (np. Skandia Navigator, zrównoważona karta wyników, monitor zasobów niematerialnych, metoda HRCA). W badaniach nad zasobami wiedzy, kreacją i wykorzystaniem przodują najbardziej rozwinięte gospodarczo państwa świata. Identyfikowane są związki między wiedzą, innowacją a wynikami podmiotów rynkowych. Z opracowań, zwłaszcza T. M. Amabilea, N. Bontisa, N. C. Dragonettiego, K. Jacobsena, G. Roosa, H. J. Eysencka wynika, że zasoby wiedzy bezpośrednio wpływają na innowacyjność [Amabile T. M., 1996; Eysenck H., Bontis N., Dragonetti N. C., Jacobsen K., Roos G., 1999]. Z tego względu szereg autorów stara się uzyskać odpowiedź na pytanie jakie czynniki (okoliczności) sprzyjają generowaniu i wykorzystywaniu wiedzy? Na przykład N. Botis dużą wagę przywiązuje do kapitału intelektualnego. Dzieli go generalnie na dwie kategorie: kapitał ludzki i strukturalny. Pierwsza kategoria obejmuje kompetencje (umiejętności i wiedzę typu *know-how*), motywację i przywództwo, oraz zdolność intelektualną do działania. Kapitał strukturalny skupia się na relacjach z dostawcami, klientami, instytucjami, kulturze organizacyjnej, strukturze firmy, zachodzących procesów, w tym również działań na rzecz B&R (R&D) [Bontis N., Serenko A., 2009]. A. Buszko, G. Hofstede przywiązują znaczenie do uwarunkowań kulturowych [Buszko A. 2005; Hofstede G., 1991, 1980], a R. oraz D. Bolton stylowi zarządzania [Bolton R i D., 1984].

Tworzone są stosowne modele zarządzania wiedzą, dzięki którym jest ona generowana, analizowana, wykorzystywana. Podkreśla się również pewne odrębności. Porównanie specyfiki zarządzania wiedzą w firmach japońskich i amerykańskich dowodzi, że Amerykanie większą wagę przywiązują do wiedzy jawnej, natomiast Japończycy do wiedzy ukrytej. Ponadto menedżerowie z Japonii oczekują znacznego zaangażowania się podwładnych i dzięki temu zasoby wiedzy przenikają od podstawowego szczebla struktury organizacyjnej do kadry kierowniczej. W firmach amerykańskich ruch jest odwrotny. To menedżerowie przekazują wiedzę podwładnym. Zarówno jedni jak i drudzy osiągają sukcesy rynkowe mierzone innowacyjnością produktów i usług. Brak jest więc jednej uniwersalnej dla wszystkich recepty. Dlatego też pojawia się zasadne pytanie - czy Arabowie dzięki swoim uwarunkowaniom są w stanie stworzyć odpowiedni model zarządzania wiedzą? Czy ten model (w pewnym sensie oryginalny - odmienny od powszechnie znanych) przyczyni się do większej innowacyjności przedsiębiorstw arabskich?

Jak wcześniej zostało podkreślone Arabowie pozostają pod dużym wpływem kultury i religii islamu. Nakreśla ona wzorce zachowań. Wzorce te mogą być użyteczne przy tworzeniu koncepcji zarządzania wiedzą. Przede wszystkim należy zwrócić uwagę na lojalność wobec bliskich, uczciwość i znaczenie w organizacji władzy zwierzchniej. Zatem tymi jednostkami, które w podstawowym stopniu powinny kreować i wdrażać nowe zasoby wiedzy będzie kadra kierownicza. Fakt ten odróżnia koncepcję „arabską" od japońskiej.

Kolejna bardzo ważna cecha, która także jest związana z kulturą islamu - jest nią ograniczenie ryzykownych działań. W związku z tym innowacyjność oparta na wiedzy w przedsiębiorstwach arabskich powinna być bardziej 'ewolucyjna' niż 'rewolucyjna'. Dlatego sukcesywnie powinny być rozwijane sektory związane z przemysłem petrochemicznym dalej szerzej chemicznym, usługami np. turystyka w Egipcie, Tunezji i Maroku, czy też przemysł tekstylny w krajach północnej Afryki. Arabowie wykazują znaczne poczucie wspólnoty. Podstawą są związki rodzinne, klanowe, a dopiero na końcu pojawia się w szerszym kontekście społeczeństwo i państwo. Model zarządzania wiedzą powinien także uwzględnić dwie istotne kwestie. Pierwsza to chęć współpracy grupowej. Arabowie chętnie przebywają razem, wymieniają poglądy, dzielą się informacjami.

Pewnym mankamentem jest nadal brak powszechnego dostępu do Internetu i przestarzała forma kształcenia. Opiera się ona na powtórzeniach przedstawianego przez wykładowcę materiału. Jest to forma przyswajania nauki w szkołach koranicznych. S. H. Schwartz przebadał 38 nacji pod względem zachowań organizacyjnych.

Na podstawie swoich obserwacji stwierdził, że Arabowie posiadają relatywnie niskie wyniki (na tle innych nacji) w tzw. intelektualnej autonomii (samodzielnym działaniu i myśleniu), ale relatywnie wysokie w tzw. kształtowaniu środowiska funkcjonowania, które pozwala na osiągniecie przewagi, w tym także przewagi konkurencyjnej [Schwartz S. H., 1994].

Rys. 5. Koncepcja kreacji wiedzy, efektywności oraz innowacyjności w przedsiębiorstwie arabskim

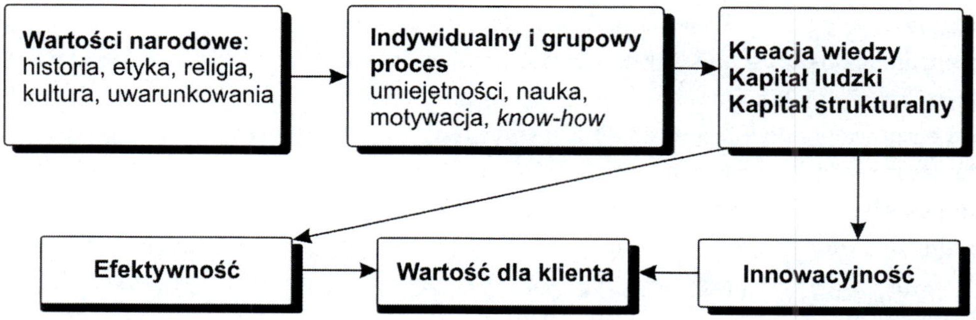

Źródło: opracowanie własne.

Pewnym wzorem dla zwiększenia zasobów wiedzy w przedsiębiorstwie arabskim może być model oryginalnie opracowany przez Japończyków. I. O. Nonaka wraz z H. Takeuchi przedstawili koncepcję przepływu wiedzy jawnej i ukrytej w organizacji. Według nich cyrkulacja wiedzy odbywa się przez:

- socjalizację,
- kombinację,
- eksternalizację,
- internalizację [Nonaka I. O., Takeuchi H., 1995].

Socjalizacja zakłada funkcjonowanie poszczególnych osób w określonej zbiorowości, głównie poza miejscem pracy. Rozmaite spotkania prowadzą do wymiany informacji, poglądów. Wówczas kształtują się wyobrażenia, przekonania co do możliwości rozwiązania istniejących problemów. Często także osoby obserwują zachowania innych, a na bazie nowych spostrzeżeń wzbogacają nowe zasoby wiedzy. Dlatego tak ważna staje się wymiana informacji wewnątrz organizacji, spotkania nie tylko integracyjne, ale również z ekspertami i liderami, którzy w przedsiębiorstwie osiągają najlepsze wyniki.

Eksternalizacja jest pewnym procesem, który przekształca zasoby wiedzy i ją transferuje do innych za pomocą metafor, koncepcji, modeli czy też hipotez. **Kombi-**

nacja zakłada usystematyzowanie wiedzy jawnej w postaci odpowiednich dokumentów. Wiedzę taką łatwo jest przekazać w czasie spotkań z pracownikami czy też nawet podczas rozmów telefonicznych lub przez intranet. Z kolei **internalizacja** ma na celu zweryfikowanie posiadanych zasobów wiedzy w praktycznym działaniu.

Tak więc w modelu kreowania (zwiększenia) wiedzy w przedsiębiorstwie arabskim można wykorzystać tradycyjne uwarunkowania (wpływ religii, dążenie do wspólnego działania, podporządkowanie hierarchiczne). Powstają wtedy korzystne relacje między pracownikami, a efektem jest przepływ informacji (wiedzy) i podmioty gospodarcze mogą okazać się bardziej innowacyjne. Pewnym problemem jest rola kadry kierowniczej. Jak podkreśla M. Baker, Faoud Abou-Ismail decyzje w przedsiębiorstwie zapadają arbitralnie. Między menedżerem a pracownikiem jest duży dystans [Baker M., Fouad, Abou-Ismail, 1993]. Dlatego typowy jest brak konsultacji i słuchania podwładnych. Mniejszą wagę przywiązuje się do osiągnięć indywidualnych pracowników, a bardziej do efektów całej organizacji. Menedżerowie niechętnie podejmują ryzykowne działania, wchodzą w konflikty z innymi kierownikami. Zatem decyzje i wynik firmy jest w dużym stopniu zależny od postawy kadry kierowniczej. To ona nadaje ton i zasady funkcjonowania przedsiębiorstwa. Przedsiębiorstwa arabskie wyróżnia znaczne zróżnicowanie efektywności. M. Mostafa przebadał, metodą DEA, 85 banków arabskich i uzyskał średni wynik rzędu 75%. W bankach niemieckich i austriackich wskaźnik ten mieści się w graniach 75–90% [Mostafa M., 2009 a]. Przeprowadził także tą metodą badania efektywności wybranych egipskich przedsiębiorstw. Wyniki także były zróżnicowane i wahały się w graniach 67%–95%. Najniższą wartość osiągnęła firma Orascom Hotel Holding a najwyższą Misr Beni Suef Cement [Mostafa M., 2009 b].

Można więc powiedzieć, że możliwa jest oryginalna koncepcja ekonomii, a także zarządzania przedsiębiorstwem arabskim, po to by skutecznie przeprowadzać kompleksowe reformy makroekonomiczne (vide Maroko) oraz wykorzystywać w gospodarce zasoby niematerialne bazujące na uwarunkowaniach kulturowych, religijnych. W tym wątku należy podkreślić, iż Arabowie w swojej historii posiadali okresy, w których współpraca między chrześcijanami i Żydami przebiegała pomyślnie. Przykładem jest okres panowania Umajjadów w Hiszpanii. Muzułmanie traktowali chrześcijan i Żydów jako wyznawców religii księgi (ahl al-kitab, biblia oraz Tora) lepiej niż pozostali niemuzułmanie. Początki islamu łączono nawet z judaizmem i chrześcijaństwem. Abraham wraz ze swym synem uważani byli za patriarchów, Chrystus zaś za ostatniego ważnego proroka przed Mahometem [Battenberg F., 2008].

2.6. Kraje arabskie a Polska

Polska nie ma rozwiniętych kontaktów handlowych z państwami arabskimi. Ich udział w obrotach handlu zagranicznego, w odniesieniu do poszczególnych krajów, nie przekracza zwykle 0,1% ogólnych obrotów.

Tabela 17. Obroty handlu zagranicznego Polski z wybranymi państwami arabskimi w 2009 roku w tys. USD

Kraj	Import	Eksport	Udział w ogólnych obrotach (%)	
			Importu	Eksportu
Arabia Saudyjska	228113	4311112	0,1	0,2
Jemen	547	7009	0,0	0,0
Jordania	180102	83124	0,0	0,0
Tunezja	226421	71223	0,1	0,0
Egipt	72311	233211	0,0	0,1
Kuwejt	211	44889	0,0	0,0
Algieria	243	231541	0,0	0,1
Libia	7022	32115	0,0	0,0

Źródło: Rocznik Statystyczny Handlu Zagranicznego Polski 2009. GUS. Warszawa. 2010

Największym partnerem Polski spośród państw arabskich jest niewątpliwie Arabia Saudyjska, choć Polska nie posiada wyraźnej specjalizacji eksportowej. Główną pozycją importu Polski z krajów arabskich są paliwa (ropa naftowa i pochodne) natomiast po stronie eksportu dominują chemikalia, produkty pokrewne, towary przemysłowe: surowce, maszyny, urządzenia, sprzęt transportowy.

W okresie tzw. gospodarki planowej Polska była istotnym dostawcą na ten rynek usług budowlanych. Polskie przedsiębiorstwa budowlane miały wyraźną specjalizację i często wygrywały walkę konkurencyjną z silnymi pod względem organizacyjnym i posiadanych aktywów koncernami z Europy Zachodniej oraz USA. Dromex budował drogi, Polimex-Cekop obiekty przemysłowe, a Polservice zatrudniał, np. w Iraku, specjalistów – geodetów (projekt pt. *Mapa Bagdadu*). Na tej podstawie można stwierdzić, że przed 1990 rokiem Polska miała pewną specjalizację (oferta usług budowlanych) w krajach arabskich. Od tego czasu brakuje koncepcji współpracy. Mimo, że Egipt i Arabia Saudyjska są najważniejszymi parterami handlowymi Polski to analiza danych makroekonomicznych tych państw pozwala stwierdzić, że istnieją potencjalne duże możliwości zwiększenia współpracy. W tabeli 18 przedstawiono (na podstawie danych Ministerstwa Gospodarki oraz Ambasady RP w Egipcie) - bardziej szczegółowe informacje dotyczące gospodarki Arabii Saudyjskiej i Egiptu.

Tabela 18. Podstawowe wskaźniki makroekonomiczne Arabii Saudyjskiej w latach 2006–2008

	2006	2007	2008
PKB (w mld USD) – wg parytetu siły nabywczej	516.3	564.6	593.385
PKB (wzrost w %) – w cenach stałych	4.2	3.4	4.63
PKB per capita (w USD) – w cenach bieżących	20.600	21.800	23.833
Eksport ropy naftowej (w mld USD)	191	201	279.99
Inny eksport (w mld USD)	18.7	28.5	31.11
Import (w mld USD)	60	77	92.4
Bezpośrednie inwestycje zagraniczne (w mld USD)	3.9	18.2	23
Inflacja	1.8	5.7	7.758
Bezrobocie (w %)	15	12	13
Dług publiczny (w % PKB)	28	19	13.5

Źródła: http://www.rijad.polemb.net.net; www.inf.org; www.economywatch.com 2010-02-07

Wyniki gospodarcze 2008 r. są oceniane jako kolejny - szósty z rzędu (od 2003 r.) - okres pomyślnego rozwoju gospodarki, niezbyt zakłóconego przez światowy kryzys gospodarczy. Szacunkowy wzrost produktu krajowego brutto wyniósł 4,63% (dla porównania 2006 r. - 4,2%; 2007 - 3,4%). Nastąpił, jednakże, znaczny spadek nadwyżki budżetowej - do 10,7 mld dolarów (dane szacunkowe) z 46 mld dolarów w 2007 r., co stanowiło zarówno rezultat ograniczenia wydobycia ropy naftowej (o 5,5%) przez Arabię Saudyjską zgodnie z decyzjami OPEC, jak i znaczącego wzrostu nakładów społecznych i rozwojowych. Tempo wzrostu sektorów pozanaftowych gospodarki saudyjskiej było oceniane w roku sprawozdawczym na 8,6%, a przyrost sektora prywatnego - na 5,9% (sektor ten dostarczył 46,1% PKB). W szczególności odnotowano wzrost sektora telekomunikacji i transportu o 10,6%, budownictwa - o 6,9%, energetyki i gospodarki wodnej - o 4,4% oraz sektora usług finansowych i ubezpieczeniowych - o 4%. Znacznie wyższe niż planowano - biorąc pod uwagę tradycyjnie zachowawcze prognozy kształtowania się światowych cen ropy - dochody naftowe, mimo gwałtownych fluktuacji cen światowych, przekroczyły w 2008 r. poziom 280 mld dolarów (201 mld dolarów w 2007), generując znaczące nadwyżki rezerw finansowych. Również wpływy eksportowe sektora pozanaftowego wzrosły w ub. r. z 28,5 mld dolarów do 31,1 mld dolarów. Dodatnie saldo bilansu płatniczego wyniosło 139,41 mld dolarów (114 mld dolarów w 2006; 91,8 mld dolarów w 2007). W okresie między 2007 a 2008 rokiem wzrosły rezerwy walutowe z 301 do 343 mld dolarów znacząco wspierając usztywnienie kursu riala saudyjskiego do dolara (1 USD = 3,75 SAR).

Rząd Arabii Saudyjskiej dokonał także kolejnej redukcji zadłużenia wewnętrznego, zmniejszającej jego poziom do 13,5% PKB (28% PKB w 2006; 19% PKB w 2007). W II połowie 2008 r. gwałtownie nasiliły się ujawniające się już od jakiegoś czasu tendencje inflacyjne (oficjalny wzrost stopy inflacji do ponad 5%; rzeczywiste podwyżki cen wielu artykułów konsumpcyjnych - rzędu 20–50% oraz cen kupna i wynajmu nieruchomości - 20–30%) spowodowane napływem pieniądza na rynek wewnętrzny, m.in. w wyniku rosnących inwestycji zagranicznych i wzrostu wydatków rządowych, jak i słabnącą pozycją USD względem innych walut (Arabia Saudyjska otrzymuje płatności za ropę naftową głównie w tej walucie, natomiast większość artykułów konsumpcyjnych jest importowana z Europy i Azji). Wywołało to negatywne reperkusje społeczne i zaniepokojenie władz saudyjskich, podejmujących w końcu 2009 r. działania w kierunku kontroli cen podstawowych artykułów żywnościowych (m.in. subsydia importowe) oraz osłabienia presji wymuszającej wzrost płac we wszystkich sektorach gospodarki.

Ogarniający świat kryzys gospodarczy w połowie 2008 roku doprowadził do dalszych wahań dolara, przez co inflacja pod koniec roku wyniosła około 8%. Dzięki nadwyżkom finansowym uzyskanym w 2008 roku oraz w latach poprzednich, rząd Arabii Saudyjskiej planuje w latach 2009–2014 zainwestować 400 miliardów dolarów w rozwój infrastruktury kraju. Głównym celem tego przedsięwzięcia jest uniezależnienie się od produkcji ropy naftowej oraz próba dywersyfikacji gospodarki przez tworzenie miast przemysłowych, takich jak King Abdullah Economic City, którego budowa pochłonie około 120 miliardów dolarów. W świetle kryzysu ekonomicznego, taka decyzja mogłaby się wydawać irracjonalna, jednakże sprzedaż ropy dostarcza nieprzerwany strumień gotówki, a kryzys doprowadził do obniżki cen stali, cementu oraz pozostałych materiałów budowlanych. Według saudyjskich wyliczeń planowana inwestycja będzie tańsza o blisko 40% w porównaniu z kosztorysem z 2007 roku.

Najwięksi polscy eksporterzy: BEL Polska Sp. z o.o., Procter and Gamble Operations Polska Sp. z o.o., Michelin Polska S.A., Alcatel-Lucent Polska Sp. z o.o., Agros Trading Confectionery Sp. z o.o., Galmar Marciniak Spółka jawna, Swedwood Poland Sp. z o.o., Cereal Partners Poland Toruń-Pacyfic Sp. z o.o., Emsur Polska Sp. z o. o., Avon Operation Polska Sp. z o.o., Zakład Przemysłu Cukierniczego „Milanówek" Sobieraj Bogumił. Najwięksi importerzy: Graham Packaging Poland Sp. z o.o., A. Schulman Polska Sp. z o. o., Tuplex Sp. z o.o., PPUH Polmex Sp. z o.o., Global Colors Polska S.A., Cofresco

Polska Sp. z o.o., Sirmax Sp. z o.o., Marma Polskie Folie Sp. z o.o. [www.mg.gov.pl – Ministerstwo Gospodarki – strona internetowa Arabia Saudyjska data dostępu 2010-02-07].

Bazując na informacjach publikowanych przez Biuro Radcy Handlowego RP w Kairze można z całą pewnością stwierdzić, że we współpracy z Egiptem są znaczne możliwości rozwoju. W tabeli 19 przedstawiono podstawowe dane dotyczące gospodarki Egiptu.

Od kilku już lat do najbardziej perspektywicznych gałęzi egipskiej gospodarki, mających priorytetowe znaczenie i stosunkowo najlepsze perspektywy rozwoju, zaliczają się: sektor ropy naftowej i gazu oraz ich przetwórstwa, przede wszystkim z uwagi na poczynione już w ubiegłych latach nakłady inwestycyjne oraz znaczny wzrost cen tych surowców w 2007 roku na rynkach światowych, przemysł cementowy, budownictwo, infrastruktura transportowa (duże projekty związane z modernizacją sieci kolejowej, budową nowych dróg szybkiego ruchu, rozbudową sieci kairskiego metra, modernizacją i rozbudową lotnisk oraz transportu rurociągowego), a także telekomunikacja i sektor IT.

Tabela 19. Podstawowe dane makroekonomiczne Egiptu w latach 2005-2009 wraz z prognozą na rok 2010

	2005	2006	2007	2008	2009	2010*
Wzrost PKB (%)	4,3	6,2	7,2	5,6	3,6	4,7
PKB (mld USD), nominalny	92,1	107,9	127,3	134,9	148,3	160,4
PKB/capita (USD)	1.235	1.298	1.536	1.715	1.851	1.967
Populacja (mln)	74,5	75,9	77,3	78,6	80,1	81,5
Inflacja (CPI, y/y%)	3,1	11,0	8,0	5,2	5,7	5,0
Kurs EGP/USD	5,90	5,73	5,59	5,33	5,15	5,05
Deficyt budżetowy (% PKB)	– 7,5	– 7,9	– 6,9	– 7,1	– 7,0	– 6,7
Zadłużenie zagraniczne (mld USD)	28,9	29,6	28,0	bd	bd	bd
Zadłużenie zagraniczne (% PKB)	31,4	30,0	23,6	bd	bd	bd
Saldo r-ków bieżących (mld USD)	2,9	1,8	4,1	3,1	2,7	2,8
FDI (mld USD)/1/	3,9/1/	6,1/1/	11,0/1/	bd	bd	bd
Rezerwy dewizowe (z wył. złota, mld USD)	20,6	24,5	30,6	33,8	35,2	37,2

*/ Dane szacunkowe, źródła: Business Monitor International, Central Bank of Egypt/IMF.

/1/ dane Economist Intelligence Unit.

Uwzględniając przytoczone priorytety, w kontekście generalnie poprawiającej się sytuacji gospodarczej Egiptu od 2007 roku, odnotowano znaczny wzrost wymiany handlowej praktycznie z większością zagranicznych partnerów handlowych, w szczególności zaś z krajami Unii Europejskiej. Likwidowane lub znacznie redukowane były bariery, na jakie uprzednio napotykali egipscy importerzy (włączając kolejną redukcję stawek celnych importowych w lutym 2007 roku na ponad 1100 pozycji taryfowych), dalej upraszczano procedury celne, postępowała harmonizacja i przystosowywanie systemu odpraw do standardów międzynarodowych. Podobnie jak w minionych latach, również w 2007 roku w egipskim handlu zagranicznym odnotowano wysoki deficyt obrotów z zagranicą. Podczas gdy w latach 70. XX wieku wynosił on zaledwie ca 400 mln USD, w latach 90. XX wieku oscylował już w granicach 10–13 mld USD. Przejściowa poprawa obserwowana była w okresie 2001–2003, kiedy to deficyt handlu zagranicznego nie przekraczał 10 mld USD i osiągnął wyjątkowo niską wartość w 2003 r. - 6,6 mld USD.

W 2009 roku, w efekcie konsekwentnie realizowanej przez rząd egipski polityki liberalizacji handlu zagranicznego i łagodzenia restrykcyjnych przepisów importowych, ujemne dla Egiptu saldo obrotów z zagranicą ponownie zwiększyło się, przekraczając poziom 20,8 mld USD.

Według źródeł zagranicznych (przywoływany wcześniej Business Monitor International oraz Economist Intelligence Unit), wartość wymiany handlowej Egiptu w 2009 roku zbliżyła się do rekordowo wysokiego poziomu ponad 66 mld USD (dla porównania w 2008 roku była to wartość rzędu 58,3 mld USD). Egipski eksport wzrósł w analizowanym okresie o około 15%, do 22,5 mld USD do 22,7 mld USD. Równocześnie, import zwiększył się o ponad 20%, z 35,8 mld USD do 43,5 mld USD.

Tabela 20. Wyniki handlu zagranicznego Egiptu w ostatnich latach, wraz z prognozą na najbliższy okres w mld USD

Dane	2005	2006	2007	2008	2009	2010*
Eksport	13,8	18,5	22,2	22,5	22,7	23,1
Import	24,2	31,4	32,4	35,8	43,5	44,8
Obroty	37,0	49,9	54,6	58,3	66,2	67,9
Saldo	- 10,4	- 12,9	- 10,2	- 13,3	-20,8	21,7

*Dane szacunkowe za rok 2010

Źródło: Business Monitor International, Central Bank of Egypt/IMF

Nie dysponując jeszcze finalnymi szczegółowymi danymi handlu zagranicznego za rok 2010, trudno jest podać konkretne informacji na temat struktury geograficznej oraz towarowej egipskiego handlu zagranicznego. Wydaje się, że nie nastąpią tu większe zmiany. Stąd też można zakładać, iż podobnie jak w latach wcześniejszych, największymi odbiorcami towarów egipskich pozostaną: Włochy (udział 13,1% w eksporcie Egiptu w 2009 roku), USA (10,1%), Hiszpania (8,3%) oraz Wielka Brytania (4,9% udział). Podobnie jak w ostatnich latach, w 2010 roku nadal najważniejszymi towarami eksportowymi Egiptu będą paliwa i oleje mineralne oraz produkty ich przetwórstwa (ropa naftowa, koks, gaz ziemny), których udział - w związku z wyjątkowo wysokimi cenami światowymi tych surowców utrzymującymi się w ub. roku - mógł stanowić około 45–50% całego egipskiego eksportu. Pozostałe pozycje, o znacznie już mniejszym udziale, to żelazo, żeliwo i stal, bawełna, przędza bawełniana, tekstylia i odzież, farmaceutyki oraz produkty rolne. W egipskim imporcie tradycyjnie dominują produkty częściowo przetworzone oraz towary inwestycyjne, a ponadto produkty konsumpcyjne. Główne kierunki importu to USA (19,3% udział w imporcie Egiptu w 2009 roku), w dalszej kolejności Chiny (9,4%), Niemcy (6,2%) oraz Włochy (5,3%). Struktura towarowa importu przedstawiała się następująco: produkty częściowo przetworzone (ok. 40% importu ogółem), dobra inwestycyjne (ca 30%), a ponadto paliwa, oleje mineralne i produkty ich destylacji (ok. 11%) oraz towary konsumpcyjne, surowce, maszyny i urządzenia mechaniczne, zboża, przede wszystkim pszenica i kukurydza [strona internetowa Wydziału Promocji Handlu i Inwestycji Ambasady Polskiej w Kairze data dostępu 2010-02-07 oraz dane Economist Intelligence Unit].

2.7. Doświadczenia Autora

Moje doświadczenia na rynku arabskim są relatywnie dość długie i obfitowały w różne zdarzenia. Pierwszy dłuższy kontakt dotyczył inwestycji budowlanej w Iraku w miejscowości Szarkat położonej niedaleko Beji – rafinerii między Bagdadem a Mosulem. W Iraku są trzy duże aglomeracje miejskie – w centralnej części położona jest stolica Bagdad, na południu znajduje się Basra (blisko Kuwejtu), a na północy właśnie Mosul. Inne ważne miasta to Kirkut (do którego udawaliśmy się aby uzyskać wizy wyjazdowe) Dohuk, Sulejmanija. Pierwsza, istotna uwaga dotyczyła wiz. Kraj ten prowadził taką politykę – obowiązywała wiza wjazdowa otrzymywana w Irackiej Ambasadzie w Warszawie, ale aby wyjechać z Iraku trzeba było uzyskać wizę wyjazdową. Wcale to nie było takie proste i oczywiste. Początkowo nie tylko ja, ale także moi współpracownicy byliśmy przekonani, że mając jedną wizę wjazdową – żaden problem z wyjazdem. Irakijczycy utrudniali obcokrajowcom uzyskanie wizy wyjazdowej. Chcieli ich zatrzymać w kraju – jak się później okazywało również dlatego, aby wykorzystać ich jako pewną osłonę w razie konfliktów zbrojnych – np. z USA. Umieszczając obcokrajowców w różnych obiektach można było liczyć na ochronę tych miejsc przed bombardowaniem nieprzyjaciela.

W Iraku byłem skierowany do realizacji kontraktu Polimex–Cekopu (usługi budowlano-montażowe). Pełniłem funkcję zastępcy dyrektora ds. finansowo-handlowych ('mudir muhejem') wielkiej budowy. Użycie terminologii i rozróżnienie pojęcia budowa a wielka budowa – wynikało nie tylko z liczby zatrudnionych oraz wartości kontraktu, ale także ze znaczenia tego kontraktu dla strony polskiej. Firma Polimex–Cekop zakładała, że kontrakt ten otworzy pole dla kolejnych umów. Dla pracowników wielkiej budowy oznaczało to także możliwość wyższych stawek. Na przykład na tej właśnie budowie pracownicy umysłowi mieli możliwość wypracowania nadgodzin. Na innych kontraktach w praktyce kadra pracowała dłużej niż 8 godzin, a i tak wynagrodzenie było stałe. Pracownicy fizyczni otrzymywali stawkę godzinową. Mieli obowiązek pracować 8 godzin i każda godzina więcej powodowała zasadniczy wzrost wynagrodzenia.

Generalnie wyjazdy na kontrakty zagraniczne (wśród pracowników sektora budowlanego) cieszyły się dużą popularnością. Z jednej strony podstawowy czynnik motywacyjny wiązał się z zarobkami (wielokrotność pensji krajowej), ale także nie bez znaczenia był fakt podniesienia swoich kwalifikacji, zweryfikowania umiejętności z innymi pracownikami. Budowa w Szarkacie była miejscem zatrudnienia nie tylko Polaków, ale również Jugosłowian, Wietnamczyków, Szwajcarów. Przedsiębiorstwa z Europy Zachodniej dostarczały maszyny, linie technologiczne, a Polska otrzymywała rysunki techniczne i nadzorowała montaż. Dla wielu naszych inżynierów (pod względem zawodowym) był to zatem swoisty sprawdzian.

Kiedy pierwszy raz wylądowałem w Bagdadzie zdałem sobie sprawę z licznych odrębności między światem arabskim a tzw. europejskim. Powszechny był brak pośpiechu. Już na przejściu strefy celnej, służby graniczne postępowały wyjątkowo spokojnie i bez zniecierpliwienia. Cóż z tego, że kolejka się wydłuża. Można poczekać, uciąć sobie rozmowę, wypić herbatę lub kawę. Nic się nie stanie jeżeli procedura będzie trwała kilka godzin dłużej. Powszechno słowo – szłeja oznaczało – spokojnie, powolutku. Na pytanie zaczynające się od słowa kiedy – z reguły padała odpowiedź – isz Allach – jak Bóg pozwoli.

Kolejna rzecz dotyczyła przyjaźni między mężczyznami. Dość powszechnie żołnierze iraccy trzymali się za ręce (podczas patrolu), rozmawiali ze sobą, na pierwszy rzut oka relacje były inne niż te do jakich byłem przyzwyczajony w Europie. Potem kiedy już wielokrotnie odwiedzałem wioski arabskie – widziałem grupy spacerujących razem mężczyzn, spędzających wspólnie czas. Zrozumiałem, że jest to powszechnie przyjęta i akceptowana forma towarzystwa. Kolejna istotna różnica – to oczywiście ubiór kobiet. Spotykało się co prawda nieliczne kobiety (zwłaszcza w Bagdadzie) ubrane „po europejsku" – większość jednak nosiła czarne długie suknie, chusty na głowach (tak zawiązane, aby nie było widać włosów), lub były zakwefione. W okolicach Kirkuku natknąłem się na grupę wędrujących muzułmanów, i w tej grupie kobiety nosiły maski wykute z metalu. Widać było tylko oczy, a w miejscu ust były dziurki, przez które mógł się wydobywać głos. Sprawiało to niesamowite wrażenie i czułem się trochę tak jakby czas się cofnął.

Kolejny element to klimat. Przylatując do Bagdadu w trakcie naszej zimy tu zastałem pogodę istnie wiosenną. Ciepło, przyjemnie, a wieczorami pełno osób na spacerach, w kawiarniach i restauracjach. W Iraku też odkryłem (z czego nie zdawałem sobie sprawy) odrębności społeczne i religijne. Dowiedziałem się o dwóch prądach w Islamie – szyitach i sunnitach. Przy czy w Iraku istnieje wyraźny podział gdzie jaka nacja mieszka. Oprócz wyznawców islamu byli także asyryjscy chrześcijanie (określani mianem masichi), i niewielkie skupiska hebrajczyków, a także Turkmeni. Dominowali w społeczeństwie szyici, następnie Kurdowie wyznania sannickiego, Arabowie sunnici. W Bagdadzie rezydował nuncjusz papieski, a na naszej budowie msze niedzielne odprawiał polski ksiądz katolicki. W stolicy uważanej za elitę mieszkały wszystkie nacje – ale dominowali szyici. Natomiast południe (z Basrą włącznie) dość licznie zamieszkiwali sunnici, w Mosulu Kurdowie, chrześcijanie i także szyici. Mimo jedności kraju poszczególnie nacje raczej trzymały się razem i odmiennie obchodziły swoje święta – jak np. pielgrzymki szyitów do meczetu w Nadżafie gdzie jest pochowany członek rodziny proroka Mahometa – Ali ibn Abi Talib. Bardzo ważna postać dla tego odłamu islamu. Sunnici dostrzegają tą postać, ale stawiają ją na równi z Abu Bakrem i Umarem. W latach 1964–1978 w Nadżafie żył na wygnaniu irański ajatollah Chomeini (szyita). Tu planował obalenie szacha. Przed wojną iracko–irańską (1980–1988) grób Alego odwiedzali masowo pielgrzymi z Iranu. W marcu 1991 roku, tuż po wojnie nad Zatoką Perską, w An–Nadżafie i Karbali doszło do powstania szyitów, krwawo stłumionego przez sunnitę Saddama Husajna. Podobnym świętym miejscem dla szyitów jest Kerbala. Odrębności religijne w Iraku nie były zbyt widoczne. Dopiero po dłuższym pobycie mogłem odróżnić Kurdów od Turkmenów i Arabów. Jednym z najprostszych sposobów był ubiór i nakrycia głowy. Arabowie nosili chusty lub galabije (okrycie przypominające sutannę), Kurdowie bardzo rozszerzone w górnej części spodnie, a Turkmeni czapkę, którą można byłoby porównać do grubego beretu. Każdy starał się okryć głowę – promieniowanie słoneczne było duże i szkodziłoby to na dłuższą metę zdrowiu.

Z Iraku też wyniosłem moim zdaniem cenne wskazówki na temat funkcjonowania w obcych społecznościach. Po pierwsze należy w miarę możliwości nauczyć się języka. Arabski dla mnie nie okazał się aż tak trudny. Zdawałem sobie sprawę z błędów, które w rozmowach czyniłem, ale mogłem się porozumieć. Zyskiwałem tym samym znaczną sympatię rozmówcy. Arab jak się orientował, że mam problemy podpowiadał, wyjaśniał kolejne słówka i tak wzbogacałem swój język. Następnie sposób odżywiania i picia. Należy pić to co miejscowi. Otóż najlepiej gasi pragnienie w tamtym klimacie woda i herbata. Dla mnie miętowa. Arabowie piją dużo herbaty. Jest ona podawana w niewielkich naczyniach (ok. 100–150 gram), bardzo mocna i słodka. Początkowo z uwagi na upał wypijałem litry napojów gazowanych (sprite, coca-cola), ale im więcej piłem tym więcej chciałem pić. Pragnienie nie zostało ugaszone. Kolejna drobna wskazówka wybierać należy te restauracje, gdzie stołują się miejscowi. Jedzenie z reguły jest świeże i relatywnie tanie. Nauczyłem się sformułowania – dżiba akel – co można przetłumaczyć jako dajcie jeść. Wchodząc do arabskiej restauracji po ceremonialnych powitaniach – Salem alejkum, odpowiedź – alejkum salam. Następnie – szlonek zen? odpowiedź – el hamdulla, auhelek zen? – odpowiedź zen isz allah i kończąc ten wywód wypowiadałem sakramentalne kulu zen. Następnie prosiłem o jedzenie i w ten sposób pierwsze lody zwykle zostały przełamane. Wzbudzałem przy tym nie tylko zainteresowanie, ale również rozbawienie biesiadników. Zaobserwowałem, że moje rachunki są dużo niższe aniżeli kolegów, którzy rozmawiali i zamawiali potrawy jedynie po angielsku. Co więcej otrzymywałem lepsze kąski, a moje porcje humusu były wyjątkowo obfite. Przy tym jak inni obcokrajowcy zamawiali po angielsku swoje potrawy – Arabowie często (miałem wrażenie, że doskonale wiedzą co chce klient) i tak podawali inne potrawy. Zamawiający nie potrafiąc dokładnie wytłumaczyć, przyjmował to co otrzymał (na stole pojawiały się drogie dania, więcej niepotrzebnych dodatków, napojów np. miejscowa whisky, czy arak) i w konsekwencji płacił więcej. Starałem się w miarę możliwości ponawiać wizyty w znanych mi wcześniej miejscach. Kolejny raz, kiedy przychodziłem byłem już rozpoznawany i witano mnie jak naprawdę dobrego znajomego. Wypytywano o rodzinę, proponowano różne usługi, pytano się w czym mogą mi pomóc. Czułem się zaakceptowany w tym środowisku.

Dobrze było widziane przestrzeganie pewnych zasad Koranu. Jeżeli chodzi o jedzenie – takim przykładem jest okres ramadanu. Muzułmanin pości od rana do wieczora. Wieczorem jest już uczta. Byłem kilka razy na taką wieczorną ucztę zapraszany. Natomiast zawsze starałem się unikać jedzenia (w czasie ramadanu) w miejscach publicznych. Były w Bagdadzie miejsca, gdzie osoby nieprzestrzegające ramadanu mogły zjeść. Wejścia i okna były z reguły zakryte. Tylko napisy pozwalały zorientować się o możliwości zamówienia potraw. Nie wszyscy Arabowie do końca przestrzegają zasad Koranu. Pamiętam jak kupowałem alkohol, który także jest przez Koran zabraniany, właściciel proponował mi spróbowanie razem z nim nowych sprowadzonych gatunków alkoholu. W sklepie alkoholowym w dzielnicy Bagdadu – Karada – właściciel w czasie ramadanu w południe zaprosił mnie na lunch, gdzie jadł i pił znacznie więcej niż ja. Tak jak większość nowo przybyłych do Iraku dopadła mnie choroba żołądka. Odmienne jedzenia, zmieniła się flora bakteryjna i wiele dni miałem rozstrój żołądka. Ustąpił dopiero po zażyciu kilka tabletek miejscowego stoperanu.

Początkowo tęskniłem do polskiego jedzenia. Schabowy, kiełbasa wydawały mi się rarytasem. Mieliśmy na budowie chłodnię i zaopatrzenie z Polski. Ale w klimacie Iraku mięso wieprzowe szybko ulega zepsuciu. Bardziej przydatne jest mięso wołowe, baranina czy kurczak. Jeden z szejków klanu wyjaśnił mi wpływ Koranu na żywienie. Otóż Koran zabrania jedzenia wieprzowiny – jako mięsa niebezpiecznego w klimacie podzwrotnikowym. Wieprzowina podobno najszybciej przyciąga larwy much (szybciej niż baranina, wołowina) Tym samym staje się – jeżeli nie jest odpowiednio przygotowana – trucizną. Na straganach – sukach (tradycyjnych arabskich bazarach) – pełno było świeżego mięsa. Muchy odganiano tylko liściem palmowym. Trudno niektórym wytłumaczyć dlaczego nie powinno się spożywać takiego pożywienia – łatwiej jest określić to mianem haram – czyli grzechu. Spożywanie spotka się z karą boską. Więc lepiej nie jeść i człowiek nie tylko unika grzechu, ale jest przy tym zdrowszy.

Po pewnym czasie przyzwyczaiłem się do jedzenia opartego na ryżu, zupie pomidorowej, grillowanym kurczaka i chlebie – podawanym w formie placków. Sam wypiek chleba arabskiego jest inny niż w Polsce. Otóż ciasto kształtuje się w formie cienkich placków i przykleja się je do wnętrza pieca. Piec jest cylindryczny. „Załadunek" do pieca jest od górnej jego części. Po pewnym czasie odrywa się upieczony chleb od ściany i podaje do spożycia. Lepiej smakuje świeży. Stary nie jest tak dobry. Chleba się nie kroi tylko łamie (rwie) na kawałki. Powszechnym widokiem jest roznoszenie chleba przez wyspecjalizowanych sprzedawców. Niosą sterty cienkich placków (jeszcze gorących – niekiedy przypalonych) do domów. Odbywa się to wieczorem. We wsiach arabskich widziałem jeden piec, z którego korzystała cała miejscowa społeczność. Beduini, których jak wspomniałem wcześniej spotkałem w okolicach Kirkuku i z nimi jadłem, piekli chleb w piasku. Umieszczali ciasto w dołku (w rozżarzonych węglach ogniska) zasypywali dołek piaskiem. Po pewnym czasie wyciągali upieczony chleb. Nadawał się on do jedzenia, ale piasek chrzęścił miedzy zębami. Bardzo smacznym dodatkiem jest hummus. Głównym składnikiem jest jogurt, który miesza się (miksuje) z różnymi warzywami i ziołami. Jest bardzo dobrym dodatkiem do posiłku, a niekiedy może służyć wraz z chlebem jako składnik (nawet podstawowy) lunchu, czy śniadania. Zwłaszcza jeżeli użyje się pożywnej fasoli lub grochu.

Arabowie dużo czasu spędzali w kawiarniach i restauracjach. Kobiety (a już zwłaszcza samotne) były niesamowitą rzadkością. Należy pamiętać, że Irak był w miarę postępowy jak na standardy innych państw islamskich np. Iranu. W Bagdadzie były dwa reprezentacyjne hotele Al.-Rashid i Palestine. Oba w bliskim sąsiedztwie. Lubiłem, po pobycie na budowie (np. miesiąc, dwa nieustannej pracy) kiedy udawałem się do Bagdadu w celach biznesowych (rozliczenia naszych faktur w Ministerstwie), pójść do takiego hotelu i spędzić chwilę w warunkach przypominających Europę. Standard hotelu był wysoki, obsługa miła, wybór dań szeroki. Jednak w restauracji i kawiarni przebywali praktycznie mężczyźni, a kobiety tylko w ich towarzystwie. Najczęściej męża, ojca lub brata. Pewnego razu stewardessa linii lotniczych Swiss Air chciała sama skorzystać z restauracji i została z niej przez obsługę hotelu wyproszona. Sama zwróciła się do mnie, czy nie może posiedzieć w towarzystwie naszym (byłem wtedy z innym pracownikiem budowy – inżynierem zatrudnionym w Instalu Łódź). Obecność jej w naszym gronie spowodowała, że została obsłużona, ale i tak kelner powiedział mi na koniec, że lepiej jeżeli na drugi raz ta pani przyjdzie w odpowiednim stroju – przynajmniej w chustce na głowie, bluzce zakrywającej ramiona i długiej spódnicy. Można tylko snuć domysły jak zostałaby potraktowana ta pani, gdyby była w mniejszych miejscowościach poza głównymi aglomeracjami.

Wracając do posiłków Arabowie, z którymi współpracowaliśmy chętnie przychodzili na nasze kolacje i obiady. Za każdym razem pytali się czy posiłek nie składa się z mięsa wieprzowego. Świnia – hansir – uważana była za zwierzę nieczyste. Myśmy z uwagi na zaopatrzenie krajowe, chłodnię którą posiadaliśmy – oferowaliśmy wieprzowinę. Jeden tak ją polubił, ale zawsze odpowiadaliśmy mu, że akel nie jest z hansiru. Odpowiadał, że doskonale o tym wie, gdyż bezbłędnie rozpoznaje różne gatunki mięsa. Na marginesie – jak może rozpoznawać gatunki skoro oficjalnie nie jadł wcześniej wieprzowiny?

Na arabskie przyjęcia chodziłem z dwóch powodów. Pełniąc funkcję kierowniczą musiałem utrzymywać kontakty, a także przez ciekawość, chęć poznania innej kultury. Kolacje (bo w takich najczęściej uczestniczyłem) także były obfite. Często organizowane były nad brzegiem rzeki (w tamtej okolicy był to Tygrys), w gajach palmowych. Podawano tradycyjne potrawy m.in. pieczonego barana – haruf. Z reguły kolacja była poprzedzona podaniem przekąsek, suszonych daktyli, orzeszków, rodzynków. Pewnego razu sięgnąłem do takich rodzynków – były duże, słodkie. Smakowały mi, więc zjadłem trochę więcej niż inni. Jeden z gospodarzy zadał mi pytanie – czy z moim wzrokiem jest coś nie w porządku, czy wzrok mi się pogorszył? Odpowiedziałem – że pracując na budowie, dużo słońca to być to wpływa na pogorszenie wzroku. Następnie gospodarz podsunął mi kolejną miseczkę z rodzynkami. Zaciekawiło mnie to i dyskretnie zapytałem się co to są za rodzynki. Otóż okazało się, że są to suszone w cukrze oczy barana. Apetyt na te rodzynki minął mi. Chociaż w smaku tak naprawdę były zbliżone do rodzynków. Obecnie w Polsce unikam kupowania rodzynek, które są znacznej wielkości – preferuję mniejsze. Pokutuje wśród Arabów pewien mit, że należy zjadać te organy zwierząt, które u człowieka w pewnym stopniu szwankują. Oczy baranie nie były specjalnie wielkim przeżyciem. Były inne bardziej „inspirujące" doświadczenia kulinarno-zdrowotne, szczególnie na Dalekim Wschodzie (o tym w innej części książki).

W czasie takich spotkań Arabowie byli bardzo otwarci, opowiadali różne anegdoty, żyli spotkaniem i liczył się ten moment, ta chwila. Niechętnie rozmawiali o biznesie. Chcieli raczej bardziej rozrywki, luźnej rozmowy niż precyzyjnej dyskusji biznesowej. Biznes był dodatkiem do rozrywki. Przed przyjazdem do Iraku, współpracowałem z firmami niemieckimi i szwajcarskimi. Na rynkach zachodnio europejskich kolacja, lunch z partnerem to (z moich doświadczeń) praktycznie kontynuacja rozmów z biura – biznes dominował. Kontrakt, umowa, obowiązki stron – to były najczęściej powtarzające się słowa. Kontakty arabskie zmieniły ten układ. Tam słowami kluczowymi były – rozrywka, zadowolenie, a jeżeli pieniądze to bardziej własne niż firmy.

Z tego względu bardzo dobrze widziane są prezenty (bakszysz). Arabowie spodziewają się większego bakszyszu (prezentu) od tych, którzy uchodzą za bogatych. Od biednych bakszysz pobierany jest w znacznie mniejszym stopniu, lub wcale. Z bakszyszem miałem spore problemy. Otóż kontrakt z kontrahentem zawarto na znaczną kwotę i Arabowie byli przekonani, że kierownictwo (w tym ja) otrzymujemy znaczną część sumy umowy. Dlatego uważali, że bakszysz powinien być sowity. Natomiast polska firma nie ma zbyt dużych możliwości manewru. Typowej łapówki (w złotówkach, czy dolarach) nie można zapłacić, gdyż pojawia się problem jak taką kwotę zaksięgować? Jest to wbrew pozorom problem, zwłaszcza w spółkach giełdowych – gdzie obowiązuje pełna przejrzystość dokumentów finansowych. Dlatego czasami nasz lekarz (który był na budowie) udzielał porad medycznych, podarował lekarstwa, wykonał drobny zabieg. Inżynierowie – mechanicy naprawili samochód, sporządzili dokumentację, np. instalacji sanitarnej, elektrycznej. Natomiast łapówek nie płaciliśmy i zdaję sobie sprawę, że być może w ten sposób utraciliśmy niektóre kolejne lukratywne kontrakty.

Ciekawa była organizacja pracy i wyposażenia biura arabskiego. Bardzo reprezentacyjnie były urządzone biura kierowników i dyrektorów. Każdy z nich miał do własnej dyspozycji osobę sprzątającą i kelnera. Nie zauważyłem, aby te funkcje pełniły kobiety. Zadaniem kelnera było podawanie kawy i herbaty. Kawa była niezwykle mocna, herbata słodka (często z kardamonem). Miałem wrażenie, że Arabowie wręcz czekali, aby ich ktoś odwiedził. Chwila na pogawędkę, wypytywanie co słychać było niewątpliwą rozrywką moich partnerów. Podawanie kawy jest pewnym celebrowaniem. Jeżeli obcokrajowiec nie wie jak odmówić kolejnej filiżanki, to może się zdarzyć, że wypije nawet kilkanaście czarek napoju. Kiedy już nie chcemy pić

– należy w prawą dłoń ująć filiżankę i wykonać kulisty ruch i wypowiedzieć słowa – hosz gała. Ruch dłonią i słowa oznaczają, że kawa była dobra, ale już dziękujemy za więcej. Gdy nie znałem tego zwyczaju wypiłem kilka filiżanek, a z opresji wyratował mnie Ali, który niekiedy towarzyszył mi w rozmowach. Widząc, że nie chcę pić, a nie potrafię odmówić sam zakończył spotkanie, a na podwórzu dopiero wyjaśnił mi zasady. Do tej pory mam awersję do kawy.

W biurze pracowały kobiety arabskie. Kontakt z nimi zawsze odbywał się przy drzwiach otwartych i w obecności (jak z podziemi zjawiającego się) Araba. Siadał i patrzył co robimy i jak rozmawiamy. Jeden z naszych pracowników (świeżo przybyłych z kraju) nieopacznie podczas pierwszego spotkania pocałował w rękę kobietę. Oczywiście ten gest został zauważony i na drugi dzień sam naczelny dyrektor budowy Jalil poprosił mnie na rozmowę i powiedział (w formie prośby, a bardziej żądania) aby takie gesty więcej się nie powtórzyły. Nasz pracownik początkowo nie mógł zrozumieć problemu, dopiero po pewnym czasie przekonał się, że takich gestów wykonywać nie wolno. Na pewno nie zaskarbi mu to sympatii męskiej części załogi.

Kolejny wniosek to rozmowy i dochodzenia do celu spotkania. Początkowo starałem się (wzorce europejskie) szybko wyjaśnić mój cel wizyty i załatwić sprawę. Błąd. Gdy tak postępowałem z reguły rozmowy kończyły się fiaskiem. Należy o celu zasadniczym spotkania rozmawiać w dalszej części. Pierwsza nawet długa część (kto wie czy nie dłuższa) to rozmowa zupełnie nie związana z tematem wizyty. Ja zawsze starałem się rozmawiać po arabsku. Tak jak wspomniałem była to mało poprawna forma, zwroty codzienne, które być może były powszechnie znane, często wyrażenia gwarowe (typowe dla klanu), ale wzbudzałem zainteresowanie i nawet chęć kontynuowania dialogu. Sądzę, że też tak postąpiłby Polak, kiedy w jego biurze zjawiłby się Arab, który rozpocząłby rozmowę w potocznym języku polskim z typowymi naleciałościami charakterystycznymi, np. dla Warszawy czy Śląska. W Ministerstwie Finansów w Bagdadzie mój rozmówca (w czasie pierwszym naszych wizyt) zawsze przywoływał innych pracowników, aby zobaczyli „dziwnego" Polaka, który tak mówi po arabsku. Przyjmowałem tego typu zachowania z pokorą i całkiem świadomie. Zdawałem sobie sprawę, że jestem swoistą atrakcją. Ale za to rozliczenia mojej budowy były sprawnie przeprowadzone i zawsze udało mi się otrzymać w terminie zapłatę. Inni mieli z tym koszmar. Nawet teraz jak rozmawiam z przedstawicielami firm międzynarodowych (w których pracowałem) i podkreślałem swoje doświadczenia nikt mi do końca nie wierzył. Na przykład Szwedzi, Finowie (którzy także wcześniej prowadzili rozliczenia finansowe w krajach arabskich) przyznawali się, że tracili szybko cierpliwość. Rezygnowali z części wynagrodzenia bo nie byli w stanie prowadzić w ten sposób narzuconych rozmów. Ja też miałem swoją taktykę prowadzenia. Kiedy Arab był już po wstępnych dywagacjach i można było przystąpić do omawiania celu wizyty często przedłużałem rozmowy. Starałem się, aby to partnerowi bardziej zależało na wyjaśnieniu problemu, ale korzyści były również po mojej stronie. Tak się zdarzyło kiedy długo dyskutowaliśmy o wysokości kursu walutowego po jakich ma zostać rozliczona faktura. Oryginalnie wystawiałem ją w dinarach irackich. Te dinary należało przeliczyć na dolary i przesłać przez bank korespondencyjny na rachunek naszej firmy do kraju. Jaki kurs wybrać, średni czy może sprzedaży lub kupna. Wiadomo, że kurs kupna jest większy niż kurs sprzedaży. Przy dużych kwotach nawet drobna różnica kursowa powoduje znaczne wahania sumy faktury. W rozmowach Arab zaproponował, że on sprzedaje mi dolary, a w związku z czym kurs jest dla niego korzystny. Nie skomentowałem tego, tylko zapytałem się jak się czuje jego ciotka. Arab swoje, że to on mi sprzedaje dolary – to zapytałem o zdrowie wujka. I tak prawie (a rodziny arabskie są liczne) dowiedziałem się o zdrowiu prawie wszystkich w rodzinie. Wreszcie Arab zapytał jaka jest moja propozycja. I powiedziałem, że to ja jemu sprzedaję dinary, a że dolar jest walutą rozliczeniową to kurs siłą rzeczy musi być wyższy. I to dużo wyższy. Teraz to Arab zaczął mnie pytać o zdrowie mojej ciotki, następnie brata itd. Kiedy doszliśmy to wujka – odpowiedziałem, że niestety umarł bo czekał na przelew z banku arabskiego i nie mógł ustalić kursu. Arab się uśmiechnął, zaczęliśmy pić herbatę i po dalszych (ale już niedługich sporach) przystał na moją propozycję. Ja niestety musiałem kurs trochę obniżyć.

Moi przełożeni w Polsce byli bardzo zdziwieni, gdyż każda faktura opiewała na kilka tysięcy USD więcej niż byłaby wyliczona na podstawie kursu średniego. Targowanie, zbijanie ceny jest moim zdaniem bardzo typowe dla tego rynku. Targowane jest traktowane jako pewna sztuka poznania siły woli, cierpliwości, argumentacji przeciwnika, a nawet pewnej tolerancji. Pojawiają się niekiedy żarty, zabawne sytuacje i można to nieraz ująć w ramy spędzenia czasu na nieformalnym podejściu do biznesu. Takiej formy trzeba się nauczyć i zaakceptować.

Bardzo trudnym do zrozumienia jest system prawny. Faworyzowani są mężczyźni i miejscowi. Miałem dwa przypadki kontaktu z wymiarem sprawiedliwości. Jeden dotyczył wyjaśnienia utonięcia naszego pracownika w Tygrysie. Zbliżał się ramadan, Arabowie przygotowywali się do święta i zakończyli wcześniej pracę. Dwóch pracowników postanowiło się wykąpać w Tygrysie. Rzeka ta jest bardzo niebezpieczna i swoją nazwę (podaję na podstawie rozmów z Irakijczykami) zawdzięcza podobieństwu do tygrysa. Tak samo jak ten drapieżnik jest niebezpieczna i atakuje niespodziewanie bez ostrzeżenia. Rzeka wydaje się spokojna, ale pod leniwym nurtem czyhają niebezpieczne prądy, wyrobiska. Corocznie topi się w niej minimum kilkudziesięciu Arabów – znających rzekę i umiejących pływać. W czasie mojego pobytu media irackie donosiły, że Saddam Husajn przywódca kraju przepływa tę rzekę. Wydarzenie jest przedstawiane jako dowód na odwagę prezydenta. Płynie w towarzystwie licznej obstawy. Na podstawie kuluarowych rozmów z miejscowymi Arabami, wynikało, że rzeka ta nie była Tygrysem a o wiele bezpieczniejszym Eufratem. Płynął nie prezydent a jego sobowtór. Wchodząc do rzeki Tygrys w pewnym stopniu ryzykujemy. Wydaje się, że jesteśmy nawet bardzo blisko brzegu, gdzie jest płytko – nurt porywa i wciąga w głębinę, a ciało wypływa daleko od miejsca utonięcia. Niestety tak się stało z jednym z naszych pracownikiem. Z opowiadań wynikało, że był blisko brzegu, woda sięgała do kolan i nastąpiła tragedia. Ciało znaleźliśmy dopiero po kilku dniach ok. 20 km od miejsca, w którym pracownik wszedł do wody. Zwłoki zostały wysłane do Polski przez specjalistyczną firmę Bongo. Zanim to jednak nastąpiło, przeszliśmy bardzo długą procedurę administracyjną, w tym postępowanie sądowe. Część procedury, np. z pracownikami firmy Bongo, odbyła się niezwykle sprawnie. W tej części upadł niejako mit długotrwałych, zajmujących i niepotrzebnych czynności administracyjnych w krajach arabskich. Można stwierdzić, że jeśli Arabowie chcą to mogą bardzo sprawnie współpracować i zupełnie bezinteresownie. Natomiast sąd miał szereg wątpliwości. Pierwsza dotyczyła wyjaśnienia – czy to była śmierć w wyniku nieszczęśliwego wypadku czy też może było to zabójstwo, a morderca wrzucił ciało do rzeki. Obdukcja lekarska wskazywała na niekorzystny zbieg okoliczności bez udziału osób trzecich. Sędziego to nie przekonało i ode mnie, jako osoby w pewnym stopniu odpowiedzialnej za funkcjonowanie naszego biura, kontaktów z administracją lokalną, wymagał dostarczenia dowodów, że utonięcie było wynikiem wypadku, a nie morderstwa. Do Kirkuku, gdzie mieścił się sąd musiałem jeździć wielokrotnie i dostarczać wymagane dokumenty. Jednym z nich były oświadczenia pracowników, że nie popełnili przestępstwa. Sędzia żądał tłumaczenia tych dokumentów z angielskiego (ja mogłem napisać oświadczenie po angielsku) ale ktoś musiał to przetłumaczyć na arabski. Osoba wskazana pochodziła z klanu sędziego. Miała więc spore źródło dochodów – gdyż oświadczenia złożyła duża grupa pracowników. Następnie sędzia (chociaż doskonale mówił po angielsku), wymagał, aby każda rozmowa odbywała się za pośrednictwem tłumacza – wskazanego przez sędziego też z własnego klanu. Moich tłumaczy (w pewnym sensie zaufanych) nie mogłem wykorzystać, gdyż sędzia ich nie akceptował. W dobrym tonie było dostarczenie sędziemu podarunku. Drobne rzeczy też go cieszyły, ale później wskazywał co chce otrzymać. Mówił, że zepsuł się mu generator do lodówki i potrzebuje nowego. Musiałem dostarczyć takie urządzenie. Nie dawałem tego osobiście, tylko przez łańcuszek pośredników. Po wręczeniu podarunku sprawy nabierały tempa.

Pewnego dnia przybyłem do Kirkuku wcześniej i miałem szansę przysłuchiwania się rozprawie o morderstwo. Mąż zabił żonę. Rozprawa była w języku arabskim. Sam nie wszystko rozumiałem i korzystałem z tłumacza. Wina męża wydawała się bezdyskusyjna. Wyrok i uzasadnienie wyroku było trudne do zrozumienia. Nadal jestem przekonany, że być może to tłumacz nie do końca wiernie oddał sytuację i tym samym wprowadził mnie w błąd. Otóż wyrok był uniewinniający. Uzasadnienie – w czasie zabójstwa wiał nieprzyjemny pustynny wiatr hasim, który, tak jak u nas halny, może czasami powodować rozdrażnienie co jest powodem wyjątkowych okoliczności łagodzących. Dodatkowo też rodzina oskarżonego zapłaciła dość dużą nawiązkę rodzinie żony.

Podobnie zdziwiłem się wyrokiem sądu w Mosulu. Jeden z naszych kierowców jadąc drogą – z przepisową prędkością (obawa przed policją i ewentualnym więzieniem w Abu Graib) – zderzył się z dzikim osłem. Osioł nie wiadomo dlaczego wtargnął na jezdnię. Samochód nie był mocno uszkodzony, a zwierzę też nie doznało wyraźnego uszczerbku. Miało złamaną przednią nogę. Mieliśmy świadków, którzy potwierdzali naszą wersję wydarzeń. Czyli – samochód jechał prawidłowo, a zwierzę wbiegło na jezdnię. Zjawił się właściciel tego osła i w konsekwencji sprawa trafiła do sądu. Miałem też wrażenie, że właściciel na to czekał. Wyrok był jednoznaczny i niekorzystny dla nas, mimo, że wszystkie okoliczności przemawiały na naszą korzyść. Ponieśliśmy bardzo dużą karę finansową. Można było za to chyba kupić kilka takich osłów. Uzasadniając wyrok, sędzia powiedział, że kierowca nie popełnił co prawda wyraźnego wykroczenia, nie złamał przepisów, ale gdyby nie przyjechał do Iraku nie doszło by to do takiego wypadku. W związku z czym bezsporną winą jest sam przyjazd kierowcy do Iraku. W tym procesie uczestniczyłem od początku do końca – i ewentualnego błędu tłumaczenia nie było.

Wspomniane więzienie Abu Graib cieszyło się w Iraku ponurą sławą. Ugruntowali ją jeszcze Amerykanie kiedy po wygranej wojnie wykorzystywali ten ośrodek jako obóz dla terrorystów. Zdarzyło mi się odwiedzać Polaków przetrzymywanych w czasie mojego pobytu w tym więzieniu. Jeżeli więzień nie otrzymuje pomocy od rodziny lub znajomych jego sytuacja znacznie się pogarsza. Strażnicy i władze więzienia pomoc rodziny uzasadniają postawą samego osadzonego. Jeżeli był dobry dla rodziny (klanu) to może liczyć na jej pomoc. Jeżeli zły to taka pomoc mu się nie należy i tym samym nie nadaje się do życia w danej zbiorowości. Ewentualną pomoc może też otrzymać od współwięźniów, jeżeli zaskarbi sobie ich życzliwość. Dlatego też ze wszech miar apelowałem do swoich współpracowników o przestrzeganie miejscowego prawa, zwyczajów. W czasie mojego pobytu żaden z pracowników zatrudnionych na kontrakcie nie trafił do miejscowego więzienia. Wspominana sprawa nieszczęśliwego wypadku (utonięcie w Tygrysie) zakończyła się otrzymaniem satysfakcjonującego nas wyroku sądowego – brak udziału osób trzecich w zdarzeniu.

Bardzo ważną funkcję w życiu społecznym w krajach arabskich pełni suk. Jest zwykle traktowany jako miejsce zakupów – targ, rynek. W każdym większym mieście znajduje się taki targ. Niejednokrotnie tradycje handlowe suku mają wiele stuleci. Mieszczą się w zabytkowych budynkach i zajmują znaczną powierzchnię. Funkcja suku to nie tylko miejsce zakupów czy to detalicznych czy też hurtowych. Towarów jest dużo, bardzo różnych, z importu i produkcji miejscowej. Miejsca do handlu są wydzielone tematycznie. W jednej części są artykuły żywnościowe, w drugiej przyprawy, tekstylia, odzież, obuwie, złoto itd. Suk nie jest anonimowy. Wszyscy sprzedawcy doskonale się znają, wiedzą kto co sprzedaje i oferuje, nie tylko na tym konkretnym bazarze, ale w całym mieście. Klient mimo pozornego gwaru, tłoku jest cały czas obserwowany – mimo, że nie ma kamer i ochrony. Każda próba złodziejstwa jest szybko uchwycona. Towary niby pozostają bez ochrony – „wylewają" się na ulicę. Suk zawsze jest pełen ludzi. Miejscowi mieszają się z turystami i obcokrajowcami. Z jednej strony jest to folklor, a z drugiej możliwość dotarcia do bogatej oferty handlowej. Zwiedziłem większość suków w Iraku. Największe są w dużych miastach, tj. Bagdadzie, Mosulu. Suk pełni rolę miejsca spotkań towarzyskich, wymiany informacji, centrum kształtowania opinii społecznych, politycznych. Na takich właśnie bazarach Arabowie czują się niezwykle swobodnie, wymieniają poglądy i wyrabiają wspólne stanowisko. Gdyby teoretycznie zniknęły tego typu miejsca w krajach arabskich, życie mieszkańców uległoby zasadniczym zmianom. Arabowie zostaliby wyalienowani, a życie towarzyskie ograniczone.

Blisko suku znajduje się meczet. Wierni mają ułatwione praktyki religijne. Suk też oferuje szeroką gamę restauracji, w których potrawy przyrządzane są ze świeżych produktów. Dlatego osoby ceniące dobre jedzenie – licznie odwiedzają suki. W Dohuku i Sulejmanii (w północnej części Iraku) zamieszkanej przez społeczność kurdyjską suki były mniejsze, usytuowane w centralnej części miast, wykorzystując naturalne ukształtowanie terenu. Między poszczególnymi kramami były dość wyraźne różnice poziomów. Na tych bazarach Kurdowie, którzy popierali klan Talabanich lub Barzanich spotykali się i omawiali działania polityczne, wystąpienia przeciwko władzy. Spotkania dla służb specjalnych były trudniejsze do wykrycia, gdyż pobyt na bazarze był swoista normą, powszechnym zwyczajem. Dziwniejszym byłoby, gdy Kurd nie przychodzi na suk. W plątaninie uliczek, stoisk, kramów zawsze łatwiej jest się skryć miejscowym. Obcy jest szybko widoczny i wszystkich łatwo jest ostrzec. Nawet bardzo srogi reżim Saddama Husajna nie mógł sobie poradzić z partyzantką kurdyjską, która funkcjonowała w północnej części Iraku i często przenikała przez granicę do Turcji.

Na suku można zaczerpnąć wielu informacji dotyczących nie tylko samego handlu, ale polityki, gospodarki w znaczeniu makroekonomicznym. Ja np. dowiadywałem się na suku w Bagdadzie z kim najlepiej jest rozmawiać w poszczególnych ministerstwach odnośnie, np. płacenia faktur, złożenia oferty. Podobnie było w Kirkuku gdzie otrzymywałem wizy wyjazdowe dla naszych pracowników. Jeden z handlujących na bazarze skierował mnie do człowieka swojego klanu i dzięki temu nawiązałem pierwsze kontakty. Na targu w Dohuku udało mi się uzyskać informację, gdzie mogę naprawić samochód. Mitsubishi, którym podróżowałem miał uszkodzony resor. Kurdowie skierowali mnie do określonego warsztatu, w którym sprawnie dokonano naprawy. Na suku Kurdowie okazali się bardziej otwarci. Otwarcie mówili o braku własnego państwa mimo, że są tak licznym narodem. Na budowie również byli zatrudnieni Kurdowie, ale nigdy takiego tematu nie poruszyli. Tłumaczę to tym, że nie czuli się zbyt bezpiecznie, a u siebie na targu mogli sobie pozwolić na większą otwartość i szczerość.

Na suku nauczono mnie jak wystrzegać się oszustów walutowych. Zdarzało się czasami Polakom wymienić dolary na miejscowe dinary. Kurs takiej wymiany był wyższy niż w banku. Pokazano mi sztuczkę jaką wykonują uliczni oszuści. Osoba podchodziła i proponowała wymianę – oferowała bardzo dobry kurs. Taka praktyka była oficjalnie zabroniona. Oszust podchodził, wręczał odliczoną sumę i otrzymywał dolary. Zwykle chodziło o wymianę 100 USD. Po otrzymaniu banknotu dalej prowadził rozmowę i na naszych oczach składach banknot w kostkę. Upewniwszy się, że wszystko widzimy – ostrzegał nas przed policją i wręczał tę kostkę żądając w zamian ustalonej wcześniej sumy dinarów. Oferent znikał, a po rozwinięciu okazywało się, że mamy banknot jednodolarowy zamiast studolarowego. Żadnej policji oczywiście nie było, a oszust zyskiwał 99 USD. Praktyka nastawiona była na łatwowiernych turystów i zatrudnionych w Iraku obcokrajowców. Kurdowie odegrali ze mną taką scenę. Nawet uprzedzony wcześniej o całym przebiegu zdarzenia, stwierdziłem, że bardzo łatwo jest oszukać drugą osobę. Ostrzegałem potem wszystkich współpracowników.

Kilka istotnych różnic kulturowych. Pierwsza dotyczy zmiany kalendarza. Najważniejszym dniem tygodnia jest piątek. Odpowiada w naszej terminologii niedzieli. Pracownicy mają z reguły dzień wolny. Niedziela jest normalnym dniem pracy. Druga kwestia to stosunek do psów. Arabowie niechęcią darzą to zwierzę. Nie zaobserwowałem, aby w parkach czy na spacerach w dużych miastach Arabowie wychodzili z psami. Psy są i jest ich dużo, ale bezpańskie. Żywią się odpadkami, mieszkają w pobliżu osiedli, a niekiedy stwarzają zagrożenie. Psy są duże, żyją stadnie. Małe jednostki nie są w stanie w takich warunkach funkcjonować, w związku z czym przeżywają największe osobniki. Są one wielkości owczarka. Zdarzały się przypadki zaatakowania przez psy naszych kierowców ciężarówek, kiedy o zmroku zatrzymywali pojazd. Dlatego lepszym rozwiązaniem były konwoje. Kilka pojazdów razem wyruszało w trasę co zmniejszało znacznie ryzyko. Psy wychodziły na żer nocą, w dzień chowały się w wyschniętych korytach rzek. W czasie pory suchej, bardzo liczne na terenach stepowo-pustynnych są zagłębienia terenu. Stanowią one bardzo dobrą kryjówkę dla różnych zwierząt. Policja i wojsko czasami robiła ćwiczenia strzelając do psów i dzików – jako „nieczystych zwierząt". W czasie pory deszczowej zagłębienia terenu szybko wypełniały się wodą. Pustynia (właściwie półpustynia – gdyż cały rok rosły na tym terenie krzewy i mizerne rośliny), kiedy spadł deszcz bardzo szybko pokrywała się dywanem kwiatów. Pojawiały się pszczoły i to był bardzo piękny widok. Tym bardziej kolorowy, gdyż większość czasu byłem przyzwyczajony do kolorów szarych i żółtych. Monotonia.

Duże wrażenie pozostawiały wyprawy na północ – do Kurdystanu. Jedna z nich, do wodospadów Gali Ali Bek, spowodowała zmianę mojego zdania na temat roślin i kolorów. Północ jest chłodniejsza, obfituje w wodę i ma więcej roślinności, w tym lasów. Konfrontacja jednostajnych kolorów pustyni i zielonych obszarów powoduje odkrycie piękna innych kolorów. To samo chyba dotyczy także Arabów. Cenią sobie piękno terenów leśnych, drzew. W swoich domach na południu Iraku, w części ogrodowej starają się stworzyć teren relaksu z drzewami i roślinami. Lubią cień naturalnych drzew.

Pewnego dnia zostałem zaproszony do domu arabskiego. Kobiet nie widziałem, a nocleg zaproponowano mi na dachu domu. Noc jest przyjemna, chłodniej było na zewnątrz niż w domu. Dachy są płaskie i można wygodnie spać. Gospodarz zabrał mnie też na polowanie z sokołem. Dla mnie nie była to specjalnie wielka przyjemność, ale gospodarz bardzo przeżywał każdy lot swojego ulubieńca. Opowiadał mi, że wcześniej na takie polowania jeżdżono konno, był to sport wyłącznie dla dobrze urodzonych Arabów. Na to polowanie pojechaliśmy samochodami terenowymi. Trofeum okazał się mały lis pustynny.

3

Rola Chin w rozwoju Hongkongu

3.1. Początkowe lata współpracy Chin i Hongkongu

Chiny są trzecim, co do wielkości terytorium, krajem świata (po Rosji i Kanadzie), największym pod względem liczby ludności, ale są także (o czym często się zapomina i nie podkreśla) państwem o najdłuższej nieprzerwanej (ciągłej) historii państwowości. Już w okresie lat 2200–1700 p.n.e. istniała dynastia Xia. W tym czasie w Europie dominują luźne powiązania grupowe (plemienne) bez wyraźnych związków o charakterze państwowości. Dynastię Xia można porównywać z władzą faraonów w Egipcie, kiedy to w latach 2575–2134 p.n.e istniało tzw. Stare Państwo [Haywood J., Catchpole B., Hall S., Barratt E., 2000]. Kolejne dynastie Shang, Zhou, Qin, Han, Sui, Tang, Song, Yuan, Ming oraz mandżurska Qing (przypadająca na lata 1644–1911) obfitowały w burzliwe okresy, załamania gospodarczego, ale nie doprowadziło to do utraty państwowości.

W tym okresie Chiny osiągnęły duże sukcesy w odkryciach naukowych (m.in. sejsmograf, kompas, ruchome czcionki, produkcja jedwabiu, zegary oparte na przepływach wody, proch strzelniczy, sztuczne ognie itd.). Rozwinęła się sztuka, poezja, kaligrafia, malarstwo. W okresie dynastii Tang rozkwitła poezja, ponieważ dwór cesarza finansował autorów. Zbiór wierszy z tego okresu liczy ok. 65 tysięcy utworów stworzonych przez ponad 2500 poetów. Chińscy uczeni najwcześniej w świecie zaobserwowali przylot komety Halleya (475 rok p.n.e). Chiny niewątpliwie posiadały więc podstawy do tego, aby być dumnym ze swoich osiągnięć. Starały się w pewnych okresach także izolować od tzw. barbarzyńskiego świata. Z drugiej jednak strony nawet zajęcie Chin przez najeźdźców mongolskich i utworzenie w latach 1279–1368 dynastii Yuan nie spowodowało utraty tożsamości chińskiej. To raczej Mongołowie ulegli wpływom i kulturze Chin. Fakt ten ma wpływ na poczucie dumy Chińczyków i niekiedy bardzo delikatne podkreślanie własnej odrębności i osiągnięć zdobytych na przestrzeni wieków.

Chińskie problemy w czasie drugiej wojny światowej, walce o niepodległość ChRL, rewolucji kulturalnej spowodowały znaczne straty gospodarcze. Polityka zwyciężyła nad gospodarką. Dopiero po śmierci Mao Zedonga w 1976 roku wprowadzono politykę zmian opartą na rozwiązaniach gospodarki rynkowej. Nowy pogląd na gospodarkę (odejście od rozwiązań typowych dla gospodarki centralnie planowej, socjalistycznej czy wręcz komunistycznej) zainicjował Deng Xiaoping.

Chiny nie są krajem jednolitym pod względem narodowościowym. Największą grupę stanowią Han uważani za typowych mieszkańców kraju środka. Oprócz tej najliczniejszej grupy jest oficjalnie uznanych 57 mniejszości. Następną liczną grupę, ok. 20 mln, stanowią Czuangowie, dalej dość licznie zamieszkują w Chinach Ujgurzy, Kazachowie, Kirgizi, Naxi, Bai, Miao i inni.

Zasoby węgla, żelaza, miedzi, aluminium, wolframu, cyny, cynku, molibdenu, ołowiu oraz rtęci należą do najbogatszych na świecie. Wśród nich zasoby węgla liczą 1007 miliardów 100 milionów ton i rozmieszczone są głównie w północnej części Chin, zwłaszcza w prowincji Szangxi i Regionie Autonomicznym Wewnętrznej Mongolii. Zasoby rud żelaza liczą 46 miliardów 350 milionów ton, występują one w północno-wschodniej, północnej i południowo-zachodniej części Chin. Również bogate są zasoby ropy naftowej, gazu ziemnego, fosforu i siarki. Ropa naftowa rozmieszczona jest głównie w północno-wschodniej i północnej części Chin i na szelfach morskich we wschodniej części Chin. Chiny mają również największe na świecie zasoby lantanowców będące minerałem towarzyszącym rudom żelaza to [www.polish.cri.cn/1/2003/09/29/2@800.htm. 2010-03-02].

Chińskie rezerwy walutowe będą odgrywały znaczącą rolę w kształtowaniu trendów na rynkach finansowych w najbliższych latach. W ostatnich dniach było o nich znów głośno, gdy Ludowy Bank Chin ogłosił, że jego rezerwy złota wzrosły do prawie 1100 ton. Warto się bliżej zastanowić nad losem 1,95 biliona USD zdeponowanych w chińskim skarbcu. Prawie dwa biliony dolarów, będące w posiadaniu Ludowego Banku Chin, oczywiście jedynie w niewielkiej części znajdują się w jego sejfie. Zgromadzone złoto, warte jest ok. 30 mld USD i stanowi jedynie 1,5% rezerw. Pozostałą część stanowią różne aktywa ulokowane za granicą, z czego 65% udział mają papiery denominowane w dolarach. 85% z nich (1,2 biliona USD) stanowią obligacje rządu amerykańskiego. Rezerwy LBC przez wiele lat systematycznie przyrastały na skutek sztucznie zaniżonego sztywnego kursu juana, służącego do subsydiowania eksportu. Choć chińskie rezerwy są największe na świecie, w podobnej sytuacji znajduje się Japonia z bilionem rezerw (z czego dwie trzecie ulokowane są w obligacjach skarbowych USA) oraz w mniejszej skali inne kraje azjatyckie (Korea i Indie mają razem 500 mld USD, Malezja 90 mld USD). Jednak tylko Państwo Środka ma dość politycznej niezależności od Stanów Zjednoczonych, by podjąć jakieś kroki i zaradzić tej niebezpiecznej sytuacji. Dlatego na nim skupia się uwaga obserwatorów międzynarodowego rynku finansowego [www.finanse.egospodarka.pl/40380,Rezerwy-walutowe-Chin-a-problem-dolara,1,48,1.html.2010-02-03].

Chiny są bardzo ważnym państwem pod względem udziału w międzynarodowym handlu zagranicznym. Posiadają stały dodatni bilans obrotów handlowych, co jest istotnym źródłem zasobów dewizowych tego państwa. W roku 2009 eksport Chin wyniósł blisko 1,43 bln USD, a import niespełna 1 bln USD. Najważniejsze towary eksportowe to maszyny i sprzęt prawie 11% całkowitych dostaw na rynki zagraniczne, odzież niespełna 10%, tekstylia 6%. Po stronie importu maszyny 26% ropa naftowa 11%, surowce mineralne 11%. Podstawowym rynkiem zbytu pozostają od lat USA (prawie 20% całego eksportu) Hongkong 16%, Japonia 8%. Główni importerzy to Japonia 15%, Korea Południowa 11%, Tajwan 11%, USA 8%.

Chiny swoją potęgę gospodarczą zawdzięczają umiejętnej polityce makroekonomicznej. Jednym z sukcesów i wzorów były kontakty z Hongkongiem, który został ponownie przejęty w 1997 roku. Początki współpracy były trudne, gdyż warto podkreślić iż mieszkańcy tego regionu w przeważającym stopniu wywodzili się z uciekinierów, wrogo nastawionych do macierzystego kraju. Hongkong praktycznie z bezludnej wyspy stał się bardzo silnym gospodarczo rejonem, który oddziałuje na globalną gospodarkę. Początki były bardzo trudne. W 1841 roku Hongkong został przejęty przez Wielką Brytanię jako miejsce do prowadzenia bezpiecznego handlu z Chinami. Dotychczasowe próby wykorzystania chińskich portów nie powiodły się. Brytyjczycy próbowali w Kantonie znaleźć przyczółek do swoich interesów - głównie handlu opium i jedwabiem. Po decyzji cesarza udali się do Hongkongu, który oferował najlepszy pod względem bezpieczeństwa (groźba tajfunów od lipca do września) naturalny port w pobliżu granic chińskich. Wyspa Hongkong nie była zamieszkana. Na południowej stronie w pobliżu obecnej miejscowości Aberdeen żyło ok. 200 osób. Nie było tam żadnych bogactw naturalnych. Żywność, w tym wodę, należało importować. Hongkong swoje pierwsze sukcesy gospodarcze budował na handlu zagranicznym. Tradycyjnie na rynek Chin dostarczano opium, a importowano jedwab i metale szlachetne. Drugi gubernator kolonii Sir John Davis w swoich sprawozdaniach do Londynu podkreślał, że wyspa nie nadaje się do upraw rolniczych ani do rozwijania produkcji przemysłowej. Jest jedynie dobrym miejscem pośrednictwa handlowego [Governor's Dispatches, 1992]. Zdaniem gubernatora idealnym rozwiązaniem byłoby utrzymanie tego miejsca jako wolnego obszaru celnego, ze swobodnym dostępem dla wszystkich kupców. Dużym impulsem było odkrycie złota w Kalifornii i Australii. Wówczas Hongkong stał się ważnym portem tranzytowym między Europą, Azją i Ameryką. Dodatkowym sprzyjającym impulsem (1867 rok) było otwarcie Kanału Sueskiego. Hongkong stał się jednym z ważniejszych portów w Azji.

Tabela 21. Liczba oraz tonaż statków (DWT) przybyłych do Hongkongu w latach 1841-1900

Rok	Liczba statków	Tonaż
1841	232	83000
1870	780	289446
1880	1345	1123122
1890	3210	1489766
1900	4700	2813424

Źródło: opracowanie na podstawie: *Administrative Reports. Hongkong*. Government Press. 1991.

W latach 1841–1900 nastąpił dynamiczny wzrost liczby statków przybyłych do Hongkongu. Szczególnie szybko zwiększyła się liczba między rokiem 1860–1900, wzrost blisko czterokrotny, a tonaż pięciokrotnie. W latach 1840–1900 Chiny przeżywały poważne problemy wewnętrzne oraz zbrojne interwencje państw zachodnich, domagających się dostępu do portów. Hongkong pod administracją brytyjską gwarantował bezpieczeństwo prowadzenia wszelkiej działalności, w tym przede wszystkim pośrednictwa handlowego. Na podstawie dwóch traktatów (pierwszy z roku 1858 tzw. *Treaty of Tsiensin*, Wielka Brytania przejęła półwysep Kowloon). Krok ten pozwolił kupcom na swobodny dostęp do portów w dorzeczu rzeki Perłowej. Drugi traktat z roku 1898 potwierdził na 99 lat dzierżawę dalszych terenów (tzw. Nowych Terytoriów - 400 mil kwadratowych). Tym samym całkowita powierzchnia kolonii wyniosła 1018 mil kwadratowych. W początkowych latach (a także następnych) podstawą funkcjonowania Hongkongu było pośrednictwo handlowe z Chinami. Należy podkreślić, że obie strony - kolonia brytyjska i Chiny - politycznie były sobie przeciwstawne, ale wymianie gospodarczej fakt ten wcale nie przeszkadzał. Świadczą o tym przytoczone w tabeli 22 dane.

Na podstawie zawartych w tabeli danych uzasadnionym jest następujący wniosek - rozwój, a w zasadzie funkcjonowanie Hongkongu uzależnione było od wymiany handlowej z Chinami. Do roku 1920 prawie 60% eksportu pochodzącego z kolonii było kierowane na rynek północnego sąsiada. Po tym okresie udział eksportu na ten rynek ulega co prawda obniżeniu, ale nadal stanowi on podstawowy kierunek dostaw. Jedynym okresem większego spadku eksportu był rok 1939 i 1948 kiedy to eksport do Chin wynosił odpowiednio 16,9% i 17,7% całości wywozu z kolonii brytyjskiej.

Lata powojenne oznaczały dla Chin tworzenie struktur nowego państwa, natomiast ponownie Hongkong pozostawał bezpiecznym terytorium. Dowodem jest wartość całkowitego eksportu. W 1939 eksport z Hongkongu wyniósł 533 mln HK$ i był większy o 21 mln HK$ niż w 1937 roku. Natomiast w 1948 roku, ogólny eksport Hongkongu znacznie się powiększył osiągając pułap 1583 mln HK$. Warto podkreślić, że przed-

Tabela 22. Wymiana handlowa Hongkongu z Chinami w latach 1860–1950 (mln HK$)

Rok	Eksport do Chin	Eksport Ogółem	Import Ogółem	% eksportu do Chin	% importu do Chin
1845	35	72	81	51	12
1865	52	86	111	61	15
1885	76	92	154	49,3	21,6
1900	93	121	133	69,9	33,6
1920	130	210	340	61,9	34,2
1931	299	547	737	52,8	27
1932	280	472	624	59,3	27
1933	227	403	501	56,3	30,9
1934	156	325	416	48	35,1
1935	133	271	365	49,1	33,7
1936	150	351	452	42,2	33,6
1937	190	467	617	40,7	34,2
1938	231	512	618	45,1	37,7
1939	90	533	595	16,9	37,6
1940	155	622	753	24,9	34,1
1945	301	766	933	39,3	35,1
1947	265	1217	1550	21,8	24,3
1948	280	1583	2077	17,7	20,7
1949	585	2319	2750	25,2	21,5
1950	1460	3716	3788	39,3	22,7

Źródło: *Hong Trade Statistics*. Hongkong Trade Development Council. Hongkong 1992.

siębiorcy z kolonii dużo importują z Chin. Udział importu z terytorium północnego sąsiada w omawianym okresie wahał się w przedziale 12%–37,7%. Dodatkowo kolonia posiadała ujemne saldo w obrotach handlu zagranicznego.

Wraz z rozwojem handlu w Hongkongu zaczyna powoli (mimo niesprzyjających warunków – brak terenów, surowców, wykształconej kadry) rosnąć liczba zakładów produkcyjnych. Powstawały podmioty gospodarcze początkowo związane z usługami morskimi, portowymi, a także firmy świadczące usługi na potrzeby lokalnej społeczności. Dzięki napływowi ludności, w tym uciekinierów przed władzą komunistyczną w Chinach, Hongkong przeistacza się w duże miasto.

Na popularność imigracji do kolonii wpłynęły dwa czynniki:
1. w przeciwieństwie do Chin, gdzie toczyła się wojna domowa, Hongkong gwarantował bezpieczeństwo,
2. możliwość znalezienia pracy z uwagi na znaczenie kolonii jako portu tranzytowego i usługowego dla handlu zagranicznego.

Tabela 23. Liczba ludności Hongkongu w latach 1845–1920

Rok	Liczba w tysiącach
1845	20
1865	63
1885	111
1900	200
1910	350
1915	490
1920	587

Źródło: *Report on Civilian Censuses*. Hongkong Government Press. Hongkong, 1956.

Prawie 98% napływowej ludności pochodziło z terytorium Chin Południowych. Wystąpił zatem dodatkowy sprzyjający czynnik. Imigranci posługiwali się tym samym dialektem chińskim, znacznie odbiegającym od dialektu mandżurskiego obowiązującego na północy kraju. Nowi mieszkańcy nie odczuwali bariery kulturowej. Taką barierę, w latach 60. XX w., napotkali np. Wietnamczycy, którzy masowo przybywali do Hongkongu po zakończonych działaniach wojennych. Ponadto sami Chińczycy przełamali psychologiczną barierę uniemożliwiającą akceptację zwierzchnictwa Wielkiej Brytanii i osiedlanie się w kolonii.

Tabela 24. Liczba zarejestrowanych zakładów produkcyjnych oraz robotników w Hongkongu w latach 1900–1951

Rok	Liczba zakładów	Liczba robotników
1900	800	30000
1920	972	51338
1940	1266	63873
1949	1246	81571
1950	1752	91986
1951	1961	95207

Źródło: *Labour Department Reports*. Hongkong Government Press. Hongkong, 1956.

W latach 1900–1951 systematycznie wzrasta liczba zakładów produkcyjnych. W 1900 roku było ich zaledwie 800, a w 1951 roku 1961. Także zwiększyła się liczba zatrudnionych robotników - odpowiednio z 30 000 do 95207. Powstające zakłady były stosunkowo niewielkie zatrudniały od kilku do kilkunastu pracowników. Najważniejszym zakładem dającym pracę prawie 16% wszystkich zatrudnionych była stocznia. Prowadzono w niej jednak głównie prace remontowe, a nowe jednostki wodowano relatywnie rzadko. Produkcja miejscowych zakładów była przeznaczona na rynek lokalny. Odnotować jednak należy powstanie także kilku dużych podmiotów, których wyroby trafiały na rynki eksportowe. Takim przykładem może być powstanie w 1890 roku Green Island Cement Company zatrudniających 4000 pracowników, czy też Rennie Flour Mills przerabiającej 10 000 ton mąki miesięcznie. Miejscowy rząd prowadził aktywną politykę na rzecz rozwoju infrastruktury. Początek działań był związany z powstaniem wygodnego i bezpiecznego portu. Kolejne kroki to:

- ustanowienie regularnej żeglugi promowej między wyspą Hongkong a półwyspem Kowloon (1898 rok);
- elektryfikacja oraz powstanie tras komunikacyjnych (tramwajowych i autobusowych). Prace zakończono w 1904 roku. Linie tramwajowe wyznaczone ponad 100 lat temu nadal funkcjonują w Hongkongu;
- powstanie lotniska Kai Tak w 1924 roku. Natomiast pierwsze loty do Hongkongu zaczęły się odbywać w 1911 roku.

Dalsze działania doprowadziły do założenia linii telefonicznych i telegraficznych. Z podanych przykładów wynika, że kolonia zaczęła przodować w regionie pod względem rozwoju infrastruktury. Uzupełnieniem jest powstanie pierwszych i dobrze zorganizowanych banków. W 1886 roku powstał The Hongkong & Shanghai Banking Corporation - instytucja o zasięgu globalnym, działająca do chwili obecnej. Jej oddział jest również w Polsce. Przez długie lata (praktycznie do 1997 roku) The Hongkong & Shanghai Banking Corporation pełnił rolę Banku Narodowego kolonii. Lata drugiej wojny światowej przyniosły zastój gospodarczy kolonii. Od 24 grudnia 1941 roku do 30 sierpnia 1945 roku terytorium było pod panowaniem Japonii. Ten okres, trwający prawie cztery lata, doprowadził do dużych strat w gospodarce. Ludność kolonii zmniejszyła się blisko o 50%. W czasie działań wojennych znacznie uległ zniszczeniu port, nabrzeża, dzielnice mieszkalne. Japończycy zdemontowali i wywieźli do kraju maszyny z prawie 300 zakładów przemysłowych.

Po zakończeniu działań Hongkong szybko odbudowuje zniszczenia i nadal staje się ważnym ośrodkiem wymiany handlowej w regionie. Hongkong (mimo znacznych różnic politycznych) stał się „oknem" Chin na rynki zagraniczne. Przez kolonię do kraju środka trafiały wyroby, których rząd w Pekinie nie był w stanie samodzielnie importować. Mimo embarga ogłoszonego 18 maja 1951 roku przez ONZ na handel z Chinami - nie spowodowało to zasadniczego spadku obrotów handlowych kolonii. Rezolucja ONZ co prawda wyeliminowała z obrotu z Chinami kauczuk, ropę naftową i jej przetwory, stale szlachetne, stopy, środki transportu (towary te stanowiły 16% eksportu HK na rynek chiński) to rozwinął się przemyt. Posłużono się liczną diasporą chińską w rejonie Azji Południowo-Wschodniej. Diasporę stanowią głównie mieszkańcy Chin Południowych. Zajmują się przede wszystkim biznesem i w swoich krajach (np. Filipiny, Tajlandia, Malezja) stanowią wyższą (bogatą, dobrze wykształconą) warstwę społeczną. Przez tego typu firmy (niejako drogą okrężną) przedsiębiorcy z Hongkongu organizowali sprzedaż towarów na rynek północnego sąsiada.

Jednocześnie następował proces imigracji do kolonii. Dzięki związkom handlowym (formalnym i nieformalnym) władze w Pekinie nie ograniczały w pełni tego procesu. Szczególnie wysoki napływ ludności przypada na koniec lat 40. XX wieku. W 1954 roku ludność kolonii liczyła prawie 2,5 mln osób.

3.2. Współpraca gospodarcza w latach 1979–1997

W grudniu 1978 roku w Pekinie obradowało trzecie Plenum Centralnego Komitetu Komunistycznej Partii Chin. Wydarzenie to było bardzo znamienne w skutkach, gdyż władze KPCh zdecydowały o wdrożeniu nowych, w miarę radykalnych reform gospodarczych. Podobne próby były czynione w latach ubiegłych, ale nie przyniosły spodziewanych efektów [Cheung D., 1979].

Od roku 1979 wprowadzono szereg zasadniczych zmian, które wydatnie przyczyniły się do rozwoju ChRL i otwarcia gospodarki na współpracę międzynarodową. Nastąpiła decentralizacja działalności gospodarczej. Ponad 6000 przedsiębiorstw wytwarzających ok. 45% całości produkcji przemysłowej Chin w 1978 roku otrzymało prawo do zatrzymywania części zysku i przeznaczania tych środków zgodnie z własnymi potrzebami.

Zniesiono ścisły podział na firmy produkcyjne, handlowe, usługowe. Każdy z podmiotów gospodarczych mógł podjąć w ramach dodatkowych zadań wybraną inną działalność. Ta zmiana wprowadzała w praktyce konkurencję w gospodarce chińskiej. Zaczęły też obowiązywać nowe zasady oceny. Za podstawowy miernik przyjęto wypracowany zysk.

Fundamentalnym zmianom uległ handel zagraniczny. Do momentu reformy tylko nieliczne rządowe organizacje gospodarcze mogły prowadzić wymianę międzynarodową. Decyzje o przyznaniu licencji eksportowo-importowych zapadały do 1979 roku na rządowym szczeblu w Pekinie. Nie bez znaczenia był fakt długiego okresu decyzyjnego.

Od momentu aplikacji do przyznania stosownych uprawnień niekiedy upływały nawet dwa lata. Po 1979 roku władze lokalnych prowincji mogły powoływać centrale handlu zagranicznego. W pierwszej kolejności wyodrębniono cztery prowincje: Guangdong, Fuijan, Liaoning, Hebei, następnie pozostałe otrzymały powyższe uprawnienia. Dodatkowo centralne zjednoczenia przemysłowe poszczególnych gałęzi przemysłu mogły ubiegać się o stosowne zezwolenia.

Częściowo uwolniono ceny. Produkty rolne (poza obowiązkowymi dostawami) mogły być sprzedawane na wolnym rynku. Dzięki tym krokom produkcja rolnicza już w roku 1979 zwiększyła się o 10.8 mld yuanów, czyli była prawie o 11% wyższa niż w 1978 roku [Chinese Statistical Yearbook, 1980]. Odnotowano postęp w innych działach gospodarki. W 1980 roku produkcja przemysłowa wzrosła do 499.2 mld yuanów (dla porównania w 1979 roku było to 459.1 mld yuanów). Największy wzrost nastąpił w przemyśle lekkim z 198 mld yuanów w 1979 roku do 234 mld yuanów w 1980 roku.

Podczas obrad KPCh, w grudniu 1978 roku sporo uwagi poświęcono sprawom Hongkongu. Do momentu zjazdu Komunistycznej Partii Chin kolonią brytyjską zajmowano się tylko w kategoriach politycznych. Obowiązywała zasada, iż jest to terytorium chińskie jedynie pod czasowym zarządem Wielkiej Brytanii. Ograniczano kontakty handlowe do niezbędnego minimum. Obecnie zwrócono uwagę na wymierne korzyści z utrzymywania stosunków gospodarczych z Hongkongiem, zachęcając wręcz do podejmowania współpracy z firmami z kolonii [Chien Li, 1979].

Największa Specjalna Strefa Ekonomiczna – Shenzhen, granicząca z Hongkongiem otrzymała jeszcze większą swobodę działań gospodarczych. Firmom chińskim funkcjonującym w tejże strefie przyznano ulgi podatkowe z tytułu produkcji eksportowej. Zapewniono im także zmniejszenie ceł na surowce sprowadzane z zagranicy. Wolnemu rynkowi poddano zasady kształtowania płac, polityki handlowej. W tej kwestii najważniejsza była możliwość doboru kooperantów. Stworzono prawne podstawy do zawierania spółek z zagranicznymi partnerami. Pierwszym osiągnięciem reform i zmian w polityce w stosunku do Hongkongu był dynamiczny wzrost obrotów handlowych.

Na rysunku 6 ukazano wysokie tempo wzrostu obrotów handlowych między Hongkongiem a ChRL w latach 1979–1994. Do roku 1979 poziom wymiany utrzymywał się na ustabilizowanym pułapie, bez żadnych gwałtownych zmian i wahał się w granicach 4–7 mld HK$. Po roku 1979 dynamika handlu niezmiernie szybko rośnie. W 1980 roku była to wartość ponad 80 mld HK$, a w 1985 roku przekroczyła 110 mld HK$. W przedziale 1985–1994 notuje się dalsze zwiększenie obrotów handlowych z 150 mld HK$ w 1986 r. do ponad 360 mld HK$ w r. 1994. Od 1985 roku (a więc praktycznie w ciągu pięciu lat) ChRL stała się największym partnerem handlowym kolonii brytyjskiej.

Rys. 6. Obroty handlowe między Hongkongiem a ChRL w latach 1979–1997, w mld HK$

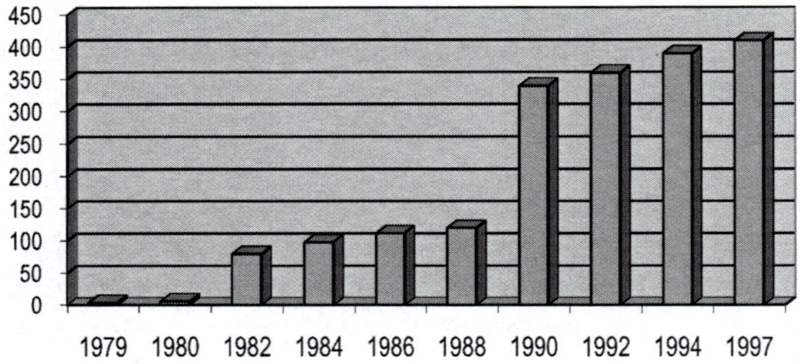

Źródło: *Hongkong Trade Statistics*. Hongkong, 1998.

Dla przemysłu Hongkongu znaczenie rynku chińskiego jest bardzo duże. Pierwszym powodem jest fakt wysokiego udziału dostaw na ten rynek szeregu grup towarowych. Drugie zjawisko to rosnąca skala obrotów. Dodatkowo przedsiębiorcy z kolonii dostarczają wyroby przetworzone, a sprowadzają surowce oraz półfabrykaty.

Rys. 7. Wielkość eksportu wybranych towarów przemysłu Hongkongu na rynek ChRL w latach 1980–1997, w mln HK$

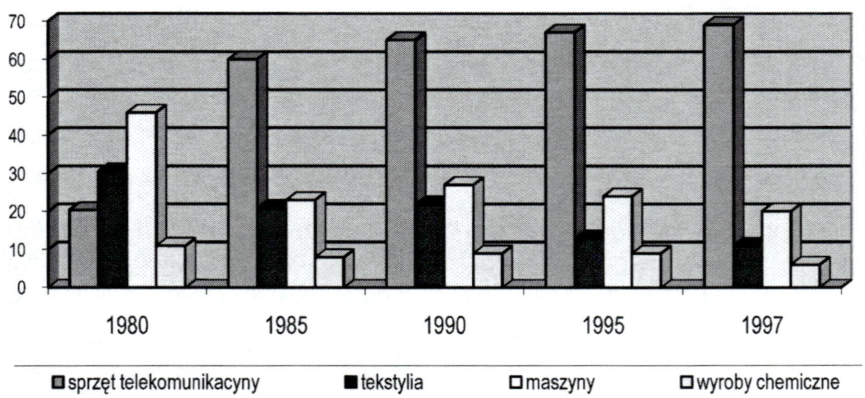

Źródło: *Hongkong Trade Statistics* obejmujące lata 1980–1998

Od roku 1985 w reprezentowanych grupach towarowych przemysłu kolonii brytyjskiej notuje się ciągły wzrost dostaw na rynek ChRL. Udział poszczególnych wyrobów w eksporcie bardziej jeszcze oddaje znaczenie tego kraju jako partnera handlowego. Na przykład „sprzęt telekomunikacyjny", w latach 1990–1997 w prawie 25% przeznacza się na rynek chiński. Mimo, iż prezentowana dynamika jest bardzo wysoka to należy zakładać, że byłaby ona jeszcze większa gdyby nie przenoszenie produkcji poza terytorium kolonii. Ten proces ma swoje wyraźne odbicie w strukturze wymiany handlowej Hongkongu. Szczególnie zwraca uwagę pozycja – reeksport.

Średniorocznie w latach 1980–1997 wzrastał on w tempie ponad 20% dochodząc w 1997 roku do 136 mld HK$. Takie tempo zmian było przede wszystkim możliwe dzięki dostawom tych towarów na rynek północnego sąsiada, które wcześniej zostały sprowadzone do Hongkongu. W okresie 1980–1997 nastąpiło zwiększenie reeksportu do Chin z 1.7 mld HK$ do prawie 46 mld HK$. Między tymi dwoma wskaźnikami, tj. reeksportem ogółem i do ChRL występuje więc wyraźna korelacja. Wzrost pierwszego miernika opiera się, w podstawowym stopniu, na zwiększaniu reeksportu do Chin. Należy też przyjąć założenie, iż zaobserwowane tendencje będą się umacniały. Zwłaszcza, istotna będzie rola pośrednika handlowego Hongkongu w kontaktach w regionie. Najważniejszą pozycję w reeksporcie do Chin zajmują tekstylia oraz odzież – ponad 23% całości dostaw. Nieznacznie mniejszy udział przypada wyrobom przemysłu elektromaszynowego 20%. Taka struktura jest utrzymywana praktycznie na niezmienionym poziomie w ostatnim dziesięcioleciu.

ChRL stał się dla Hongkongu ważnym partnerem również w przypadku importu. W 1997 roku dostawy z tego kraju stanowiły aż 47% całości importu kolonii. Warto zaznaczyć, iż do 1980 roku Chiny nie były aż tak ważnym partnerem handlowym. Podstawowymi eksporterami do Hongkongu pozostawały przez długi czas cztery kraje: USA, Japonia, Tajwan, Singapur. Na te państwa przypadało do 1979 roku ok. 50% całości dostaw do kolonii brytyjskiej. W tym czasie udział Chin był niewielki, nie przekraczał 2%. Główną pozycję w tym czasie stanowiła żywność – prawie 65% całości importu z tego kraju. Sytuacja zasadniczo ulega zmianie po 1980 roku. Wzrasta dynamika oraz rozszerza się zakres wymiany handlowej. Zauważa się, że w strukturze importu pojawiają się nowe grupy towarowe, wcześniej zupełnie nieznane na rynku Hongkongu. Na przykład import maszyn i urządzeń zwiększył się z niespełna 80 mln HK$ w 1979 roku do 2.3 mld HK$ w 1997 roku. Widać więc wyraźną progresję zakupów całkowicie nowych chińskich wyrobów. Jednak należy podkreślić, iż praktycznie 70% całości importu w analizowanym okresie stanowiły produkty wytworzone w przemyśle lekkim.

W latach 1979–1997 notuje się wyraźny wzrost chińskiego eksportu. W 1979 roku był to poziom niespełna 13 mld USD, zaś w 1997 r. już ponad 74 mld HK$. W żadnym roku nie odnotowano spadku poziomu wywozu z Chin. Ten dynamiczny trend przede wszystkim związany jest z omówioną wcześniej kwestią reform gospodarczych. Dla Hongkongu wzrost eksportu z ChRL oznacza wymierne korzyści. Do 1979 roku prawie 50% dostaw jest realizowana wykorzystując infrastrukturę Hongkongu.

W 1979 roku eksport towarów chińskich wykorzystujący pośrednictwo kolonii brytyjskiej był nieznaczny. W tym czasie nie przekraczał 100 mln USD. W kolejnych latach następuje zdecydowana progresja. Szczególnie widoczna jest ta tendencja po 1986 roku. Od tego czasu udział Hongkongu znacznie się zwiększa. W 1986 roku prawie 20% całości chińskiego wywozu odbywa się dzięki infrastrukturze kolonii brytyjskiej. W latach 1990–1997 wskaźnik ten utrzymuje się już na poziomie 40–50%. Ważnym powodem, który przyczynił się do znacznego utrzymania powyższego trendu, było podpisanie porozumienia (27 maja 1985 roku) odnośnie przejęcia w r. 1997 Hongkongu przez władze chińskie. Dla wielu firm wywodzących się z ChRL fakt ten miał istotne znaczenie. Oznaczało to bowiem dla tych podmiotów większe bezpieczeństwo przeprowadzanych transakcji oraz akceptację takiego działania przez władze administracyjne.

Bardzo istotnym jest fakt, iż sami importerzy podkreślają także duże znaczenie pośrednictwa Hongkongu. Zwracają oni zwłaszcza uwagę na następujące korzyści z takiej współpracy:

- Hongkong zapewnia wysoki poziom wszystkich usług bankowych. Gwarantuje to wygodne rozliczenia dla każdej strony. Działa tu 168 licencjonowanych banków. 80 największych banków świata posiada w kolonii swoje przedstawicielstwa;
- sprawny system komunikacyjny. Hongkong utrzymuje połączenia ze wszystkimi najważniejszymi portami lotniczymi świata. Wzorowo działa sieć telefoniczna;
- na terytorium powstał największy port kontenerowy świata. W 1994 roku przeładunek wyniósł 9.27 mln TEU's;
- w kontaktach handlowych obowiązuje język angielski, co dla przedstawicieli z Europy, Ameryki ma istotne znaczenie. Na terenie Chin oprócz języka mandaryńskiego (urzędowy w ChRL) występuje szereg popularnych dialektów, np. kantoński. Bywa tak, iż w południowych prowincjach Chińczycy używają jedynie dialektu kantońskiego. Pośrednictwo Hongkongu znakomicie rozwiązuje te problemy;
- Hongkong jest bezpiecznym miejscem pobytu. Miejscowe hotele utrzymują także wysoki standard obsługi.

Z tych właśnie powodów wynika przewaga tego miejsca nad pozostałymi ośrodkami, w tym zwłaszcza nad sąsiadującą ChRL.

Znaczenie Hongkongu jeszcze bardziej wzrasta, jeżeli uwzględni się chiński eksport poszczególnych grup towarowych. W przypadku wywozu wyrobów przemysłu lekkiego ponad 65% całości dostaw dla zagranicznych odbiorców jest realizowana przez Hongkong. Ponadto kolonia obsługuje najważniejsze chińskie rynki zbytu.

Rys. 8. Udział eksportu wyrobów chińskiego przemysłu lekkiego realizowanego za pośrednictwem Hongkongu na ważniejsze rynki zbytu w latach 1980–1997 (%)

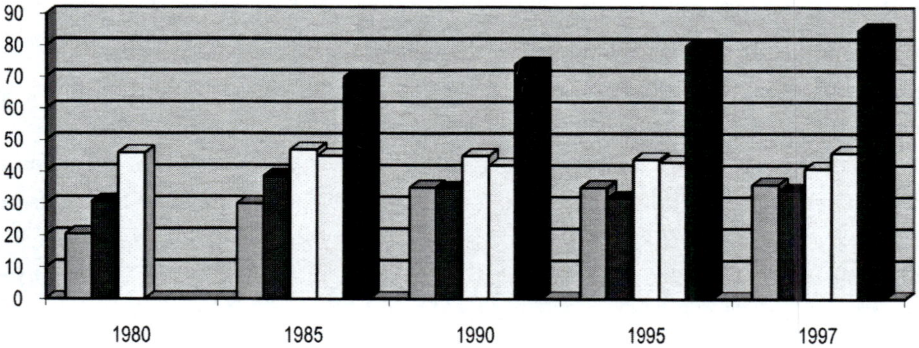

Źródło: *Chinese Trade Statistics*. Hongkong, 1998.

Z prezentowanego wykresu wynika, że wyroby przemysłu lekkiego eksportowane przez ChRL są dostarczane do podstawowych partnerów przy znacznym wykorzystaniu pośrednictwa Hongkongu. Z analizy przedstawionych można wyciągnąć następujący wniosek – utrzymuje się wysoka tendencja takiego sposobu dostaw dla ważnych importerów. W szczególności dotyczy to rynku USA, UE oraz Kanady. Zwraca uwagę pozycja Tajwanu. W tym przypadku głównym powodem wykorzystywania Hongkongu jest czynnik polityczny.

Oficjalnie władze w Pekinie nie utrzymują żadnych stosunków z Tajpei, ale jednak w sprawach gospodarczych współpraca taka odbywa się głównie dzięki kolonii brytyjskiej. Taka forma jest wygodna dla `obydwóch stron, pozwala ona mimo zasadniczych różnic politycznych wszechstronnie rozwijać wymianę handlową.

Rys. 9. Wartość obrotów handlowych między Tajwanem a ChRL realizowanych za pośrednictwem Hongkongu w latach 1975–1994, w mld USD

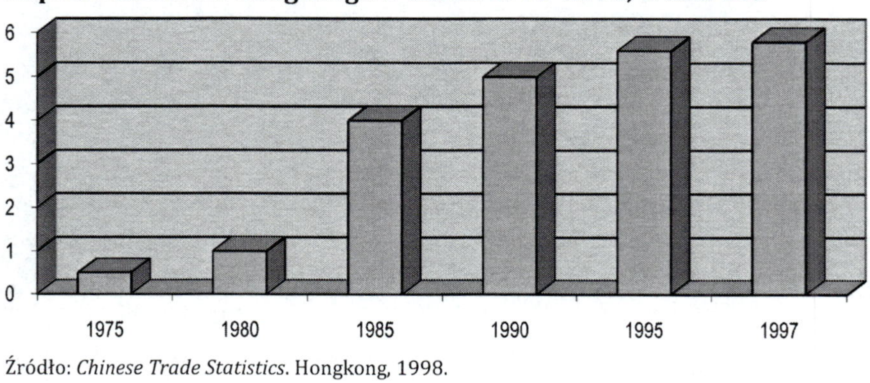

Źródło: *Chinese Trade Statistics*. Hongkong, 1998.

Na rysunku 9 ukazano stan obrotów handlowych między Tajwanem a ChRL realizowanych z wykorzystywaniem infrastruktury Hongkongu. Dynamicznie kształtuje się poziom eksportu Tajwanu na rynek chiński. W 1975 roku było to niespełna 500 mln USD, by przy stale utrzymującym się wysokim tempie wzrostu osiągnąć w 1997 roku wartość 5.8 mld USD. Należy podkreślić, że dla Tajwanu znaczenie możliwości dostaw do Chin za pośrednictwem Hongkongu jest bardzo duże. Na taką bowiem współpracę przypada prawie 8% całości obrotów handlowych Tajwanu. Można więc przyjąć, iż gdyby nie było możliwości dotarcia z ofertą tą drogą, to ogólne obroty handlowe Tajwanu byłyby znacznie mniejsze. Dodatkowo warto podkreślić, że w eksporcie Tajpei dominują wyroby przetworzone - prawie 95% całości dostaw na rynek chiński. Sprowadza się natomiast surowce, półprodukty oraz towary rolnicze - prawie 65% całości importu z Chin.

Również dynamicznie wzrasta eksport ChRL na Tajwan. W 1975 roku był to poziom niespełna 30 mln USD zaś w 1997 roku już 1.4 mld USD.

Oprócz znacznej skali wymiany handlowej, podkreślić należy jeszcze jeden ważny argument. Infrastruktura bankowa Hongkongu gwarantuje bezpieczeństwo przeprowadzanych transakcji. Dodatkowo większość inwestycji Tajwanu w ChRL dokonywane jest również za pośrednictwem Hongkongu. Tylko w latach 1990–1997 Tajwańczycy zainwestowali w Chinach prawie 15 mld USD.

Natomiast zgoła odmiennie należy podejść do kwestii importu ChRL realizowanego przy współudziale przedsiębiorców z Hongkongu. Do roku 1985 tą drogą Chiny realizowały niespełna 6% całości swojego importu. Od r. 1986 udział ten wyraźnie wzrasta. Już w 1987 roku był to rząd 10%, dochodząc w przedziale 1990–1997 do prawie 24%.

Wielkość importu Chin realizowana przez Hongkong była w latach 1980–1997 wyraźnie mniejsza niż poziom eksportu. Przewaga chińskiego wywozu za pośrednictwem Hongkongu była w analizowanym okresie prawie dwukrotnie większa niż importu.

W rozwoju gospodarczym ChRL decydującą rolę odgrywają południowe oraz wschodnie prowincje tego kraju. Tutaj też notuje się najwyższy przyrost dochodu narodowego per capita, a także są to obszary najbardziej uprzemysłowione. W 1994 roku GDP per capita w tej części Chin wynosił 1500 USD. W tym rejonie wytwarzano prawie 70% całości produkcji przemysłowej.

Najbardziej dynamicznie rozwijających się prowincja – Guangdong, prowadziła ożywioną wymianę handlową z Hongkongiem. Zwłaszcza odnosi się to do importu. Przedsiębiorstwa chińskie z tego rejonu średniorocznie w latach 1990–1994 sprowadzały z Hongkongu towary na kwotę blisko 700 mln USD. Stanowiło to prawie 80% całości importu tej prowincji [*Almanach of China's Foreign Relations and Trade*, 1995]. Druga w kolejności była Japonia z niespełna 70 mln USD. Z tych dwóch wskaźników jednoznacznie wynika przewaga Hongkongu nad innym państwami jako źródła dostaw na rynek chiński. Podobnie przedstawiają się proporcje w odniesieniu do innych ośrodków. W latach 1990–1997 Hongkong był podstawowym centrum zaopatrzenia dla regionu Shantou. Pochodziło z niego ponad 85% całości importu. Średniorocznie w analizowanym okresie było to prawie 1.5 mld USD. Zbliżony poziom obserwujemy również w prowincjach Guangxi, Fujian oraz Zhejiang. Nawet silny gospodarczo rejon Shanghaiu - miasta uważanego za najbardziej przygotowane, pod względem infrastruktury, do prowadzenia handlu zagranicznego, w znacznym stopniu opiera się na współpracy z Hongkongiem.

Rys. 10. Udział w imporcie ChRL wybranych grup towarowych sprowadzanych przez Hongkong w latach 1980–1997 (%)

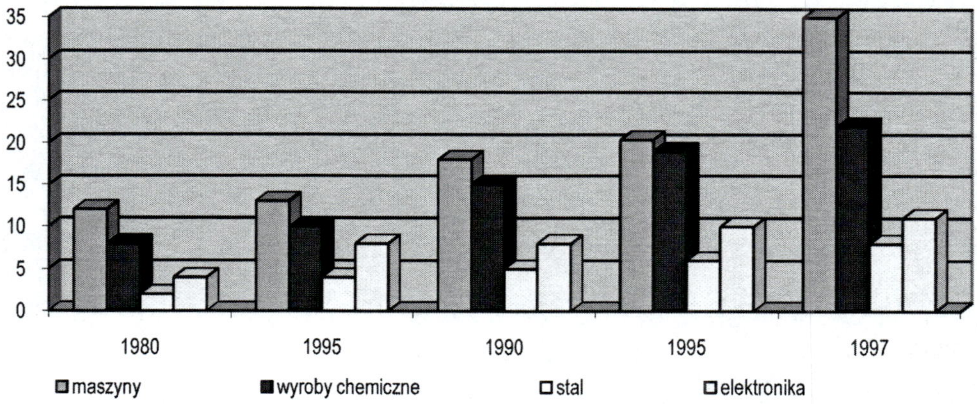

Źródło: *Hongkong Trade Statistics.* Hongkong, 1980–1998.

Wysoka dynamika importu występuje zwłaszcza w pozycji maszyny i środki transportu. W 1980 roku Chiny sprowadzały przez Hongkong niespełna 12% całości tych wyrobów. W 1994 było już to prawie 35% całości dostaw na rynek ChRL. Podobnie kształtuje się trend w odniesieniu do towarów chemicznych. W tej grupie nastąpiło zwiększenie z 8% w 1980 roku do 22% w 1994 roku.

Hongkong praktycznie zdominował obroty handlowe ze Specjalnymi Strefami Ekonomicznymi w Chinach. W latach 1979–1997 prawie 60% obrotów Shenzen oraz Zhuhai przypadało tego partnera.

Na podkreślenie zasługuje wysokie tempo wymiany handlowej. W żadnym też z okresów nie nastąpił jej spadek. Szczególnie wyraźny wzrost następuje po roku 1990.

Obroty w przypadku Shenzhen zwiększają się odpowiednio z 1.2 mld USD w 1991 r. do ponad 2.6 mld USD w 1997 roku.

Powodem znacznego powiązania gospodarczego Specjalnych Stref Ekonomicznych z Hongkongiem należy upatrywać w decyzjach administracyjnych władz chińskich. Otóż Shenzhen oraz Zhuhai zostały utworzone w bezpośrednim sąsiedztwie w celu przeniesienia pewnych rozwiązań gospodarki wolnorynkowej przez dwustronną współpracę. Jak już wcześniej zostało podkreślone, przedsiębiorstwa funkcjonujące w strefach specjalnych w ramach reformy w 1979 roku otrzymały znaczne uprawnienia umożliwiające swobodę działania. Te rozwiązania pozwoliły właśnie na wykształcenie powyższych zależności.

Południowe prowincje Chin w tym także Shenzhen i Zhuhai są również podstawowymi źródłami dostaw żywności na rynek Hongkongu. W wielu grupach towarowych eksporterzy z ChRL praktycznie całkowicie pokrywają popyt Hongkongu. Dotyczy to zwłaszcza pozycji:

- ryby morskie – ponad 80% przypada na import z Chin,
- warzywa świeże prawie 95%,
- skorupiaki, mięczaki morskie ponad 80%,
- mięso, wyroby prawie 60%,
- przyprawy prawie 75%,
- zboża (w tym także ryż), przetwory prawie 70%,

Proporcje te w latach 1990–1997 utrzymują się praktycznie na niezmienionym poziomie.

Czynnikiem sprzyjającym popytowi na wyroby pochodzące z ChRL jest fakt, iż 95% całego społeczeństwa regionu Hongkongu stanowią Chińczycy przyzwyczajeni do tradycyjnego sposobu żywienia. Nigdy też nie wytwarzano tu tyle żywności, aby zaspokoić potrzeby swojego rynku. Zawsze Hongkong był uzależniony od importu żywności, a ponadto jest on bardzo atrakcyjnym partnerem. W latach 1990–1997 GDP *per capita* przekroczył 20000 USD, oznaczało to realną możliwość zbytu wielu towarów.

Hongkong nie posiada wystarczających ilości wody słodkiej. Sprowadza się ją specjalnym rurociągiem z południowej prowincji Guangdong. Zbiorniki retencyjne oraz lokalne źródła tylko w niespełna w 30% zaspokajają potrzeby rynku lokalnego.

3.3. Inwestycje przemysłowe Hongkongu w Chinach w latach 1979–1997

Dalszy rozwój gospodarczy Hongkongu po 1979 roku byłby nie w pełni możliwy bez inwestycji w ChRL. W latach 1980. w Hongkongu wystąpiło szereg niekorzystnych procesów ograniczających ekspansję sektora przemysłowego. Generalnie brakuje terenów nadających się pod zabudowę. W analizowanym okresie bezrobocie utrzymywało się na poziomie 2% [*Labour Report Hongkong*, 1993]. Tym też należy tłumaczyć, że w praktyce zakłady produkcyjne napotykały na barierę w postaci pełnego obsadzenia stanowisk pracy [Industry in pressure, 1991]. Aby złagodzić ten problem rząd w Hongkongu ogłosił limity na zatrudnienie zagranicznych robotników. Dzięki tej decyzji 25000 osób (głównie z Azji) corocznie miało możliwość podjęcia legalnej pracy.

Na początku lat 80. Mamy do czynienia z nowym zjawiskiem. W związku z umacnianiem się Hongkongu jako centrum finansowego (nie tylko w skali regionu) rośnie zapotrzebowanie na kadry. W latach 1980–1982 tylko 8% absolwentów wyższych uczelni podjęło pracę w przemyśle, zaś 36% sektorze finansowo-bankowym [Ming Po Daily, 30 września 1983].

Porównując płace średniego szczebla w przedziale 1985–1990 w różnych sektorach gospodarki Hongkongu zwraca uwagę wyraźna dysproporcja. Najwyższe płace zapewnia branża finansowo-bankowa, 18000 HK$, a przemysł tylko 11000 HK$ [*Hongkong Statistics*, 1991]. W kolejnych latach różnice się znacznie powiększają. W okresie 1990–1994 średnie uposażenie w wiodącym banku – Hongkong & Shanghai Banking Corporation wynosiło 24 000 HK$, przemysł oferował wówczas niespełna 15 000 HK$.

Z przytoczonych danych wynika, iż właściciele zakładów produkcyjnych nie mogli konkurować z ofertami pracy przedstawianymi przez organizacje finansowe.

Do roku 1979 przedsiębiorcy Hongkongu nie angażowali się aktywnie w inwestycje na terytorium ChRL. Powodem był brak dostępu do tego rynku. W czerwcu 1979 roku Chiny wprowadziły nowe rozwiązania prawne – *„Chinese–Foreign Joint Venture Law"*. Określone zostały zasady co do: podatków, zatrudnienia miejscowych pracowników, zasad dzierżawy gruntów oraz budynków, a także transfer zysków. Po raz pierwszy tak kompleksowo uregulowano współpracę dotyczącą zagranicznych inwestycji. W uzupełnieniu do tych aktów w 1986 roku wprowadzono kolejne rozwiązania prawne dotyczące głownie ulg – *„Law on Foreign Capital Enterprises"*. Dawało to podstawy do współpracy zwłaszcza z kręgami biznesu z Hongkongu. Do 1979 roku praktycznie przedsiębiorcy z kolonii brytyjskiej nie inwestowali w Chinach. Ograniczali się jedynie do współpracy handlowej. Formą wspólnego działania, którą najchętniej wybierano do kooperacji inwestycyjnej było joint venture. Partner z ChRL wnosił z reguły aport w postaci gruntów, budynków oraz siły roboczej. Strona z Hongkongu kapitał oraz technologię. W latach 1979–1986 ponad 70% wszystkich projektów w branży przemysłowej opierało się na tej zasadzie. Omawiając inwestycje kapitału z Hongkongu należy zwrócić uwagę na trzy charakterystyczne cechy:

- nakłady dokonane przez przedsiębiorców z kolonii są najwyższe ze wszystkich pozostałych zagranicznych partnerów,
- koncentrują się głównie w przemyśle oraz budownictwie,
- skupiają się w podstawowym stopniu w południowych prowincjach Chin.

W okresie 1980–1997 łączne nakłady inwestycyjne w Chinach wyniosły 91,2 mld USD. Udział Hongkongu wynosił ponad 50% tej sumy, tj. 47.5 mld USD [*Hang Seng Economic Monthly*, grudzień 1998]. Drugim najważniejszym inwestorem są Tajwańczycy z kwotą ok. 9.5 mld USD. Działalność Tajwanu praktycznie na szerszą skalę rozpoczęła się dopiero po 1988 roku kiedy Chiny wprowadziły dodatkowe gwarancje – *Regulations on Encouraging Taiwan Compatriots' Investment*. Na trzecim miejscu pod względem inwestycji plasuje się USA z niespełna 5 mld USD. Biorąc pod uwagę poszczególne działy gospodarki Chin to nakłady kapitału zagranicznego koncentrowały się w przemyśle oraz budownictwie – ponad 80% wszystkich środków.

Tabela 25. Udział inwestycji zagranicznych w wybranych sektorach gospodarki Chin w latach 1980–1997

Dział	1980	1985	1990	1997
Rolnictwo	3,4%	2,2%	1,8%	1,1%
Przemysł	47,9%	83,3%	80,3%	45,9%
Budownictwo	41,2%	10,6%	13,7%	42,9%
Telekomunikacja	0,4%	0,9%	0,8%	1,3%
Handel, usługi	0,8%	1,2%	1,5%	4,1%
Pozostałe	6,3%	1,8%	1,9%	4,7%

Źródło: *Almanac of China's Economic Relations and Trade*. Hongkong, 1998.

Na podstawie danych zawartych w tabeli, można wyraźnie określić preferencje inwestorów zagranicznych. Odnoszą się one także do przedsiębiorców z Hongkongu. Ci w stopniu jeszcze wyższym niż pozostali podejmowali się realizacji projektów w odniesieniu do przemysłu. W latach 1980–1997 prawie 85% całości ich środków skierowanych do Chin było przeznaczone na produkcję przemysłową.

W latach 1980–1997 w poszczególnych prowincjach Chin wystąpiły znaczne dysproporcje w wielkości zagranicznych inwestycji. Najbardziej atrakcyjne dla zagranicznych biznesmenów okazują się być południowe regiony Chin. W analizowanym okresie przypada na nie ponad 40% wszystkich nakładów.

Tabela 26. Udział zagranicznych inwestycji w wybranych regionach Chin w latach 1980–1997

Rejon	1980	1985	1990	1997
Guangdong	27.8%	35.1%	41.6%	27.2%
Shanghai	8.1%	11.2%	3.1%	11.4%
Fujian	2.1%	9.2%	10.1%	10.4%
Jiangsu	3.3%	3.4%	4.7%	10.2%
Shangdong	2.5%	4.3%	4.6%	6.7%
Pozostałe	56.2%	36.8%	35.9%	34.1%

Źródło: *Statistical Yearbook of China*. Hongkong, 1999.

Zwraca uwagę wysoka pozycja prowincji Guangdong. Wytłumaczenie tego należy wiązać z kilkoma faktami. Pierwszy to ten, iż południowe rejony Chin przodowały pod względem reform gospodarczych. Na południu Chin powstały pierwsze specjalne strefy ekonomiczne, które dawały atrakcyjne warunki inwestowania. Drugi ważny czynnik dotyczył relatywnie (na tle pozostałych regionów ChRL) poprawnej infrastruktury. Kolejny istotny czynnik to bezpośrednie położenie w sąsiedztwie Hongkongu. Z tych właśnie powodów przedsiębiorcy z Hongkongu najchętniej wybierali południowe prowincje ChRL do współpracy inwestycyjnej. Nie bez znaczenia pozostaje wspólna płaszczyzna kulturowa. Język kantoński jest powszechnie używany w kolonii brytyjskiej co znacznie ułatwia komunikację między stronami.

Rys. 11. Liczba projektów inwestycyjnych przekraczających 0.5 mld HK$ zrealizowanych w Chinach przez przedsiębiorców z Hongkongu w latach 1980–1997

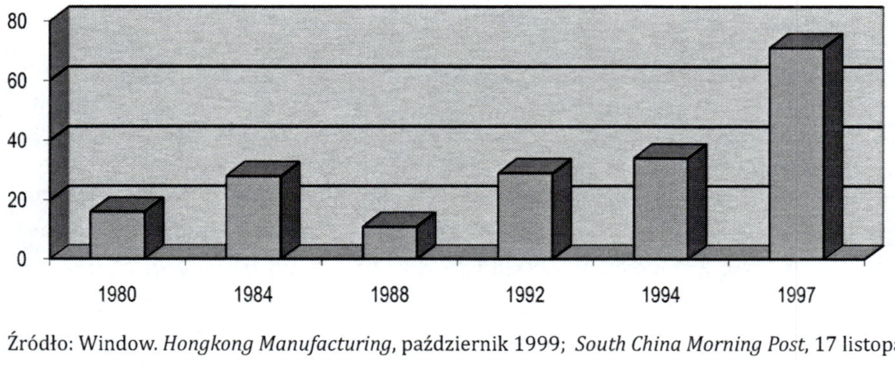

Źródło: Window. *Hongkong Manufacturing*, październik 1999; *South China Morning Post*, 17 listopada 1998.

Z prezentowanych danych wynika, że w latach 1980–1997 miał miejsce proces znacznych wahań w ilości realizowanych projektów. W 1980 r. dokonano 16 przedsięwzięć w 1981 już 19, ale w 1982 r. odnotowano wyraźny spadek do poziomu 8 inwestycji. W kolejnych dwóch latach nastąpił ponowny wzrost projektów do 26, po czym liczba inwestycji zwiększyła się do 34. Tak znaczne dysproporcje w liczbie realizowanych projektów należy tłumaczyć tym, że dla zagranicznych inwestorów rynek ChRL został otwarty dopiero po 1980 roku, w związku z tym brak było wypracowanych mechanizmów i doświadczeń. W 1997 roku biznesmeni z Hongkongu zrealizowali najwięcej przedsięwzięć inwestycyjnych – 64. Ustabilizowanie się wysokiego poziomu nakładów po 1990 roku wiąże się już z wypracowanymi wzorcami i niezbędnym doświadczeniem, oraz z wprowadzonymi przez ChRL rozwiązaniami prawnymi wychodzącymi na przeciw inwestorom (wspominane uprzednio ulgi, a także gwarancje bezpieczeństwa dla Tajwanu, wyraźne oddzielenie polityki od gospodarki).

Interesująco przedstawia się określenie kierunków nakładów inwestycyjnych. W przypadku biznesmenów z Hongkongu prawie 70% wszystkich środków skierowali oni na rozwój trzech sektorów przemysłu: odzieżowego, tekstylnego i elektronicznego.

Rys. 12. Udział wybranych gałęzi przemysłu w nakładach inwestycyjnych Hongkongu na terenie Chin w latach 1980–1994 (%)

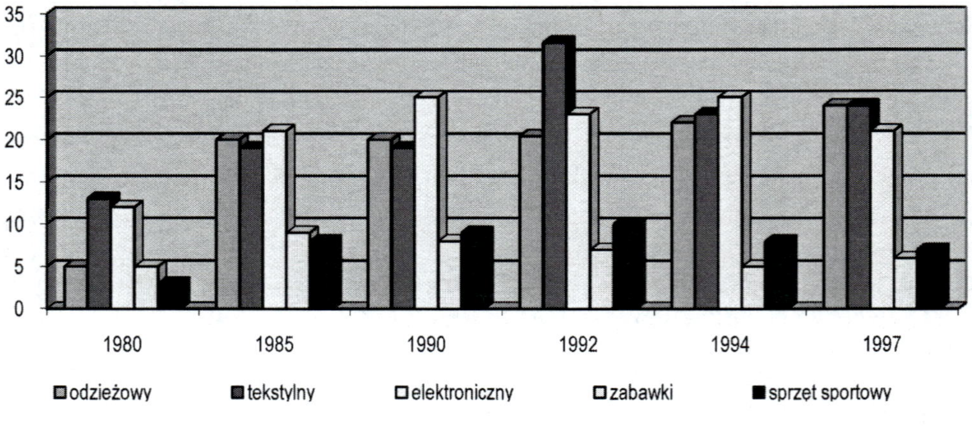

Źródło: *Statistical Yearbook of China*. Hongkong, 1998.

Taki wysoki udział trzech branż w ogólnych inwestycjach na terenie ChRL dowodzi określonej strategii. Dział tekstylny, odzieżowy oraz elektroniczny stanowią podstawę przemysłu Hongkongu. Przenoszenie zakładów do Chin miało na celu dalszy rozwój tych gałęzi produkcji. Przedsiębiorcy z Hongkongu posiadają niezbędną wiedzę techniczną, jak również znajomość zagranicznych rynków zbytu. Pozwalało to na dalszą ekspansję z wykorzystaniem możliwości produkcji na terytorium północnego sąsiada. Potwierdzeniem tej tezy są wyraźne różnice w poziomie zatrudnienia w zakładach funkcjonujących w Hongkongu, a tych nowo powstających w ChRL. Można przyjąć na podstawie analizy branżowej przemysłu, że średnia zatrudnienia w fabryce odzieżowej, tekstylnej czy elektronicznej w Hongkongu nie przekracza 15 osób.

Tabela 27. Średnia wielkość zatrudnienia w wybranych zakładach przemysłu powstałych w wyniku inwestycji Hongkongu na terenie Chin w latach 1980–1997

	Przemysł		
Rok	odzieżowy	tekstylny	elektroniczny
1980	243	335	276
1985	452	511	516
1986	462	500	563
1987	478	579	601
1988	450	539	582
1989	431	522	546
1990	416	533	490
1991	398	562	421
1992	365	511	377
1993	422	483	319
1997	418	425	268

Źródło: *Statistical Yearbook of China oraz Almanach of China's Foreign Relations and Trade.* Hongkong, 1998.

Średnia wielkość zatrudnienia w zakładach produkcyjnych powstających z udziałem kapitału Hongkongu jest kilkunastokrotne większa niż w ośrodkach na terenie kolonii brytyjskiej. Szczególnie wysoka dysproporcja występuje w odniesieniu do branży elektronicznej i odzieżowej. Na przykład w latach 1990–1994 w przemyśle elektronicznym Hongkongu średnia wielkość zatrudnienia przypadająca na jeden zakład produkcyjny wynosiła 14 osób, na terenie Chin 375.

Analizując dane zawarte w tabeli zauważa się pewien charakterystyczny rozkład. Wielkość zatrudnienia rośnie do 1988 roku, następnie następuje ustabilizowanie. W dalszych latach, zwłaszcza w branży elektronicznej, obserwuje się nawet obniżenie poziomu zatrudnienia. Ten trend jest zbieżny z inwestycjami przedsiębiorców z Hongkongu na rynku ChRL. Wzrastają one wyraźnie do 1989 roku, następnie tempo ulega znacznemu zmniejszeniu.

Prezentowane wskaźniki odnoszą się tylko do tej części nakładów kapitałowych Hongkongu, których jednostkowe projekty przekraczają wartość 0,5 mld HK$. W latach 1980–1997 założono na terytorium Chin 120 000 przedsiębiorstw przy udziale finansowym partnerów z Hongkongu. Prawie 70% przedsiębiorstw produkcyjnych w Hongkongu nawiązało współpracę z fabrykami w ChRL. Nie we wszystkich przypadkach działania sprowadzały się do współpracy finansowej. Znaczna cześć firm zleca jedynie produkcję określonych partii towarów, odbiera wyrób gotowy i następnie sprzedaje przez swoją sieć dystrybucji finalnym klientom. Taka forma kooperacji wywołuje znaczne zmiany w strukturze organizacyjnej przedsiębiorstw w Hongkongu. W tamtejszych zakładach produkcyjnych następuje ogólny spadek zatrudnienia. Proces ten rozpoczął się na początku lat 80. przyjmując większe rozmiary w okresie późniejszym. W 1991 roku w przemyśle pracowało 655000 robotników, w 1994 roku już tylko 476000 osób. W ciągu trzech lat nastąpiło zmniejszenie prawie o 30%. Na tle tej zniżkowej tendencji występują równolegle dalsze zmiany. Zwiększono zatrudnienie w węzłowych sektorach. Taki trend dotyczył głównie przygotowania produkcji, kontroli jakości oraz marketingu i sprzedaży. W tych trzech działach w odniesieniu do ośrodków produkcji, obsada kadry w latach 1922–1997 uległa prawie podwojeniu z 11742 do 22344. Równolegle rośnie zatrudnienie w fabrykach na terenie Chin. Dla przykładu tylko w prowincji Guangdong na potrzeby przedsiębiorców Hongkongu pracuje prawie 4 mln ludzi [*Economic Report.* The Hongkong and Shanghai Banking Corporation Ltd., marzec 1998].

Można więc przyjąć następujące stwierdzenie, że Hongkong staje się centrum organizacji produkcji, posiadającym swoją podstawową bazę wytwórczą na terenie Chin, ze szczególnym uwzględnieniem południowych prowincji.

Prezentowane zależności powodują jeszcze kolejną istotną zmianę w funkcjonowaniu kolonii brytyjskiej. Wzrasta bowiem systematycznie poziom reeksportu towarów pochodzących z Chin. Bez wątpienia czynnikiem stymulującym ten proces był fakt inwestycji przedsiębiorców z Hongkongu w rozwój sektora przemysłowego na terenie ChRL. Dostawy na zagraniczne rynki, produktów wytworzonych w tychże ośrodkach produkcji odbywały się przez Hongkong. Dzięki temu kolonia umacniała swoją pozycję jako centrum pośrednictwa handlowego w regionie. Jeszcze na początku lat 80. udział wyrobów z ChRL w ogólnym reeksporcie kolonii nie przekraczał 6%. Stopniowo wskaźnik ten ulegał zwiększeniu do 12% w 1985 roku, następnie do 35% w 1997 roku [*Hongkong Trade Statistics,* 1998].

3.4. Działalność Chin na rynku nieruchomości w Hongkongu

Związki gospodarcze kolonii brytyjskiej z ChRL są bez wątpienia bardzo silne. Wcześniej już została omówiona współpraca w obszarze inwestycji oraz dynamicznej wymiany handlowej. Mało uwagi zwraca się, jak do tej pory, na jeszcze jedną aktywną działalność firm chińskich na rynku Hongkongu. Dotyczy ona nieruchomości. Jak powszechnie wiadomo terytorium Hongkongu oferuje stosunkowo niewiele wolnych obszarów pod zabudowę zarówno do celów mieszkalnych, jak i przemysłowych. Popyt zawsze przewyższał tu podaż. Przy analizowaniu tego rynku, należy ciągle mieć na uwadze następujące fakty:

- gospodarka Hongkongu w całym okresie od roku 1960 do 1997 roku była wysoce ożywiona. Szczególnie dynamicznie rozwijał się przemysł oraz handel zagraniczny,
- kolonia stała się od roku 1975 ważnym centrum operacji finansowych w skali regionu, a od 1980 roku istotnym pośrednikiem w dalszej współpracy z rynkiem ChRL,
- od 1960 roku rozpoczął się intensywny proces powstawania w kolonii przedstawicielstw zagranicznych firm. Do 1997 zostało założonych prawie 4000 takich organizacji [*Business Register of Companies in Hongkong*. Raport nr 2 1998].

Dzięki tym czynnikom występował silny popyt na rynku nieruchomości.

Rys. 13. Miesięczna stawka dzierżawy powierzchni biurowej oraz produkcyjnej w Hongkongu w latach 1980–1997, w HK$ za stopę kwadratową.

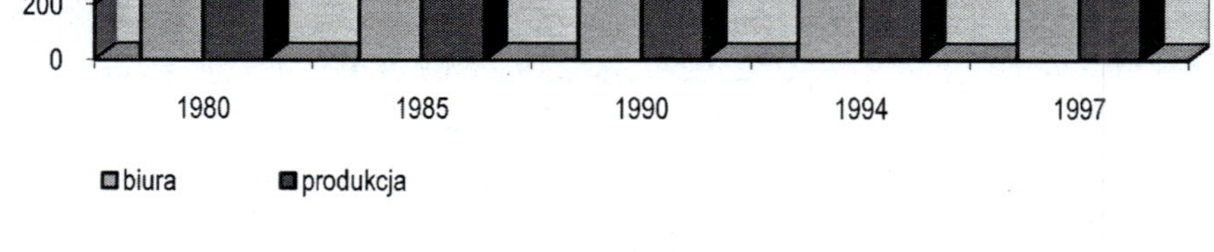

Źródło: zestawienie własne na podstawie: *Property Post*. Hongkong, 1999.

Prezentowane dane odniesiono do średnich cen najmu powierzchni biurowej zlokalizowanych w dobrych dzielnicach. Zalicza się do nich tzw. Central (popularne City) Admirality, Wanchai oraz Causway Bay. Ceny na tych obszarach są przeciętnie wyższe od pozostałych rejonów o ok. 10–15%. Natomiast podstawą stawki dzierżawy zakładów produkcyjnych była przemysłowa części kolonii - Hunghom - siedziba największych firm produkcyjnych. W przeciągu lat 1980–1997 odnotowano znaczne zwiększenie stawek o ponad 150% w przypadku biur i prawie o 130% w odniesieniu do ośrodków produkcji.

Rys. 14. Poziom cen mieszkań w Hongkongu w latach 1980–1994, w HK$ za stopę kwadratową

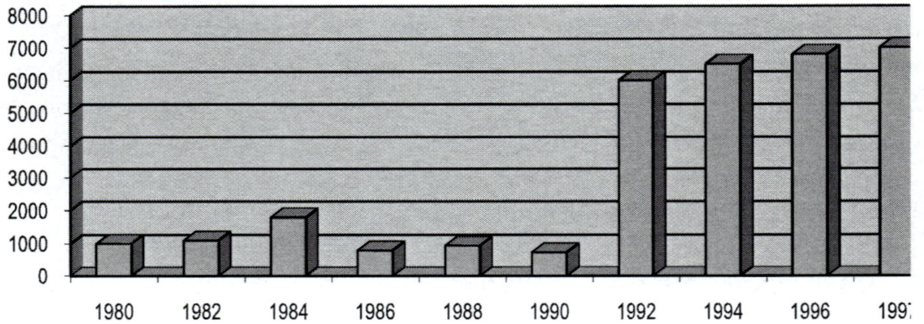

Źródło: zestawienie na podstawie *Property Market in Hongkong*. First Pacific Davis Real Estate Agency. Hongkong, 1998.

Bardzo zbliżona tendencja występuje w obrocie nieruchomościami. W bardzo szybkim tempie rosną zwłaszcza ceny mieszkań. Analizując rysunek 14 należy wyodrębnić dwa podokresy. Pierwszy przypadający na lata 1980–1990 oraz drugi na 1990–1997. W początkowych latach ceny mieszkań w Hongkongu charakteryzują się stabilnym wzrostem mieszczącym się w granicach 1000–2000 HK$ za stopę kwadratową. Dwukrotnie jednak, w 1985 oraz w 1989 roku, ceny wyraźnie spadły. Oba przypadki mają swój związek z wydarzeniami politycznymi, potęgującymi obawy co do stabilności kolonii. Pierwszy czynnik to podpisanie porozumienia między Wielką Brytanią a Chinami o przejęciu Hongkongu w 1979 r. Ta umowa spowodowała wyraźny spadek cen mieszkań dochodzący aż do 20%. Jeszcze większe załamanie wystąpiło w 1989 roku w związku z wydarzeniami w Pekinie. Siłowe rozwiązanie protestu na placu Tienanmen wywołało wręcz panikę w Hongkongu. Wówczas ceny w obrocie obniżyły się prawie o 70%. Po roku 1990 mamy wysokie tempo wzrostu cen, przekraczające w końcowym okresie 7000 HK$.

Z analizy prezentowanych danych jednoznacznie wynika, że zarówno w przypadku dzierżawy, jak i kupna następuje znaczny wzrost cen. Podkreślić też należy, iż rośnie jednocześnie liczba zawieranych transakcji sprzedaży. Głównie dotyczy to lokali mieszkalnych. Wprawdzie na początku omawianego okresu rynek nieruchomości charakteryzował się pewnymi wahaniami. (W 1981 roku zawarto 14862 transakcji w 1982 roku - 7762, to jednak w latach następnych nie odnotowano żadnego wyraźnego obniżenia liczby zawieranych umów kupna sprzedaży mieszkań). Bezpośredni wpływ na rynek nieruchomości w Hongkongu mają trzy zasadnicze czynniki:

1. zagraniczny kapitał. W Hongkongu praktycznie każdy może brać udział w obrocie i zostać właścicielem dowolnego lokalu bądź gruntu;
2. sytuacja na miejscowej giełdzie. Rynek papierów wartościowych w znacznym stopniu opiera się na firmach zaangażowanych w *real estate*;
3. stopa oprocentowania kredytów hipotecznych.

Mając na uwadze tylko prezentowane dane jednoznacznie wynika, że rynek nieruchomości był w omawianym okresie bardzo atrakcyjny dla inwestorów. Istnieje bowiem możliwość uzyskania wysokich zysków w stosunkowo krótkim czasie. Trzeba jednak zaangażować duży kapitał, ponieważ Hongkong uważany jest za jedno z najdroższych miejsc świata, zaś w regionie konkurować pod tym względem może jedynie Tokio. Jednak ta forma działalności, zwłaszcza po roku 1990, uchodziła za najbardziej opłacalną ze wszystkich innych możliwości występujących w byłej kolonii brytyjskiej. W ciągu jednego roku inwestor mógł uzyskać 100% stopę zysku netto.

Kapitał zagraniczny na rynku nieruchomości w Hongkongu na większą skalę pojawił się dopiero po 1980 roku. Do tego okresu bowiem, według szacunkowych danych, zainwestowano sumę niespełna 1 mld USD [*Brook & Parker Investment in Real Estate in Hongkong,* 1992]. Sytuacja wyraźnie ulega zmianie po 1981 roku. W stosunkowo szybkim tempie rośnie poziom nakładów. Łącznie w okresie 1980–1997 zagraniczni inwestorzy skierowali do Hongkongu środki wynoszące 39 mld USD. Interesująco wygląda rozkład tej kwoty w poszczególnych latach. Ponad 40% tychże nakładów przypada na okres 1990–1997. Wynika z tego, iż największa aktywność wystąpiła w czasie najwyższych cen na rynku nieruchomości w Hongkongu. Do roku 1985 nakłady wykazują systematyczny wzrost od 0,8 do 6 mld USD w końcowym okresie. W 1985 oraz 1986 roku wystąpił wyraźny spadek. W tych dwóch latach zagraniczni przedsiębiorcy skierowali środki o połowę mniejsze niż w poprzednim okresie. Wynosiły one bowiem niespełna 1 mld USD. Tak gwałtowne obniżenie nakładów wiązać należy z zawartą umową między Wielką Brytanią, a ChRL odnośnie przejęcia kolonii w 1997 roku przez władzę w Pekinie. W podejmowaniu decyzji czynnik polityczny odegrał więc podstawową rolę. Obawa o przyszłość terytorium po 1997 roku spowodowała zaniepokojenie oraz wstrzymanie nakładów. Po 1986 roku zagraniczni przedsiębiorcy jednak znacznie zwiększyli swoją aktywność. W latach 1986–1988 średniorocznie przeznaczali fundusze w wysokości ponad 3 mld USD. Ten trend uległ załamaniu w kolejnych dwóch latach. Ponownie powodem zahamowania procesu były wydarzenia polityczne tym razem w samych Chinach. Władza w Pekinie siłą stłumiła manifestację na placu Tienanmen, co spowodowało szeroką falę protestu zwłaszcza w Hongkongu. Na przykładzie tego zdarzenia można wyraźnie dostrzec bezpośrednie związki gospodarki z polityką. Podjęcie działań przez rząd w Pekinie (wprowadzenia wojsk, milicji przeciwko protestującym, następnie zapoczątkowane procesy sądowe studentów) podważyły zaufanie do składanych deklaracji władz chińskich. W procesie inwestycyjnym (szczególnie w takim, gdzie angażuje się znaczne środki) jednym z podstawowych kryteriów decyzyjnych jest określenie stabilnej sytuacji w dłuższym czasie. W odniesieniu do przedstawionych przykładów taka analiza miernika stabilności okazała się niekorzystna. Dlatego też występują duże wahania w ilości kapitału zagranicznego pojawiającego się na rynku nieruchomości.

W latach 1980–1997 praktycznie nie ulegają zmianie preferencje inwestorów. Najwięcej środków przeznaczono na budownictwo usługowe prawie 40% wszystkich nakładów. Pod pojęciem budownictwa usługowego mieszczą się następujące pozycje: hotele, budynki biurowe, centra handlowe itd. Kolejny znaczny udział przypada na infrastrukturę ponad 22% oraz budownictwo mieszkaniowe (w tym rezydencje) - 19%.

Biorąc pod uwagę kierunki napływu kapitału pierwsze miejsce zajmują Chiny. Przypada na ten kraj prawie 30% całkowitych środków skierowanych w okresie 1980–1997. Na drugim miejscu są USA - 12%, a na trzecim Japonia - 8%. Zwraca uwagę wysoka pozycja ChRL. Obecność przedsiębiorstw chińskich na rynku nieruchomości w Hongkongu rozpoczęła się stosunkowo późno, bo w 1980 roku, a mimo to zdecydowanie przewodzą one stawce największych inwestorów.

Kapitał z ChRL na rynku nieruchomości w Hongkongu zasługuje na szczególną uwagę z kilku względów. Istotnym jest, że stanowi on największą wartość pod względem nakładów. Po wtóre pojawił się w kolonii dopiero w 1980 roku. Podejmowane działania inwestorów chińskich znacznie różnią się od pozostałych zagranicznych przedsiębiorców.

W odniesieniu do Chin obserwuje się charakterystyczny rozkład napływu środków. Co więcej w okresach przełomowych, tj. w latach 1985–1986 oraz 1988–1989, kiedy ogólny trend ulegał załamaniu, znacznie rosły nakłady chińskie. W tym czasie Chińczycy zaangażowali na rynku nieruchomości kwotę wyższą o prawie 50%. Ten proces wydaje się mieć swoje uzasadnienie w decyzjach politycznych. Władze w Pekinie były wówczas zainteresowane utrzymaniem stabilności w Hongkongu. W ważnych momentach, kiedy powszechnie pojawiały się wątpliwości co do dalszego pomyślnego rozwoju terytorium, inwestycje chińskie pozwalały oddalić rosnące obawy.

Rys. 15. Poziom inwestycji chińskich na rynku nieruchomości w Hongkongu w latach 1980–1997 w mld HK$

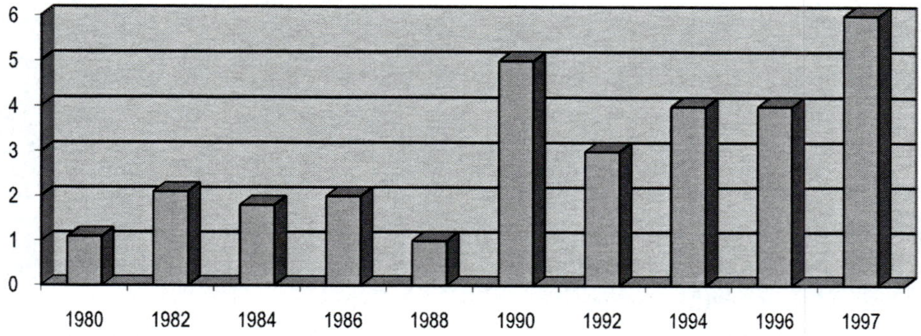

Źródło: *Jardine Flaming Real Estate Report*. Hongkong. 1998.

W momencie gdy zagraniczni inwestorzy ponownie zwiększali swoją obecność na rynku nieruchomości w kolonii, nakłady chińskie wyraźnie ulegały obniżeniu. Dwukrotnie ta reguła znalazła potwierdzenie. Na podstawie danych z wykresu jednoznacznie wynika, iż w latach 1987 oraz 1990–1991 aktywność przedsiębiorców z ChRL znacznie malała. Ponadto kolejnym potwierdzeniem przyjętej strategii jest fakt realizowania zakupów po wyższych cenach, niż te obowiązujące w danym okresie.

W grudniu 1985 roku firmy z ChRL stały się większościowymi udziałowcami sieci hoteli Green Lane. Ogólna wartość transakcji nie została podana, ujawniono jednak, iż cena opierała się na wskaźniku 2500 HK$ za stopę powierzchni użytkowej budynków [*Property Post*, 03.01.1986]. Były to ceny większe przynajmniej o 20% od powszechnie obowiązujących, na dodatek umowa została zawarta przy spadkowym trendzie zakupów.

Podobny schemat wystąpił w latach 1989–1990. Wówczas odnotowano szczególną aktywność przedsiębiorców chińskich na rynku nieruchomości w kolonii brytyjskiej. W okresie tylko dwóch lat zaangażowali oni środki w wysokości prawie 5 mld USD [*Jardine Flaming Real Estate Report*, 22.11.1995]. Kapitał został w głównej mierze użyty na wykup budynków położonych w centralnych częściach Hongkongu: Admirality, Causeway Bay oraz Kowloon. Zakupy dotyczyły w przeważającej części prestiżowych kompleksów usługowo handlowych oraz biurowych. Na te cele przeznaczono prawie 60% całkowitych nakładów w analizowanym czasie [Kenneth Ko, 1991]. Taka struktura wydatków ma bardzo istotne znaczenie. Poziom cen na rynku nieruchomości w Hongkongu wyznaczają w podstawowym stopniu obroty dotyczące kupna–sprzedaży ośrodków biurowo-handlowych. Zwiększone zakupy w tej kategorii powodują ożywienie w pozostałych grupach. Dlatego też właśnie kapitałowi z Chin przypisuje się przełamanie recesji i ponowny napływ zagranicznego kapitału.

W latach 90. ponownie obserwujemy znaczną aktywność inwestorów z ChRL. Sprowadza się ona do wykupu obiektów zlokalizowanych w reprezentacyjnych dzielnicach. Powszechnie uważa się, że ten proces ma wyraźny podtekst polityczny. Otóż te działania mają na celu stworzenie przed rokiem 1997 sytuacji, gdzie jedynym faktycznym właścicielem Hongkongu są podmioty wywodzące się z Chin kontynentalnych. I tak w latach 1992–1994 oddano do użytkowania 67 nowoczesnych kompleksów biurowych. W ponad 47% obiekty te pozostają w dyspozycji firm chińskich. Ten stan rzeczy miał zniechęcać Wielką Brytanię do prób wprowadzania jakichkolwiek zmian przed przejęciem terytorium przez rząd w Pekinie.

Bardzo charakterystyczną cechą działania firm z ChRL są silne związki z dużymi lokalnymi przedsiębiorstwami. Sporadycznie organizacje chińskie samodzielnie dokonywały transakcji. Trzy największe miejscowe firmy – Sung Hung Kai, Henderson oraz New World Development wyspecjalizowały się w tych operacjach. Ponadto też te właśnie przedsiębiorstwa z chwilą otwarcia rynku chińskiego otrzymują największą liczbę zleceń dotycząca projektów budowlanych.

Zupełnie odmiennie postępowali pozostali inwestorzy. Bardzo popularną formą było i pozostaje nadal zawieranie spółki joint-venture, w której większościowy pakiet akcji posiadał zagraniczny partner. Często też taka spółka pozostawała jednostką do realizacji dalszych inwestycji. Tak postępowali min. Malezyjczycy. W 1992 roku duża firma z Malezji – Lion Group wspólnie z lokalnym Cheong Tai Ltd. utworzyły przedsięwzięcie do budowy kompleksu usługowego w Shatin. 55% akcji przypadało zagranicznemu partnerowi. Po zrealizowaniu tego projektu przystąpiono do wykupu gruntów pod zabudowę hotelową.

Należy podkreślić, że właściciele firm: Henderson, New World Development oraz Sung Hung Kai mają bardzo znaczne zaufanie rządu w Pekinie. Wchodzą oni to tzw. Rady na rzecz Rozwoju Hongkongu ściśle współpracującej z ChRL. Ciało to powołane zostało na początku 1992 roku. Grupuje wpływowych i bogatych biznesmenów pochodzenia chińskiego. Nie jest to organizacja formalnie zarejestrowana, posiadająca osobowość prawną. Służy bowiem w praktyce jedynie do kształtowania opinii publicznej; wywierania nacisku na urząd gubernatora w sytuacjach gdy proponowane zmiany są sprzeczne z interesami władz chińskich. Dowodzą tego wystąpienia liderów tej grupy w chwili ogłoszenia proponowanych zmian ordynacji wyborczej. Projekt (zgłoszony przez gubernatora Ch. Pattena w 1994 roku zakładał przeprowadzenie wolnych wyborów celem wyłonienia członków Legislative Council) spowodował sprzeciw ChRL. Równolegle liderzy Rady na rzecz rozwoju Hongkongu poparli stanowisko chińskie. Uznawany za wiodącą osobistość w kolonii – Li-Kashing występował wielokrotnie publicznie wyrażając obawy co do stabilnej sytuacji oraz sprzyjającego klimatu politycznego na terytorium po wprowadzeniu proponowanych zmian. W takich wypadkach bardzo aktywna była także prasa chińska, przedstawiająca niekorzystny obraz Hongkongu – jego dalszego rozwoju gospodarczego, posługując się obszernie wypowiedziami wspomnianych liderów. Również kolejne projekty, np. w marcu 1995 roku propozycje zmierzające do znowelizowania ustawy emerytalnej, napotkały wyraźny opór przedstawicieli Rady.

W pozostałych przypadkach inwestorzy z Chin działali za pośrednictwem już funkcjonujących w kolonii swoich organizacji. Przykładem takiej formy są inwestycje Guangdong Enterprise Holding. Firma ta reprezentuje w Hongkongu również kapitał innych południowych prowincji chińskich [*Guangdong Enterprise Holding Annual Report*. Hongkong, 1991]. Dzięki inwestycjom tej grupy podmioty z Chin stały się właścicielami sieci średniej klasy hoteli, praktycznie kontrolują ruch turystyczny na linii ChRL – Hongkong.

W dwóch ostatnich latach występuje charakterystyczna tendencja w obrocie mieszkaniami mieszczącymi się w kategorii lokali luksusowych. Otóż segment tego rynku został zdominowany przez inwestorów chińskich. Do 1993 roku aktywność przedstawicieli ChRL była znikoma. Szacuje się, że stanowili oni jedynie ok. 10% całkowitej liczby nabywców, natomiast po roku 1994 ich udział zwiększył się do 70%. Z tego też powodu zdołano utrzymać bardzo wysoki poziom cen na te nieruchomości.

3.5. Historia rozwoju systemu finansowego Hongkongu

Wraz z rozwojem Hongkongu szybkim zmianom ulegały wszystkie dziedziny życia gospodarczego. Obserwujemy to również w odniesieniu do sektora bankowego. Mimo, iż od 1841 roku na terytorium Hongkongu ustalono faktyczne zwierzchnictwo Wielkiej Brytanii, wprowadzono angielskie normy prawa, to sfera obrotu finansowego podlegała nie kontrolowanemu rozwojowi praktycznie aż do zakończenia drugiej wojny światowej [Collins M., 1982].

Pierwszym widocznym sygnałem ustanowienia kolonii był fakt pojawienia się dużych angielskich firm zajmujących się nie tylko handlem, ale również świadczących usługi finansowe. Należały do nich przede wszystkim Jardine Mathons, Den & Co., Gibb

Livingstone oraz Russel & Co. Przejęły one rolę pierwszych banków w kolonii. Główną sferą ich działania było świadczenie usług - współfinansowanie, a także rozliczanie transakcji handlowych. Tego typu operacje zwłaszcza w początkowym okresie były bardzo dochodowe i wydatnie przyczyniły się do powstania sektora bankowego. Najstarszym utworzonym w 1846 roku był Oriental Banking Corporation. Będąc oddziałem banku londyńskiego specjalizował się w rozliczeniach obrotów handlowych między Wielką Brytanią a rejonem Azji Południowo-Wschodniej. W latach 1847–1990 powstało w Hongkongu 21 banków, z których aż 18 wywodziło z Anglii [Joseph C. F., 1964]. Pierwszym lokalnym bankiem był utworzony w 1864 roku Bank of China, o kapitale założycielskim 600 000 rupii [King F. H. H., 1969].

Sektor finansowy rozwijający się praktycznie bez kontroli, pierwszy swój kryzys przeżył już w 1866 roku. Jednym z powodów, który zachwiał sektorem bankowym doprowadzając do likwidacji 11 jednostek, był fakt osłabienia roli Hongkongu jako pośrednika handlowego. W 1860 roku z uwagi na wojnę domową w USA, wysoce niestabilny okazał się rynek bawełny. Kolonia przestała pełnić rolę dystrybutora tego surowca w regionie. Jeszcze ważniejszym czynnikiem okazał się wyraźny spadek cen srebra. Właśnie ten kruszec był podstawowym środkiem rozliczeń między Hongkongiem a kupcami z Chin. W obrocie powszechnie funkcjonowały sztabki srebra o określonej wadze. Wraz ze spadkiem cen, zmalało zainteresowanie handlem na linii kolonia - porty chińskie. Ponadto Bombaj wyrósł na bardzo groźnego konkurenta Hongkongu. Rozwój handlu w Indiach znacznie przyczynił się do zwiększenia znaczenia tego portu.

Wszystkie te czynniki spowodowały, że rozwijające się w szybkim tempie banki, nie miały w tak licznej obsadzie, racji bytu. Stopniowo jednak sytuacja ulegała poprawie. Hongkong ponownie odzyskiwał swoje znaczenie. Otwarcie kanału sueskiego w 1869 roku dodatkowo ten proces stymulowało. Od 1991 roku wskutek rewolucji w Chinach nastąpił napływ kapitału do kolonii. Klasa przedsiębiorców chińskich poszukiwała bezpiecznych lokat. Protektorat Wielkiej Brytanii gwarantował bezpieczeństwo. Dlatego też Hongkong był docelowym miejscem transferu kapitałów.

Do II wojny światowej banki w kolonii zajmowały się następującymi dziedzinami:

1. Współfinansowanie operacji handlowych, czyli kredytowanie oraz wspomaganie inwestycji. Zysk banku nie wynikał z ustalonego procentu, ale liczony był od całości transakcji handlowej. Jego wielkość zależała więc w dużym stopniu od rodzaju przedsięwzięcia. Ryzyko w znacznej mierze obciążało także instytucję finansową.
2. Pośrednictwo w wymianie środków płatniczych. Typowy przykład takiej usługi wyglądał następująco. Lokalny importer przekazywał bankowi w kolonii określoną ilość srebra jako zapłatę za towar. W zamian za kruszec otrzymywał czek bankierski, np. płatny w Kalkucie. Srebro w tym czasie sprzedawane było do centrali banku w Londynie, a środki uzyskane użyte do pokrycia zobowiązania w Kalkucie. W ten

sposób bank zarabiał na różnicach kursowych. W pierwszym przypadku była to relacja srebra w stosunku do funta brytyjskiego, w drugim zaś kurs wymiany funta do rupii indyjskiej. Dodatkowo ważnym elementem był fakt, że czek wystawiany przez bank (za otrzymany kruszec) płatny był z reguły po okresie 180 dni. Przez ten czas środki pozostawały w gestii rozliczającego transakcję banku w Hongkongu [Chapman S., 1984]. Po kryzysie w 1866 roku zmieniono termin realizacji czeku bankierskiego do 120 dni. Takie operacje przynosiły zysk szacowany na 25% sumy zaangażowanego kapitału.

3. Depozyty. Na tą działalność nastawiały się szczególnie banki zlokalizowane w Hongkongu i posiadające swoje oddziały w portach wschodniego wybrzeża Chin.

Przełom XIX i XX wieku był okresem znacznych niepokojów społecznych w krajach Azji. Same Chiny przeżywały duże problemy wewnętrzne, które w 1991 roku doprowadziły do rewolucji. Naturalną sprawą było poszukiwanie bezpiecznych lokat. Takie właśnie gwarancje dawały banki w Hongkongu. W okresie 1869–1879 depozyty w kolonii wynosiły ok. 38.9 mln HK$. Kolejne lata przyniosły ich gwałtowny wzrost do 285 mln HK$ [Ghore T., 1987].

Oprócz banków działających na wzór europejski istniały w kolonii (przede wszystkim w początkowym okresie) organizacje o nazwie „Shansi Bank". Skupiały one wyłącznie przedsiębiorców chińskich. Przekazywali oni tym podmiotom swoje lokaty oraz zaciągali kredyty. Funkcjonowanie „Shansi Bank" opierało się głównie na drobnych właścicielach firm chińskich, stanowiących jednak pod względem liczebności znaczną grupę społeczną. Powstanie takich jednostek tłumaczy się odrębnością kulturalną miejscowej ludności. Woleli oni pozostawać w znanych sobie układach i organizacjach. Stopniowo jednak, wraz z rozwojem sektora bankowego, „Shansi Bank" tracił na znaczeniu, praktycznie też po 1945 r. formy te zniknęły z rynku [Greenwood J., 1985].

Do czasu zajęcia kolonii brytyjskiej przez Japonię (grudzień 1941 rok) w obrocie funkcjonowała duża ilość różnych środków pieniężnych. Tradycyjnie w Hongkongu bardzo popularne były wszelkie rozliczenia oparte na srebrze. Chińczycy akceptowali właściwie tylko taki kruszec przy zapłacie za towar. Siłą rzeczy Europejczycy również musieli przystosować się do tych form płatności. Każdorazowe ważenie sztabek służyło do potwierdzenia ich określonej wartości. Przy mniejszych transakcjach używano srebrnych monet. W obiegu była ich znaczna ilość. Popularne były zwłaszcza monety pochodzące z Hiszpanii oraz Meksyku. W 1842 roku władze kolonii postanowiły ujednolicić obrót, wprowadzając tzw. srebrnego dolara. Jednak propozycja ta nie została zaakceptowana przez rząd w Londynie. Utrzymano obowiązek rozliczeń w funtach brytyjskich. W praktyce to zalecenie okazało się trudne do wykonania. Nadal niezmiernie popularne były operacje prowadzone za pośrednictwem srebra. Nawet należności ściągane przez władzę w kolonii wyceniano w tym kruszcu. Sprawa wprowadzenia jednolitej waluty w Hongkongu ponownie odżyła w 1866 roku. Wtedy to urząd gubernatora zlecił emisję srebrnych monet jako oficjalnej waluty kolonii. I ta próba zakończyła się niepowodzeniem. Hongkong & Szanghaj Banking Corporation, który miał się podjąć przeprowadzenia całego procesu wymiany, zrezygnował z przedstawionych propozycji. Nie doszło bowiem do ustalenia kursu wymiany „nowych dolarów" w stosunku do srebra oraz innych już będących w obiegu monet. Cała produkcja 2 mln srebrnych monet została sprzedana do Japonii [Cholmers R., 1965].

Od roku 1873 z uwagi na dużą podaż srebra wiele krajów oparło swoją walutę na parytecie złota. Tak postąpiły m.in. Niemcy, Holandia, kraje Skandynawskie. Ten krok spowodował dalszy spadek cen srebra, gdyż państwa te swoje dawne zapasy wprowadziły na międzynarodowy rynek. Znaczne wahania cen srebra miały swoje implikacje w obrotach handlowych w rejonie Azji Płudniowo-Wschodniej. Oparcie się praktycznie na tym kruszcu jako środka rozliczeniowego spowodowało wyraźne zmniejszenie wymiany towarowej. W 1875 roku władze kolonii zdecydowały się dokonać emisji lokalnego dolara. Od tego też okresu datuje się historia miejscowej waluty. Równocześnie nadal używane były (zwłaszcza w rozliczeniach z Chinami) sztabki srebra. W kolonii natomiast coraz powszechniej akceptowano banknoty dolarowe wydawane przez poszczególne banki. Pierwszy z nich, który otrzymał prawa emisyjne był Oriental Banking Corporation. Każdy z emitujących banków musiał uzyskać zgodę władz. Zobowiązany był do wykupienia w każdej chwili wyemitowanych środków. Pozwolenia były często cofane lub ograniczane. Stało się tak m.in. w przypadku Chartered Mercantile Bank – koncesję odebrano w 1892 r., przywrócono mu ją ponownie w 1911 roku. Hongkong & Shanghai Banking Corporation posiadał zgodę (wydaną w 1875 roku) na emisję banknotów wyłącznie o nominalne 1 HK$.

W roku 1930 rząd kolonii powołał specjalny komitet, którego zadaniem miało być opracowanie reform systemu finansowego. W maju 1931 roku podobny komitet powstał w Londynie jako ciało koordynujące pracę komisji w Hongkongu. Oba gremia zdecydowanie opowiedziały się za tym, aby nie wprowadzać waluty opartej na parytecie złota i utrzymać parytet srebra. Wszystkie banki, które otrzymały prawo emisji musiały posiadać odpowiednie rezerwy w srebrze. Wymogiem były ilości liczone w sztabach o wysokiej zawartości srebra, a nie jak do tej pory bywało także w monetach. Autorzy projektu brali więc pod uwagę dotychczasowe tradycje rozliczeń w regionie.

Od roku 1920 cena srebra wyraźnie wzrosła. Nieprzerwanie do roku 1920 popyt windował poziom cen do 7.5 szylinga za uncję. W latach 1920–1930 nastąpił znaczny spadek cen do poziomu 3.5 szylingów. Cena kruszcu zaczęła ponownie zwyżkować od roku 1931 dochodząc w r. 1932 do prawie 8 szylingów za uncję [Lam R., 1983].

Temu procesowi towarzyszył znaczny niekontrolowany wywóz srebra z Chin. Przedsiębiorcy z rejonu Azji Południowo-Wschodniej dążyli do sprzedaży kruszcu na międzynarodowym rynku licząc na znaczne zyski przy ciągle rosnącej cenie kruszcu. Mimo wprowadzonego zakazu, władze chińskie nie zdołały zahamować wywozu. Do 1936 roku przewieziono do Hongkongu prawie 12 mln uncji srebra. Było to impulsem do działań miejscowego rządu. Władze wprowadziły w dniu 6 grudnia 1936 roku nową ordynację bankową. Na mocy tego postanowienia tylko cztery banki: Hongkong & Shanghai Banking Corporation, Chartered Bank of India, Australia & China Bank oraz Mercantile Bank of India otrzymały prawo emisji lokalnej waluty - dolara. Wszystkie zasoby srebra będące w posiadaniu emisariuszy zostały zdeponowane przez rząd kolonii. Następnie przewieziono i sprzedano je w Londynie. W ten sposób uzyskano sumę 12 313 938 funtów szterlingów stanowiącą fundusz gwarancyjny emisji. tzw. Exchange Fund.

Od tego momentu notuje się oparcie dolara Hongkongu na parytecie funta szterlinga. W początkowym okresie miejscowy dolar nie był przeliczany w określonej relacji do funta. Ustalenie tego parytetu miało jedynie chronić lokalną walutę przed działaniami spekulacyjnymi.

Do 1945 roku nie było większych problemów ze stabilnością dolara. Duży chaos na rynku nastąpił na przełomie lat 1945/1946. Stało się to za sprawą Japończyków, którzy zajmując Hongkong przejęli wszystkie aktywa znajdujące się w posiadaniu banków kolonii. W skarbcu Hongkong & Szanghaj Banking Corporation znaleziono przygotowane do obiegu banknoty na łączną sumę 800 000 HK$. Kwotę tę bez żadnego zabezpieczenia wprowadzano stopniowo na rynek, powodując po zakończeniu działań wojennych zachwianie systemu finansowego kolonii. Dla unormowania sytuacji poszukiwano właściwych rozwiązań. Nie zdecydowano się na anulowanie sumy rozprowadzonej przez Japończyków. Hongkong & Szanghaj Banking Corporation wpłacił na rzecz Exchange Fund kwotę 1 mln funtów (odpowiednik w tym czasie ok. 16 mln HK$). Rząd ze swojej strony zobowiązał się do zwrotu tej sumy z zysków osiągniętych przez Exchange Fund. Z tego też powodu nie publikowano aż do 1967 roku żadnych raportów na temat operacji tego funduszu. Gdy w 1968 roku nastąpiła dewaluacja funta rząd kolonii podał informację, iż aktywa Exchange Fund wynoszą 350 mln funtów z czego rezerwy 170 mln funtów szterlingów.

W związku z wprowadzeniem ściślejszej kontroli rynku finansowego kolonii lokalne władze dokonały w 1946 roku podziału miejscowych banków na dwie kategorie: tzw. authorized oraz unauthorized banks. Pierwsza grupa posiadała prawo do emisji dolara. Banki te ściśle współpracowały z Exchange Fund i tylko one mogły zostać członkami Exchange Banks Association. Dzięki temu uzyskały monopolistyczną pozycję również co do ustalania kursów walutowych. Druga grupa banków skupiała pozostałe jednostki. Ich pozycja była już bardziej niekorzystna. Na przykład w rozliczeniach operacji handlowych przeprowadzanych w USD (a tylko w takiej walucie były realizowane obroty w odniesieniu do ważnych partnerów, tj. USA, Tajwanu, Korei), musiały dokonywać zakupów dolarów amerykańskich po kursie wyznaczonym w authorized banks. Zobowiązane były także do odsprzedaży tymże jednostkom swoich należności otrzymanych w USD.

Taka struktura rynku finansowego funkcjonowała aż do 1968 roku. Wraz jednak z zachwianiem się pozycji funta na rynku światowym zmienia się sytuacja dolara hongkongijskiego. Już 17 listopada 1967 roku nastąpiła dewaluacja funta o 14,3%. Proporcjonalnie też uległ zmianie lokalny dolar. Ten krok podyktowany był jako zabezpieczenie przed odpływem kapitałów z kolonii. W przeciwieństwie do Wielkiej Brytanii, rząd Hongkongu nie miał w tym okresie poważnych kłopotów finansowych. Rezerwy liczone w zagranicznych walutach wynosiły na koniec 1967 roku 768 mln funtów szterlingów.

W maju 1968 roku Wielka Brytania zobligowała władze kolonii do ścisłej współpracy przy ustalaniu kursu dolara Hongkongu. W czerwcu 1968 roku Urząd Gubernatora zdecydował o emisji obligacji podlegających wykupowi po 7. latach. Ogólna kwota na jaką opiewały papiery wartościowe wynosiła 150 mln funtów. Ważnym zastrzeżeniem było to, iż wykup obligacji mógł być zrealizowany tylko za pomocą funtów szterlingów [Jao Y. C., 1974].

We wrześniu tego samego roku na mocy tzw. Porozumienia Bazylejskiego zawartego między Hongkongiem a Wielką Brytanią ustalono następujące zasady:

- władze kolonii będą swoje rezerwy utrzymywały w funtach,
- rząd w Londynie, w wypadku jakichkolwiek zmian różnic kursowych funta do innych walut (na uwadze głównie miano dolara amerykańskiego) zobowiązywał się do pokrycia 90% tychże zmian,
- ewentualne płatności miały następować w ciągu 30 dni od momentu wystąpienia zmian.

Mając poparcie w postaci gwarancji Londynu, władze kolonii zmieniły od września 1968 roku zasady emisji obligacji. Podniesiono w pierwszym rzędzie limity z 30 mln do 7 mld HK$. Pod naciskiem jednak miejscowych banków, rząd zapewnił całkowitą rekompensatę strat w wypadku dewaluacji funta w stosunku do dolara USA. Wielka Brytania, mimo dużych wysiłków utrzymania stabilności swojej waluty, nie była w stanie (szczególnie w 1972 roku) zachować dotychczasowych kursów w stosunku do głównych walut. Jeszcze w grudniu 1971 starano się utrzymać parytet funta oparty na złocie. Ten krok doprowadził do rewaloryzacji o 8.5% dolara Hongkongu w stosunku do USD. Jednak cały rok 1972 przyniósł znaczne wahania kursowe funta. Londyn nie był w stanie utrzymać stabilności swojej waluty. Miało to bezpośredni związek z sytuacją w kolonii. Dolar miejscowy wykazywał ciągły spadek notowań. Tylko w pierwszym kwartale 1972 roku odnotowano obniżenie kursu prawie o 20%. Ostatecznie kurs w lipcu ustalił się na poziomie 5,61 HK$ za 1 USD.

Zobowiązania podjęte w 1968 roku bardzo niepokoiły władze kolonii oraz miejscowe banki. Dlatego też pod koniec roku wśród instytucji finansowych w Hongkongu wystąpiła silna presja ucieczki od funta i utrzymywania swoich rezerw w innych walorach przede wszystkim w USD. Dolar amerykański pozostawał ważnym środkiem płatniczym z uwagi na dwa czynniki:

- Stany Zjednoczone były w omawianym okresie głównym partnerem handlowym kolonii,
- w przeciwieństwie do funta brytyjskiego USD nie podlegał aż tak gwałtownym wahaniom kursowym. Naturalnym więc był proces wyzbywania się funtów na rzecz zwyżkujących walut, do których USD się zaliczał.

Mimo, że do roku 1972 praktycznie wszystkie rezerwy Hongkongu utrzymywane były w funtach, to wraz z kłopotami tej waluty postępował spadek jej udziału w rezerwach. W 1970 roku nastąpiło obniżenie do 70%, w 1975 r. do 40%, a w 1977 r. już poniżej 10%.

Wraz z dewaluacją funta władze kolonii zwróciły się do Londynu o regulację zobowiązań wynikających z tzw. Porozumienia Bazylejskiego. Pierwsze należności z tego tytułu zostały skierowane do kolonii dopiero po upływie 6. miesięcy, a nie w ciągu 30. dni, jak przewidywało porozumienie.

23 czerwca 1972 roku wprowadzono płynny kurs funta. Środki na pokrycie strat Londyn przetransferował w listopadzie. Jednak po opublikowaniu bilansu Exchange Fund za 1972 rok okazało się, iż fundusz zanotował stratę w wysokości 913 mln HK$. Udostępnienie tej informacji spowodowało dodatkowe podważenie zaufania do funta. Ponadto same władze kolonii (na bazie doświadczeń z realizacją Porozumienia Bazylejskiego) nie wykazywały żadnego działania w celu utrzymywania swoich rezerw w funtach, wręcz odwrotnie zachęcały banki do zwiększania swoich zasobów w dolarach amerykańskich. Można na tej podstawie przyjąć, iż strefa funta szterlinga oficjalnie przestała obowiązywać dopiero w 1974 roku, ale na terytorium Hongkongu nie funkcjonowała już w 1973 r.

Duże wahania kursowe głównych walut świata, które nastąpiły po roku 1972, miały swój wpływ na sytuację w Hongkongu. Rząd kolonii oraz Exchange Fund przy współpracy miejscowych banków zmuszeni zostali do aktywniejszej polityki dotyczącej umocnienia lokalnej waluty. W latach 1972–1974 podjęto następujące działania:

- zobligowano zarząd Exchange Fund do zwiększenia 15% udziału HK$ w rezerwach tego funduszu,
- usprawnienie systemów kredytowych między bankami,
- przy nowej emisji banki emitujące uznawały określone sumy na dobro w rachunkach Exchange Fund w lokalnej walucie, a nie jak było do tej pory w funtach lub dolarach USD.

Te trzy ważne posunięcia doprowadziły do nowej sytuacji na rynku finansowym kolonii, określanej mianem – free issuing system. Dzięki tym rozwiązaniom banki uzyskały większą elastyczność w podaży środków pieniężnych. Przy omawianiu tego okresu funkcjonowania sektora bankowego należy pamiętać o dwóch podstawowych założeniach:

1. W kolonii nie ma instytucji banku centralnego. Funkcję zbliżoną spełnia Exchange Fund we współpracy z bankami posiadającymi prawa emisji.
2. Ze względu na dużą dynamikę oraz wolumen obrotów handlu zagranicznego kolonii, istnieje zależność między bilansem handlowym a podążą środków pieniężnych.

Dla utrzymania określonego kursu miejscowego dolara lokalne władze w okresie 1972–1974 musiały prowadzić bardzo elastyczną politykę. W czasie obowiązywania free issuing system zakładano utrzymanie dolara hongkongijskiego na poziomie 5 HK$ w stosunku do USD, z możliwością 2% wahań. W przeciągu trzech lat ustabilizowano kurs miejscowej waluty. Dopiero gdy w 1974 roku kurs HK$ wzrósł do poziomu 4,65 za 1 USD, władze zdecydowały się wprowadzić płynny kurs. Lata 1972–1974 udowodniły ciągłą aprecjację dolara Hongkongu w bieżącym bilansie handlowym. Trade weighted index wynoszący w 1972 roku 103,7 pkt. w 1974 r. zwiększył się do 114,4 pkt. Deficyt handlu wynosił 1,57 mld HK$. Kiedy w r. 1975 indeks obniżył się do 106 pkt. to ujemny bilans handlowy wzrósł do 3,9 mld HK$. Podane zależności wystąpiły w latach późniejszych.

Na początku lat 80. XX wieku sytuacja na rynku finansowym kolonii ponownie wyraźnie uległa destabilizacji. W 1981 roku nastąpił spadek notowań dolara Hongkongu. Znacznie stracił on w stosunku do USD. Kurs w grudniu 1981 roku ustalił się na poziomie 7,98 HK$. Na początku 1982 roku nadal wystąpiła silna presja spadkowa doprowadzając do kursu na granicy 8 HK$ w stosunku do dolara USA.

Głównym powodem destabilizacji na rynku kolonii, były zapoczątkowane rozmowy między Londynem a Pekinem dotyczące przyszłości terytorium. Ten polityczny czynnik okazał się bardzo istotny, mający wymierne odbicie w wydarzeniach gospodarczych. Jemu też należy przypisać wpływ na spadek zaufania do lokalnej waluty.

Aby zapobiec dalszej destabilizacji rząd kolonii w dniu 25.09.1983 roku ogłosił wprowadzenie następujących rozwiązań:

- Pełną wymienialność dolara Hongkongu.
- Exchange Fund podejmować będzie energiczne działania zmierzające do utrzymywania określonego poziomu kursów.
- Hongkong Association of Banks podniósł oprocentowanie kredytów o 3%.

Bardzo istotna zmiana nastąpiła w polityce emisyjnej. Władze Hongkongu zobowiązały Exchange Fund do prowadzenia rozliczeń z bankami emitującymi z uwzględnieniem stałej relacji kursowej 7,8 HK$ w stosunku do USD. Tylko dwa banki otrzymały prawo emisji: Hongkong & Szanghaj Banking Corporation oraz Chartered Bank. W przypadku wystąpienia popytu na USD, banki w kolonii mogły tę walutę otrzymać za pośrednictwem tylko tych dwóch jednostek. One wiec wyznaczały wysokość stopy międzybankowej – interbank rate. Wartość HIBOR oddziałuje na pożyczkobiorców. Wysoka stopa ma powodować ograniczenie popytu. Obniżenie HIBOR wywołuje zainteresowanie uzyskaniem środków. Utrzymując ten system Exchange Fund napotykał na znaczne trudności. Potwierdzeniem tego był fakt kształtowania się HIBOR. W latach 1983–1989 wskaźnik ten wykazywał znaczną dynamikę zmian. Na początku omawianego okresu wynosił 12%, w 1985 roku zwiększył się do 30%, zaś w 1989 roku stanowił już 41%.

W styczniu 1987 roku władze Exchange Fund doszły do przekonania, że utrzymywanie sztywnego kursu miejscowej waluty w rozliczeniach z bankami na poziomie 7,8 w stosunku do USD jest zbyt trudne. Z dniem 1 listopada 1987 roku w porozumieniu z jednostkami posiadającymi prawa emisyjne ustalono nowe posunięcia. Odstąpiono od sztywnej relacji kursowej. Nowy, płynny kurs ustalany będzie na podstawie podaży i popytu na rynku walutowym kolonii. Exchange Fund również będzie stosował płynne notowania USD w stosunku do banków emitentów. Te ostatnie zaś swoje rozliczenia z pozostałymi organizacjami rozliczać będą na bazie interbank rate. Odejście od sztywnego kursu USD nie doprowadziło do zmian w kształtowaniu się kursu miejscowego dolara. Praktycznie w latach 1988–1994 utrzymywał się on w przedziale 7,56–7,73 HK$ w stosunku do USD.

Cechą charakterystyczną rozwiązań dotyczących sektora bankowego w kolonii jest fakt jego regulacji prawnych dopiero w okresach kryzysowych. Tak było w powyższych przypadkach odnoszących się do polityki monetarnej kolonii. Dodatkowym potwierdzeniem tej tezy jest nadal brak instytucji Banku Centralnego.

Pierwszym powojennym aktem prawnym regulującym zasady działania banków w Hongkongu było rozporządzenie (*Banking Ordinace*) z 29.01.1948 roku. Na podstawie tego dokument została zdefiniowana instytucja banku. Mogła nim zostać taka organizacja, która prowadzi działalność opierającą się na przyjmowaniu wkładów i depozytów. Realizuje operacje skupu czeków, weksli, przekazywanie oraz wymianę środków płatniczych. Udziela kredytów. Może być zaangażowana w kupno–sprzedaż kruszców. Bank musi być zarejestrowany w miejscowym Ministerstwie Finansów oraz opłacać roczną składkę w wysokości 5000 HK$.

Powołano jednocześnie Banking Advisory Commitee składający się z 9. członków miejscowych banków. Ciało to nie miało żadnej władzy wykonawczej, sprawowało jedynie funkcje doradcze. Ordynacja była więc aktem bardzo ogólnym. Wiele typowych rozwiązań nie zostało określonych. Takim uchybieniem był brak wskazania wielkości kapitału założycielskiego oraz jego źródła pochodzenia. Pominięto całość uregulowań dotyczących nadzoru bankowego. Nie było weryfikacji bilansów przez niezależne instytucje. Ponadto nie zalecano żadnych wskaźników odnośnie rezerw gotówkowych w stosunku do depozytów krótko jak i długoterminowych. Jedynym zaleceniem była propozycja Banking Advisory Commitee, aby lokalne banki utrzymywały stan rezerw w wysokości 10% w odniesieniu do wkładów krótkoterminowych oraz 3% w relacji do wkładów długoterminowych. Sugestia ta nie została wprowadzona w życie. Banki na podstawie własnych decyzji utrzymywały określone relacje rezerw. Mimo to jednak pojawienie się tego aktu prawnego należy uznać za postęp. Po pierwsze nawet bardzo ogólne regulacje prawne w odniesieniu do sektora bankowego były nieodzowne. Przecież kolonia po 1945 roku przeżywała dynamiczny rozwój gospodarczy, szczególnie widoczny w sferze handlu zagranicznego, w latach 1950. dodatkowo też w produkcji przemysłowej. Sprawny sektor bankowy niewątpliwie był czynnikiem wspomagającym zachodzące zmiany.

Wprowadzenie nawet tych ogólnych zasad funkcjonowania banków doprowadziło do znacznego usprawnienia działań. Po pierwsze nastąpił znaczny spadek liczby banków. W 1948 roku było ich 143 a w 1958 roku jedynie 81. Na tle tego procesu spadkowego obserwujemy jednocześnie umacnianie się poszczególnych organizacji. Wzrasta bowiem ogólna liczba oddziałów tych banków, które utrzymały swoją działalność, z poziomu 251 w 1948 r. do 496 w 1958 roku. Najwięcej nowych oddziałów do 1958 roku (59) otworzył Hongkong & Szanghaj Banking Corporation.

Banki w kolonii wykazywały dużą aktywność w podejmowaniu różnej działalności. Jednym z takich obszarów były inwestycje w budownictwie. Udzielały one przede wszystkim kredytów długoterminowych firmom developerskim. Drugą sferą były usługi dla klientów poszukujących środków na wykup akcji firm notowanych na miejscowej giełdzie. W 1960 oraz 1961 roku zanotowano dynamiczny wzrost indexu Hang Seng, operacje na giełdzie stanowiły w tym czasie jedną z najbardziej opłacalnych form działalności. Powszechnie więc banki udzielały kredytów posuwając się nawet do ustanowienia swoim klientom „clean overdraft". Z tego powodu też na przełomie roku 1960/1961 występowały na rynku finansowym kolonii okresy braku gotówki. Ten stan nasilił się w październiku 1961 roku, kiedy 7 nowych firm rozpoczęło emisję akcji. Braki gotówki przeciągały się do 8 dni. Pierwszym sygnałem niepokojów na rynku był upadek Liu Chong Hing Bank. Kierując się ciągłym wzrostem giełdy oraz niesłabnącym popytem na akcje firm, bank ten przeznaczył 75% swoich depozytów na akcje tychże notowanych przedsiębiorstw. W listopadzie 1961 roku nastąpiło ochłodzenie giełdy. Obroty obniżyły się z 12 mln HK$ do 9,7 mln HK$. Spadł więc bardzo popyt na akcje jednocześnie inwestorzy zaczęli likwidować posiadane depozyty. Zobowiązania Liu Chong Hing Bank na koniec roku 1961 wynosiły już 30 mln HK$ i nie był on w stanie wywiązać się z zawartych umów. Hongkong & Szanghaj Banking Corporation udzielił swoich gwarancji, a następnie przejął wszystkie operacje Li Chong Hing Bank. Wypadek ten był sygnałem dla wprowadzenia kolejnych zmian w systemie finansowym Hongkongu.

W 1962 roku zaproszono do kolonii eksperta Bank of England – H. J. Tomkinsa, zlecając mu opracowanie stosownych propozycji. W wyniku tychże prac powstał specjalny dokument pt. Report on the Hongkong Banking System & Recommendation for the Replacement of Banking Ordinance. Całość składała się z trzech części. W pierwszej opisywano stan faktyczny. W drugiej omawiano propozycje zmian. Trzecia zaś zawierała projekt nowej ordynacji. Główne stwierdzenia wynikające z raportu były następujące:

- W kolonii działa zbyt duża liczba banków. Ich fundusze statutowe (kapitał założycielski) nie były wysokie. W przypadku zachwiania rynku grozi to bankructwem wielu jednostek. Może to powodować reakcję łańcuchową.
- Znaczna część banków swoje aktywa lokowała w akcjach firm notowanych na giełdzie (z raportu wynikało, że aż 35% wszystkich podmiotów). Takie proporcje groziły poważnymi kłopotami dla całego systemu bankowego. Potwierdzeniem takiego stanu jest przykład Liu Chong Hing Bank.
- Część jednostek, zwłaszcza o rodowodzie chińskim, podejmuje większe zobowiązania finansowe niż aktualne posiadane możliwości banku.

Raport zalecał wprowadzenie następujących zmian:

1. Ustanowienie kapitału założycielskiego na poziomie minimum 5 mln HK$.
2. Wprowadzenie wewnętrznych regulaminów, zmierzających głównie do ochrony depozytów.
3. Ustalenie współczynnika płynności (*liquidity ratio*) w wysokości 25%.
4. Weryfikowanie bilansów banków przez specjalistyczne i niezależne firmy.
5. Minister Finansów (*Financial Secretary*) ma pełne prawo do wglądu w operacje bankowe.
6. Ustanowienie instytucji Commissioner of Banking, której zadaniem jest wydawanie licencji oraz nadzór nad wypełnianiem postanowień wynikających z proponowanej Ordynacji Bankowej. W przypadku stwierdzenia uchybień Commissioner of Banking mogła zawiesić działalność banku.

Raport został opracowany w 1962 roku, ale przez dłuższy czas pozostawał tylko stosowną propozycją. Władze miejscowe nie były (po przezwyciężeniu kryzysu w 1961 r.) zainteresowane przeprowadzeniem reform. Czynnikiem, który przyspieszył wprowadzenie nowej ordynacji był kolejny kryzys zanotowany w drugiej połowie 1965 r. Początek tego roku nie zapowiadał żadnych złych skutków. Wręcz przeciwnie banki w kolonii przeżywały wyraźny rozwój. Ich łączne aktywa, które w 1961 roku wynosiły 2,3 mld USD wzrosły w 1965 roku do ponad 5 mld USD. Tym razem ponownie powodem załamania rynku były silne związki sektora bankowego z giełdą oraz rynkiem nieruchomości. Ponownie banki cześć swoich aktywów lokowało w akcje firm notowanych na giełdzie. W przypadku hossy takie operacje przynosiły znaczne zyski. Nie stanowiła też większego problemu płynność, gdyż zbycie tych papierów było stosunkowo łatwe. W przypadku jednak bessy i zaangażowania dużego kapitału w akcje, uzyskanie w szybkim stopniu potrzebnej płynności mogło okazać się bardzo trudne. Taka właśnie sytuacja miała miejsce w drugiej połowie 1965 roku. Obroty na giełdzie spadły. Wskaźnik Hang Seng obniżył się o 11% w stosunku do najwyższego pułapu z pierwszej połowy roku.

Pierwszym bankrutem okazał się Ming Tak Bank, który aż 90% swoich aktywów ulokował w akcjach miejscowych firm. Bank ten specjalizował się w rozliczaniu oraz przekazywaniu środków pieniężnych do USA. Kiedy w październiku 1985 roku utracił płynność Bank of America odmówił akceptacji zrealizowania jego czeku na 7 mln HK$ [Chao L. C., 1988]. Również inne jednostki przeżywały spore kłopoty. W listopadzie zawiesiły działalność Canton Trust oraz Commercial Bank. Podstawową przyczyną upadku tych podmiotów był także fakt oparcia swoich aktywów na akcjach notowanych na giełdzie lokalnych firm.

Bankructwa pierwszych banków pociągały upadek następnych. Nasilił się proces likwidowania depozytów. Brak płynności i odpowiednich rezerw spowodował problemy w 12. bankach. Dotyczył on także znanych podmiotów, takich jak Hang Seng Bank, Kwong On Bank, Dao Heng Bank. W związku z zaistniałą sytuacją Ministerstwo Finansów wspólnie z Exchange Fund zdecydowały o wprowadzeniu nowej ordynacji bankowej zaproponowanej w raporcie z 1962 roku przez Tomkinsa. W międzyczasie też wprowadzono następujące kroki zaradcze:

- Hongkong & Szanghaj Banking Corporation udzieli oparcia kredytowego dla Hang Seng Bank, Wing Lung Bank oraz Far East Bank,
- Chartered Bank w ten sam sposób wesprze Dao Heng Bank oraz Kwong On Bank,
- wstrzymano likwidowanie wkładów terminowych,
- sumę jaką można było podjąć jednorazowo z konta '*a vista*' ustalono na 100 HK$,
- zobowiązano banki do przekazywania Ministerstwu Finansów raportów obrotów gotówkowych.

Te działania pozwoliły pod koniec 1965 roku opanować sytuację.

W 1967 roku rząd uzupełnił ordynację o kolejne istotne regulacje. Całość nadzoru i władzy wykonawczej nad bankami oddano w gestię Commissioner of Banking. Podwyższono kapitał założycielski z 5 mln HK$ do 10 mln HK$. Te jednostki, które nie posiadały nowego wymaganego minimum zobowiązane zostały do uzupełnienia brakującej sumy w ciągu 2. lat. Uściślono pojęcie płynności, zwracając uwagę, że tylko bilansowe należności netto mogą podwyższać płynność. Lokalne banki założone w kolonii mają obowiązek raz w roku ogłosić publicznie w prasie angielsko oraz chińsko języcznej swój bilans, podając przy tym również skład zarządu i rady nadzorczej. Commissioner of Banking w wypadku wątpliwości co do rzetelności bilansu banku, może zlecić powtórne jego wykonanie w niezależnej trzeciej instytucji. Ustalono też, że utworzenie nowego oddziału wymagać będzie rejestracji oraz uiszczenia stosownej opłaty. Dodatkowo, aby skonsolidować rynek zdecydowano nie przyznawać nowych licencji do 1972 roku. W sierpniu 1972 roku umożliwiono utworzenie oddziału dla Barcleys International Bank. Do 1980 wydano zaledwie 3 pozwolenia: 1 dla banku z USA oraz 2 z Japonii.

W 1966 roku zmieniono formę Exchange Bank's Association (EBA) – organizacji powstałej w 1897 roku dla celów rozliczeń między bankami kolonii. Ustalono zasady powoływania zarządu tej jednostki. Stałymi członkami zostali przedstawiciele banków emisyjnych oraz jeden z Bank of China pozostałe miejsca (3) obsadzane są w wyniku wyborów. Stowarzyszenie otrzymało statut. Podejmuje szereg ważnych decyzji. Dotyczy to między innymi stawek oprocentowania depozytów. Do tej pory na rynku panowała zupełna dowolność skutkująca nieuzasadnioną konkurencją w zdobywaniu lokat. Szereg jednostek oferowało bardzo wysokie oprocentowanie nie mające podstaw ekonomicznych, co mogło powodować destabilizację rynku finansowego kolonii.

Wprowadzono zasadę, iż tylko członkowie EBA tzw. autoryzowane banki będą ustalały stawki. Pozostałe podmioty podzielono na duże oraz małe. Pierwsze to banki posiadające kapitał założycielski powyżej 100 mln HK$, mogły zmieniać swoje oprocentowanie o 1% od przyjętego przez EBA natomiast utrzymujące kapitał poniżej 100 mln HK$ w granicach 0,5%. Takie rozwiązanie pozwalało na opanowanie konkurencji między bankami w kolonii oraz lepiej zabezpieczyć lokaty bankowe. Dwa banki posiadające prawa emisji, tj. Hongkong & Shanghai Banking Corporation oraz Chartered Bank w lipcu 1971 roku zdecydowały również ujednolicić oprocentowanie wzajemnych kredytów. Podobnie postąpiła w latach następnych większość innych organizacji skupionych wokół EBA. Wraz z rozwojem rynku finansowego w kolonii powstała znaczna liczba instytucji o charakterze para bankowym. Ich żywiołowy wzrost spowodował doprowadził do obecności ponad 200 takich jednostek w 1975 roku.

Podmioty te zostały określone mianem Deposit Taking Companies. W 1976 roku celem regulacji tego sektora ogłoszono Ordynację Deposit Taking Companies, wprowadzającą następujące rozwiązania:

- wszystkie jednostki o charakterze para bankowym musiały zostać zarejestrowane przez Commissioner of Banking i opłacać roczną składkę,
- kapitał ich nie może być mniejszy niż 2,5 mln HK$ (rozumiany jako wpłata gotówkowa),
- przyjmowane wkłady nie mogą być mniejsze niż 50 000 HK$,
- nie wolno używać w nazwie słowa bank,
- jednostki te zobowiązane są do prowadzenia bilansu przez niezależne wyspecjalizowane firmy,
- ich działalność podlega nadzorowi przez urząd Commissioner of Banking.

Na szybki wzrost liczby Deposit Taking Companies złożyło się szereg czynników. Pierwszym z nich było moratorium rządu ograniczające w latach 70. XX wieku otwierania nowych banków. Z tego powodu wiele instytucji zakładało swoje przedstawicielstwa w kolonii na podstawie regulacji DTC, w ten sposób niejako omijając obowiązujące prawo.

Ponadto wraz z rozwojem rynku wystąpiła potrzeba wąskiej specjalizacji. Część jednostek posiadała bardzo dobre przygotowanie do realizowania wielu przedsięwzięć na przykład: obsługa emisji obligacji, leasing, factoring, przyjmowanie lokat różnych walut, doradztwo finansowe. Nawet średnie banki nie zawsze były w stanie prowadzić na odpowiednim poziomie pełnego zakresu działań i wolały otwierać w wielu przypadkach *„subsidiary company"* właśnie w postaci Deposit Taking Companies [Yip D., 1975].

Wraz z ugruntowaniem się pozycji instytucji DTC, po 1979 roku wykształcił się w Hongkongu wyraźny trzystopniowy system rynku finansowego. Do pierwszej grupy zalicza się banki licencjonowane będące członkami Hongkong Banking Association (pod taką nazwą od 1980 roku występował dotychczasowy Exchange Bank Association). Druga grupa obejmowała licencjonowane Deposit Taking Companies, które musiały posiadać kapitał nie mniejszy niż 100 mln HK$. Trzecią grupę stanowiły DTC z kapitałem nie mniejszym niż 10 mln HK$. Analizując przyjęte rozwiązania należy stwierdzić, że z początkiem lat 80. sektor bankowy w kolonii był już dość dobrze uregulowany. Wydawało się więc, że dzięki temu większe kryzysy tej branży nie są możliwe. Do roku 1982 liczba licencjonowanych banków zwiększyła się do 128 (posiadających łącznie 1474 oddziały na terytorium kolonii) zaś licencjonowanych Deposit Taking Companies wzrosła do 350.

Do rozwoju rynku nieruchomości w kolonii w latach 1980–1982 znacznie przyczyniła się aktywna polityka kredytowa. Tylko biorąc pod uwagę licencjonowane banki zwiększyły one kredyty dla firm działających w *„real estate"* z 10 mld HK$ w 1979 roku do 47,9 mld HK$ w 1982 roku. W okresie 3. lat nastąpił więc prawie pięciokrotny wzrost. Jeszcze większej zmianie w analogicznym okresie uległy omawiane wielkości w Deposit Taking Companies. Ich kredyty powiększyły się prawie 9 razy z 2,418 mld HK$ do 21,06 mld HK$.

Warto podkreślić bardzo istotną cechę. W strukturze portfela kredytów udzielanych przez DTC, zaangażowanie w sektor nieruchomości znacznie się zwiększyło z 24,3% w 1978 r. do 41,9% w 1982 roku.

Pod koniec 1982 roku wystąpił poważny kryzys. Wiązał się on z gwałtownym spadkiem cen oraz popytu na rynku nieruchomości w kolonii. Ceny obniżyły się prawie o 60%. Giełda także zanotowała recesję. Wskaźnik Hang Seng uległ zmniejszeniu aż o 57% w porównaniu z drugim kwartałem 1982 roku. Takie reakcje rynku wiązały się bezpośrednio z wizytą M. Thatcher w Pekinie i rozpoczęciem rozmów na temat przyszłości kolonii brytyjskiej. Obawa co do stabilności terytorium zaowocowała znaczną destabilizacją gospodarczą. Sytuację pogorszyło bankructwo znanej firmy finansowej Tse Lee Yuen. Podstawowym obszarem działania tej organizacji był obrót kruszcami srebra i złota. Na początku 1980 roku zaangażowała się w inwestycje na giełdzie oraz na rynku nieruchomości. W celu zdobycia dodatkowych środków w 1981 roku Tse Lee Yuen dokonał emisji obligacji na łączną kwotę 600 mln HK$. Gwarantem emisji został Lua Hwa Bank. Z chwilą krachu na giełdzie oraz rynku nieruchomości Tse Lee Yuen ogłosił bankructwo. Swoje operacje zawiesił Lua Hwa Bank. Równolegle oznajmiły upadłość dwie duże firmy operujące na rynku nieruchomości – Eda Investment oraz Carrian Group. Powodem był brak możliwości spłaty kredytów zaciągniętych przede wszystkim w Deposit Taking Companies. Bezpośrednim następstwem upadku Carrien Group było zamknięcie sześciu liczących się na rynku DTC: Axona Int, Hongkong Deposit Co. Ltd, Tetra Finance, Whitehall Finance, American & Panama Finance Ltd, oraz Current Finance Ltd. Te ścisłe powiązania rynku nieruchomości i giełdy z sektorem finansowym doprowadziło do kryzysu. W roku 1983 prawie 30% wszystkich Deposit Taking Companies zawiesiło swoją działalność. Ze względu na powiązania banków z DTC, kryzys tych ostatnich wpłynął na znaczne pogorszenie stanu sektora bankowego w kolonii. Pierwszymi, które odczuły załamanie DTC były Hang Lung Bank oraz Overseas Trust Bank. 27 września 1983 roku Chartered Bank odmówił Hang Lung Bank dalszego utrzymywania stałej linii kredytowej wynoszącej 50 mln HK$. Brak tego wsparcia spowodował, iż jednostka ta utraciła płynność finansową. Upadek Hang Lung Bank wraz z jego 28. oddziałami oznaczał dla miejscowego rządu podważenie obowiązującego systemu. Po raz pierwszy w historii kolonii lokalne władze bezpośrednio włączyły się do ratowania bankrutującego banku. W dniu 29 września 1983 roku na posiedzeniu Rady Legislacyjnej (Legislative Council) przyjęto program naprawczy. Polegał on na przejęciu kontroli w Hang Lung Bank za pośrednictwem Exchange Fund. Zmieniono zarząd oraz radę nadzorczą banku, wprowadzając na ich miejsce specjalistów z Exchange Fund i Ministerstwa Finansów. Exchange Fund otworzył linię kredytową na sumę 300 mln HK$, ratując w ten sposób zobowiązania krótkoterminowe Hang Lung Bank. Tak radykalne postępowanie spowodowane było również tym, że w czasie powtórnej weryfikacji bilansu banku stwierdzono działania na szkodę tej jednostki oraz jej udziałowców. Już na początku 1983 roku, kiedy sytuacja w banku był zła, zarząd zdecydował o transferze do USA ponad 650 mln HK$.

Po uratowaniu Hang Lung Bank wydawało się, iż sytuacja została opanowana. Jednak kolejna organizacja Sun Hung Kai Bank ogłosiła utratę płynności. Początkowo podmiot ten działał na rynku jako Deposit Taking Company. Jednak w 1982 roku, osiągając bardzo dobre wyniki finansowe otrzymał licencje bankową. Strategicznymi udziałowcami

Sun Hung Kai byli Compagnie Financial de Paribas of France (Paribas) oraz grupa Merill Lynch z Nowego Yorku. Posiadali oni łącznie 40% udziałów, natomiast 15% przypadało bogatej miejscowej rodzinie chińskiej Fung. W 1983 roku ponad 70% aktywów Sung Hung Kai Bank przeznaczono na zakup nowej siedziby. Przy załamaniu rynku nieruchomości ta decyzja okazała się katastrofalna. W akcję ratowania banku włączyli się jego zagraniczni udziałowcy, którzy dzięki wsparciu kapitałowemu powiększyli swój udział do 51%, tym samym oddalili problem zobowiązań krótkoterminowych. Rodzina Fung przeznaczyła kwotę 20 mln HK$ w formie kredytów krótko i średnioterminowych.

Tylko zupełnie niewielki wpływ na rynek kolonii miało bankructwo dużej amerykańskiej grupy finansowej Deak Perera. Na terytorium organizacja ta posiadała jedynie swoje filie w postaci DTC. Zachwianie rynku było krótkotrwałe, nie odnotowano żadnego bankructwa. Kiedy wydawało się, iż sytuacja ulega poprawie, kolejny solidny bank - Overseas Trust Bank (OTB) ogłosił utratę płynności (9 października 1983 roku). W owym czasie uchodził on za 3. co do wielkości bank w kolonii. Posiadał 23 oddziały oraz 11 zagranicznych przedstawicielstw. Powiązany był kapitałowo z Industrial & Commercial Bank. OTB założony został w 1955 roku, przez diasporę chińską do rozliczania obrotów handlowych w rejonie Azji. Mając powiązania z dużym biznesem chińskim bardzo dobrze wywiązywał się ze swojej roli. Przyczyną słabej kondycji banku okazał się fatalny portfel kredytów udzielonych jeszcze w latach 1978–1981. Dziwnym zbiegiem okoliczności fakt ten nie został stwierdzony podczas kolejnych weryfikacji bilansu. Gdy w latach 1981–1983 zachwiał się rynek nieruchomości i w ślad za tym instytucje finansowe zaczęły przeżywać trudności także Overseas Trust Bank nie mógł wywiązywać się ze swoich zobowiązań. I w tym przypadku do ratowania tej jednostki włączył się bardzo aktywnie lokalny rząd.

Tym razem jednak nie bezpośrednio, lecz wykorzystując silną pozycję Hongkong & Szanghaj Banking Corporation. Ten bank uruchomił linię kredytową oraz obsadził swoimi pracownikami strategiczne pozycje upadającego banku OTB. Dzięki tym posunięciom w przeciągu dwóch następnych lat zdołano uratować pozycję Overseas Trust Bank.

W międzyczasie podobne trudności dotknęły inną jednostkę - Ka Wah Bank. Ten bank był ściśle powiązany z OTB. Naturalną sprawą więc było wystąpienie reakcji łańcuchowej. W ratowaniu Ka Wah Bank po raz pierwszy na dużą skalę włączył się kapitał pochodzący z ChRL. Za pośrednictwem China International Trust & Investment Corporation wprowadzono do upadającego banku 350 mln HK$; z czego 200 mln HK$ w formie akcji (gwarantowanych przez CITIC) oraz 150 mln HK$ w postaci gotówki. Dywidendę na udziałowców za rok 1984 w wysokości 80,7 mln HK$ przeznaczono na powiększenie kapitału założycielskiego.

Podobny schemat zastosowano przy ratowaniu małych banków w kolonii. Klasycznym przykładem był proces naprawczy w Wing On Bank. Organizacja ta uchodziła za bardzo konserwatywne przedsiębiorstwo, unikające wysokiego ryzyka i cieszyło się szczególnym zaufaniem społeczeństwa. Jego trudności zostały spowodowane przekroczeniem statutowych limitów kredytowych. Pierwszym bankiem, który okazał wsparcie bankrutowi był silny Hang Seng Bank. Udzielił on wsparcia finansowego na sumę 200 mln HK$, kolejną kwotę 150 mln HK$ gwarantował Exchange Fund. W styczniu 1986 roku po dokładnej weryfikacji bilansu okazało się, że mimo prób podjętych w końcu 1985 roku starta bilansowa Wing On Bank wynosi 615 mln HK$. W związku z tym podjęto decyzje o sprzedaży. Nabywcą okazało się chińsko-amerykańskie joint-venture grupa Modern Concept. W ramach tej organizacji 68% akcji banku przejęła China Merchants Stream Navigation, zaś 32% Search International.

Zdarzenia, jakie miały miejsce w okresie 1982–1986 wyraźnie dowodziły konieczności ponownej regulacji systemu bankowego kolonii. W sierpniu 1986 roku rząd zdecydował o wprowadzeniu nowej ordynacji bankowej. Ten zbiór aktów prawnych reguluje w sposób zasadniczy funkcjonowanie sektora bankowego aż do chwili obecnej. Na mocy postanowień z 1986 roku połączono urząd Commissioner of Banking z Commissioner of Deposit Taking Companies. Nowe ciało uzyskało szereg nowych uprawnień. Między innymi ciągły nadzór nad całym sektorem bankowym w kolonii. W przypadku wystąpienia niepokojących sygnałów nowe władze mogą zażądać wprowadzenie określonych przez niego kroków zaradczych. Dodatkowo Commissioner of Banking ma uprawnienia do wprowadzenia zmian w zarządach danej instytucji w przypadku stwierdzenia działań na szkodę udziałowców. Obowiązkiem jego jest opracowywanie raportów nt. sytuacji rynku i przesyłanie ich do Urzędu Gubernatora oraz Rady Legislacyjnej Hongkongu. Wzmocniono znacznie możliwości kontrolne Commissioner of Banking. Każda jednostka finansowa ma obowiązek dostarczać potrzebnych informacji łącznie z umożliwieniem dostępu do materiałów źródłowych. Na wniosek urzędu komisarza dopuszcza się weryfikowanie bilansów przez specjalistyczne firmy. Każda zmiana statutu banku wymaga akceptacji Commissioner of Banking oraz Financial Secretary. Licencjonowane banki muszą być członkami Hongkong Association of Banks. Zagraniczne jednostki ubiegające się o rejestrację w kolonii muszą spełniać następujące warunki:

- posiadać zgodę lokalnych władz,
- przekazywać Commissioner of Banking informację o transferze zysków poza kolonię,
- ustalono minimalny kapitał założycielski dla: licencjonowanych banków w wysokości min. 100 mln HK$, licencjonowanych Deposit Taking Companies (DTC) min. 75 mln HK$, zaś rejestrowanych DTC min. 10 mln HK$.

Ponieważ w poprzednich okresach kryzysowych częstą przyczyną był brak stosownych rezerw, nowa ordynacja zwróciła uwagę na konieczność utrzymywania wymaganych limitów. W odniesieniu do banku licencjonowanego kapitał założycielski i rezerwy łącznie nie mogą być mniejsze niż 200 mln HK$, licencjonowane DTC – nie mniej niż 150 mln HK$, rejestrowane DTC– odpowiednio 20 mln HK$. Instytucje te muszą ponadto posiadać dodatkowo tzw. fundusz ryzyka na wypadek złych kredytów. W 1997 roku był on w wysokości 5% kapitału założycielskiego.

Nowa ordynacja także bardzo precyzyjnie określa aktywa banków, tj. środki, które mogą być zaliczone do tej kategorii. Całość została podzielona na trzy grupy. Pierwsza o najwyższej pewności obejmuje m. in.: skrypty dłużne wystawione przez rząd kolonii i banki emisyjne, zagraniczne środki płatnicze, złoto inne kruszce, płatności oraz takie zobowiązania pierwszorzędnych instytucji o terminie płatności nie większej niż 3 miesiące. Do drugie grupy zaliczono: pożyczki państwowe z terminem realizacji do jednego roku, należności płatnicze banków (nie zaliczanych do *first class banks*), oraz gwarancje bankowe otrzymane na podstawie tych należności. Trzecie zestawienie odnosi się do rachunków, bonów skarbowych, wierzytelności itd., podlegającym jeszcze negocjacji z okresem wykupu przekraczającym jeden rok, rachunki związane z obsługą handlu zagranicznego płatne „*after sight*" lub po upływie 6 miesięcy.

Rozwiązania te spowodowały znacznie większą stabilizację rynku finansowego w kolonii. Ujednolicenie zasad pozwoliło w praktyce uniknąć większych kryzysów aż do chwili obecnej. Mimo, iż w latach 1990. doszło do znacznych wahań cen na rynku nieruchomości to nie odnotowano żadnego bankructwa banku, ani też Deposit Taking Companies. W przeszłości takie wydarzenia automatycznie pociągały zmiany w sektorze bankowym.

W 1994 roku w kolonii było zarejestrowanych 196 licencjonowanych banków oraz 238 Deposit Taking Companies. Jak wynika z tabeli 28 najwięcej banków pochodziło z Japonii – 30. Znaczna także liczba przypada na USA (20). Podobne proporcje dotyczą Deposit Taking Companies. Analizując dane zawarte w tabeli jednoznacznie wynika, iż najwięcej działających banków w Hongkongu wywodzi się z regionu Pacyfiku. Na ten rejon przypada prawie 60% wszystkich funkcjonujących organizacji. Na drugim miejscu plasuje się Ameryka Północna reprezentowana przede wszystkim przez USA oraz Kanadę. Warto także odnotować, że w kolonii mają swoje instytucje wszystkie najbardziej uprzemysłowione kraje świata. Bardzo licznie są reprezentowane również państwa europejskie. Najwięcej banków w kolonii brytyjskiej przypada na Francję 11 na drugim miejscu jest Wielka Brytania – 10.

Tabela 28. Zmiany w liczbie licencjonowanych banków oraz Deposit Taking Companies (DTC) w Hongkongu w latach 1989–1997

Kraj/region	Banki oraz DTC			
	1989	1997	1989	1997
Azja				
Hongkong	15	23	29	61
Australia	5	1	5	9
Chiny	13	15	17	14
Indie	4	4	3	5
Indonezja	3	2	11	11
Japonia	28	30	37	34
Malezja	6	4	5	6
Pozostali	4	7	10	11
Europa				
Austria	1	1	1	–
Belgia/Luksemburg	3	2	4	5
Francja	9	11	11	13
Włochy	7	3	–	13
Holandia	3	3	4	5
Szwajcaria	3	5	3	3
Wielka Brytania	11	10	13	18
Niemcy	9	8	2	3
Pozostali	3	2	–	1

Uwaga: Deposit Taking Companies obejmują zarówno licencjonowane jak i rejestrowane DTC.

Źródło: na podstawie: *Commissioner of Banking Annual Report.* Hongkong, 1998.

Biorąc pod uwagę wszystkie przedstawione zjawiska zachodzące na rynku bankowym w kolonii dochodzi się do wniosku, że sektor ten wyróżniają następujące cechy:

- mamy do czynienia z dużą liczbą funkcjonujących podmiotów,
- jest zdominowany przede wszystkim przez licencjonowane banki oraz Deposit Taking Companies,
- wyraźnie dominują banki japońskie,
- jest to międzynarodowy rynek,
- sektor opiera się na kilku grupach bankowych, a czołówkę tworzą Hongkong & Szanghaj Banking Corporation, Bank of China Group,
- w społeczności, która jest prawie w całości chińska, niewiele banków powstało wykorzystując lokalne kapitały.

3.6. Miejsce Bank of China w systemie finansowym

Nazwa Bank of China w stosunku do instytucji działających na terytorium Hongkongu jest mało precyzyjna. Jest to w zasadzie grupa trzynastu banków założonych w kolonii oraz jednego w Macao. Biorąc pod uwagę liczbę organizacji skupioną w Bank of China Group (BOC) należy stwierdzić, że bank ten jest drugim pod względem wielkości, zaraz po Hongkong & Shanghai Banking Corporation (HSBC). Warte podkreślenia jest istotne znaczenie operacji BOC w kolonii brytyjskiej z punktu widzenia władz w Pekinie. Ponieważ właśnie w Hongkongu utworzono najwięcej oddziałów; terytorium to jest najważniejszym obszarem działania Bank of China poza granicami ChRL.

Bank został założony w sierpniu 1905 roku jest więc jedną z najstarszych instytucji finansowych w kolonii. Specjalizuje się w prowadzeniu rozliczeń zagranicznych pod nadzorem jednak banku centralnego – People's Bank of China (PBOC).

BOC w zależności od kierunków w polityce Chin, praktycznie od momentu powstania, podlegał stałej ewolucji. Dość istotne zmiany zostały już wprowadzone w 1911 roku. Zgodnie z wytycznymi Sun Yat-sena siedzibę banku przeniesiono do Shanghaiu i zaktywizowano działalność w rozliczeniach zagranicznych. Do 1928 roku Bank of China funkcjonował głównie jako jednostka biorąca udział w transakcjach państwowych podmiotów. Po tym roku znacznie zwiększył się jego zakres działania na miedzynarodowym rynku finansowym, stając się najważniejszym chińskim bankiem zaangażowanym w operacjach zagranicznych.

W 1949 roku wraz z utworzeniem ChRL siedzibę BOC przeniesiono do Pekinu. Wówczas też znacznie ograniczono jego uprawnienia. Ponownie BOC skupiał swoją uwagę tylko na rozliczeniach państwowych chińskich firm. Stopniowo wraz z wprowadzaniem reform gospodarczych Bank of China otrzymywał większą samodzielność w prowadzeniu swojej działalności. Zmiany w 1979 roku spowodowały, że BOC uzyskał pełną swobodę w prowadzeniu rozliczeń zagranicznych. Ten stan rzeczy utrzymywał się do 1986 roku, kiedy to po raz kolejny władze w Pekinie zdecydowały o podporządkowaniu sobie banku People's Bank of China.

Pierwszy oddział Bank of China został założony w Hongkongu w 1917 roku. Głównym powodem powołania tej jednostki w kolonii, było dążenie do bezpośredniego przejęcia rozliczeń między miejscowymi firmami, a przedsiębiorstwami położonymi na kontynencie. Otwarcie oddziału umożliwiało także łatwiejszy dostęp do nowych potencjalnych klientów oraz obsługi diaspory chińskiej zamieszkującej inne państwa Azji Południowo-Wschodniej.

Po drugiej wojnie światowej sytuacja BOC w kolonii uległa zasadniczym zmianom. Bez wątpienia czynnikiem, który wpłynął na ograniczenie działań banku była sytuacja polityczna, a konkretnie relacja na linii Londyn – Pekin. Rozbieżności między Wielką

Brytanią a ChRL dotyczące konfliktu koreańskiego, następnie wprowadzenia embarga na handel z Chinami, wszystko to bezpośrednio rzutowało na działalność Bank od China w Hongkongu. Nie bez znaczenia była sama sytuacja na kontynencie. Nowy rząd w Pekinie zajęty był utrzymaniem świeżo zdobytej władzy, zaś sprawom gospodarczym poświęcano znacznie mniej uwagi. Temu też należy przypisać fakt, iż w latach 1950. BOC w kolonii pełnił w zasadzie funkcje tylko reprezentacyjne i realizował jedynie zarządzenia centrali znajdującej się w Pekinie. Sytuacja uległa znacznej poprawie w latach 1960.

BOC otrzymał ograniczoną autonomię i stopniowo rozszerzał swoją działalność. Dotyczyła ona w głównej mierze przejmowania rozliczeń handlowych (zwłaszcza importu z Chin) między miejscowymi firmami, a partnerami w ChRL. Tenże bank na początku 1974 roku podjął się pośrednictwa w pierwszych transakcjach na linii Chiny–Hongkong–Tajwan. Czynnikiem stymulującym ten proces były wcześniej poruszane reformy z 1979 roku. Zaowocowały one większą dynamiką rozwoju chińskiej grupy bankowej. Po raz pierwszy od zakończenia drugiej wojny światowej pojawiły się na większą skalę w Hongkongu firmy z Chin. Wielkość obrotów handlu zagranicznego stale i w szybkim tempie ulegała podwyższeniu. Skalę zmian pokazują następujące dane: w 1979 roku poziom wymiany handlowej wynosił prawie 7 mld HK$ a w 1994 roku było to 360 mld HK$ [Hongkong Trade Statistics. Hongkong, 1998].

Siłą rzeczy pozycja BOC ulegała wzmocnieniu. Zwłaszcza, iż firmy chińskie praktycznie zawsze korzystały z pośrednictwa Bank of China [Bank of China. Hongkong Dolar Note Issue. 1994].

Tak gwałtowny postęp współpracy był możliwy z jednej strony dzięki wprowadzonym reformom gospodarczym w ChRL, z drugiej zaś istotnym był fakt obecności w kolonii brytyjskiej grupy skupionej wokół BOC. Według szacunkowych ocen zakłada się, że BOC rozlicza ponad 50% obrotów handlowych między Hongkongiem a ChRL. Przyjęcie tych szacunków oznacza, iż grupa tych banków rozlicza transakcje o wartości ponad 180 mld HK$.

Na obecną strukturę grupy składa się 13 banków (nie uwzględniono jednostki działającej w Macao). Cztery z nich założono na bazie prawa Hongkongu, pozostałe zarejestrowane są w Pekinie. Łączna liczba oddziałów całej organizacji wynosi 280 jednostek. Największa ich liczba przypada na Sin Hua Bank - 40, Nanyang Commercial Bank posiada 39 oddziałów, najmniej Chiyu Bank - 13.

Obserwując obecną działalność BOC na rynku Hongkongu podkreślić należy fakt wyraźnej specjalizacji. Bank of Communications zajmuje się operacjami na zagranicznych rynkach walutowych. Nanyang Commercial Bank jest pierwszym, który wprowadził w kolonii rozliczenia za pomocą kart kredytowych. Po Sang Bank Ltd., prowadzi

Tabela 29. Najważniejsze banki skupione wokół Bank of China Group w Hongkongu

Lp.	Nazwa	Miejsce rejestracji	Liczba oddziałów
1.	Bank of China	Pekin	19
2.	Bank of Communications	Pekin	25
3.	Nanyang Commercial Bank	Hongkong	39
4.	Kwangtung Provincial Bank	Pekin	21
5.	Sin Hua Bank	Pekin	40
6.	China and South Sea Bank	Pekin	16
7.	Kincheng Bank	Pekin	25
8.	China State Bank	Pekin	18
9.	National Commercial Bank	Pekin	17
10.	Yien Yieh Commercial Bank	Pekin	20
11.	Po Sang Bank Hongkong	Hongkong	17
12.	Hua Chiao Commercial Bank H	Hongkong	10
13.	Chiyu Bank Hongkong	Hongkong	13

Źródło: *Hongkong Economic Times*. Hongkong. 27 stycznia 1998.

w głównej mierze handel złotem, natomiast Sin Hua Bank jest zaangażowany w udzielanie kredytów inwestycyjnych. Jest rzeczą charakterystyczną, iż do połowy lat 1970. wśród grupy banków chińskich nie występowała tak znacząca specjalizacja. Praktycznie wszystkie organizacje prowadziły ogólną działalność bankową zajmując się typowymi operacjami sprowadzającymi się głównie do rozliczeń transakcji handlowych między ChRL a kolonią brytyjską. Znacznie agresywniejszą politykę przyjęto od roku 1977. W tym czasie BOC założyła w Hongkongu - China Development Finance Ltd. o kapitale wynoszącym 420 mln HK$ [*South China Morning Post*, 18 maj 1977]. Podstawowym celem powołania tej firmy było dążenie do przejęcia pełni rozliczeń transakcji między Chinami a Tajwanem i Koreą Południową.

Ze względu na sytuację polityczną bezpośrednia wymiana handlowa jest znacznie utrudniona, wykorzystuje się do tego celu pośrednictwo kolonii brytyjskiej. Rozliczenia tych transakcji dokonywały miejscowe oraz zagraniczne banki. Mimo, że w Hongkongu istniała silna grupa BOC przez długi okres nie angażowała się ona w tego typu operacje. W 1985 roku Bank of China stworzył w kolonii drugą ważną jednostkę - China Development Investment, której celem jest realizowanie projektów inwestycyjnych zarówno w ChRL, jak i na terytorium Hongkongu. Po roku 1985 działalność inwestycyjna na tych dwóch kierunkach bardzo się ożywiła. Na przykładzie tych organizacji widać znaczną elastyczność w polityce BOC. Wychodzi ona naprzeciw nowym wymogom rynkowym, odpowiednio modyfikuje swoją strukturę, aby ugruntować pozycję na rynku. Potwierdzeniem tej tezy jest dalsza ekspansja grupy chińskiej. W 1991 roku Nanyang Commercial Bank przejął brokerską firmę Chung Mao Securities. Do tego czasu BOC nie posiadał w swojej szerokiej ofercie takich usług. Działania te dowodzą, iż zmiany podejmowane przez chińskie banki rozpoczęły się wcześniej, aniżeli oficjalne reformy podjęte w grudniu 1979 roku. Wpływ na to miało funkcjonowania BOC na rynku typowej gospodarki kapitalistycznej. Aby uzyskać określoną pozycję, a następnie ją utrzymać koniecznym było przejęcie bardziej agresywnej polityki.

Mimo, że poszczególne banki skupione wokół BOC mają pewną autonomię, to jednak występuje między nimi swoista hierarchia zależności. Nad całością ogólną władzę sprawuje regionalne biuro Bank of China z siedzibą w Hongkongu, na czele którego stoi dyrektor pochodzący z głównej siedziby banku w Pekinie. Podstawowym polem działania tego biura jest koordynacja zadań wszystkich podmiotów należących do BOC, określania strategii oraz utrzymywanie łączności z centralą w stolicy ChRL.

Funkcje jakimi zajmuje się regionalne biuro BOC można sprowadzić do następujących zagadnień:

1. prowadzenie ogólnego nadzoru nad działalnością grupy, określanie strategii celem eliminowania zbędnej konkurencji w ramach tej samej organizacji,
2. wytyczanie długoterminowych zadań,
3. bezpośredni udział w ważnych przedsięwzięciach; podejmowanie decyzji co do przyznania znacznych kredytów lub zobowiązań; wskazywanie właściwego banku do realizacji określonego projektu,
4. koordynacja i zarządzanie centralnym systemem komputerowym w ramach całej grupy BOC,
5. prowadzenie szkoleń, kursów dla pracowników własnych oraz innych skierowanych przez instytucje z ChRL,
6. zbieranie oraz opracowywanie informacji ekonomicznej dotyczącej sektora finansowego w skali lokalnej i światowej.

Na rysunku 16 poglądowo przedstawiono strukturę organizacyjną regionalnego biura BOC.

Rys. 16. Schemat organizacyjny biura Bank of China Group działającego w Hongkongu

Chief executive

Business division	Investment division	Personel division
Auditing division	Economic Research division	Computer division

Źródło: Yan-ki Ho R. *Hongkong Financial System*. Oxford Univesity Press. Hongkong, 1991.

Całe biuro składa się z sześciu działów. Ogólną władzę sprawuje *chief executive. Business division* odpowiedzialne jest za nadzór bankowy oraz wytyczanie stosownej strategii finansowej BOC. *Departament Auditing* zajmuje się przeprowadzaniem niezależnej kontroli we wszystkich jednostkach wchodzących do grupy banków chińskich. Opracowuje także sprawozdania pokontrolne, zalecając, na bazie ewentualnych błędów, stosowne kroki zaradcze. *Investment Division* realizuje w zasadzie tylko te projekty, które dotyczą samego Bank of China. Gdy przedsięwzięcia pozostałych jednostek są znacznej wartości dział ten może przejąć na siebie cały proces lub przynajmniej nadzorować jego wykonanie. *Personal Division* odpowiada za nabór i szkolenie pracowników. Przyjmuje też na siebie obowiązek oceny szczebla zarządzającego. Rekomenduje osoby na odpowiednie stanowiska w całej organizacji. Utrzymuje ponadto bardzo ścisłe związki z główną siedzibą w Pekinie w dziedzinie szkoleń kadr z ChRL na terytorium kolonii brytyjskiej. *Economic Research Division* jest zaangażowany w zbieranie materiałów ekonomicznych. Opracowuje specjalne raporty, które są rozprowadzane w obrębie BOC. Część tych opracowań (zwłaszcza dotycząca sytuacji na międzynarodowych rynkach finansowych, przyszłości Hongkongu) jest kierowana do centrali w stolicy Chin. *Computer Division* sprawuje zarząd nad całością systemu komputerowego biura oraz wszystkich banków wchodzących w skład grupy. Każdy z podmiotów posiada swój oddzielny system do prowadzenia bezpośredniego zarządzania, rejestracji bieżących operacji, ale ten będący w posiadaniu computer divison pozwala na stałą kontrolę sytuacji w poszczególnych bankach. Mając możliwości bieżącego wglądu na stan aktywów w ramach BOC, dział ten może odpowiednio wcześniej informować chief executive o powstających problemach.

Działalność grupy banków chińskich na terytorium kolonii można podzielić na trzy okresy. Pierwszy przypada na lata 1979–1983. W tym czasie następuje zmiana w podejściu do roli BOC w Hongkongu. Zrezygnowano z pozycji zachowawczej i przechodzi się do bardziej elastycznej polityki na rynku finansowym kolonii. Taka zmiana spowodowała, iż w tym okresie BOC zanotował 40% wzrost swoich aktywów. Te zmiany miały swoje podstawy w szybkim rozwoju handlu między Hongkongiem a ChRL. Przedsiębiorstwa z kontynentu decydowały się na korzystanie z usług BOC, gdyż posiadał on monopolistyczną pozycję na tamtym rynku. Partnerzy z kolonii celem uniknięcia kłopotów, uproszczenia rozliczeń również decydowali się na pośrednictwo oddziałów położonych na swoim terytorium. W ten sposób dokonała się wyraźna specjalizacja BOC – rozliczanie obrotów handlu zagranicznego.

Lata 1984–1986 charakteryzowały się konsolidacją działań. W tym też okresie dwie organizacje zanotowały znaczne pogorszenie wyników. Był to National Commercial Bank oraz Kincheng Banking Corporation. Obie jednostki podjęły bardzo aktywną politykę kredytową w stosunku do miejscowych firm. Pierwszy z nich udzielił pożyczki na kwotę 139 mln HK$ firmie Henderson Land Development na realizację projektu budowy osiedla mieszkaniowego. Firma ogłosiła upadłość, a kredyt udzielony znacznie zmniejszył płynność National Commercial Bank. W proces naprawczy aktywnie włączyły się pozostałe chińskie banki. Praktycznie przez cały 1984 rok National Commercial Bank pozostawał pod bezpośrednim zarządem biura regionalnego. W 1985 roku Kincheng Banking Corporation zakupił na swoją nową siedzibę budynek za 81 mln HK$. Jednocześnie też korporacja zaangażowana była w przyznawaniu kredytów budowlanych oraz udzielała wsparcia dla firm chińskich podejmujących działalność na rynku kolonii w produkcji przemysłowej. W 1985 roku nastąpiło załamanie na rynku nieruchomości w kolonii. Wystąpiły problemy ze spłatą zaciągniętych zobowiązań. Nałożenie się tych trzech składników spowodowało, iż standing finansowy Kincheng Banking Corporation znacznie się pogorszył [Yao. T. K., 1987]. W tym przypadku także wsparcia korporacji udzieliły pozostałe organizacje skupione wokół BOC. Dzięki temu Kincheng Banking Corporation mógł utrzymać się na rynku. Przedstawione przypadki dowodzą znacznego interwencjonizmu biura regionalnego. Bez jego obecności w Hongkongu i udzielonej pomocy należy przypuszczać, że omawiane instytucje musiałyby ogłosić upadłość.

Okres od 1986 roku do 1997 roku można scharakteryzować jako dalszy rozwój grupy BOC. W 1987 roku Pao Sang Bank rozpoczął przyjmowanie lokat w ECU. W tym samym roku Kincheng Banking Corporation podjął się przyjmowania depozytów na podstawie zgłoszeń telefonicznych. Bank of Communications podjął szeroko zakrojoną akcję udzielania kredytów hipotecznych o stałej stopnie procentowej. Rozwinął także usługi brokerskie, ubezpieczenia transakcji, emisję środków płatniczych, a nawet zarządza trustem inwestycyjnym.

Taka agresywna polityka doprowadziła do znacznych sukcesów. W 1988 roku ogólne depozyty grupy zwiększyły się o 28%, zaś aktywa aż o 33% (w porównaniu z rokiem 1987). W kolejnych latach 1988–1994 oba wskaźniki uległy prawie podwojeniu. Aktywa grupy BOC wyniosły 411 mld HK$, depozyty 301 mld HK$ [*Hongkong Economic Journal,* 11 stycznia 1995].

Jednocześnie obserwujemy stały proces umacniania się BOC na rynku w Hongkongu. Świadczy o tym nie tylko ciągły wzrost aktywów, ale również ich rosnący udział w ogólnej ilości depozytów na tle wszystkich banków w kolonii. W 1979 roku grupa chińskich banków posiadała niecałe 4% wszystkich depozytów bankowych. W 1994 roku ten wskaźnik zwiększył się do 12%. [Bank of China Group, *Annual Report*, 1994]. Banki skupione wokół BOC tworzą drugą co do wielkości (po Hongkong & Shanghai Banking Corporation) grupę finansową. Istotne jest też, że jest to chińska organizacja mająca wsparcie polityczne we władzach ChRL. Po przejęciu kolonii przez rząd w Pekinie rola BOC może jeszcze wzrosnąć.

Trudno jednoznacznie odpowiedzieć na pytanie, dlaczego grupa skupiona wokół Bank of China przegrywa rywalizację z miejscowymi jednostkami. Bez wątpienia czynnikiem negatywnym był fakt, iż podmioty chińskie rozpoczęły swoją aktywność oraz bardziej agresywną politykę dopiero w 1979 roku. Pozycja BOC zależy również od samej sytuacji w Chinach. W okresie toczącej się dyskusji na temat reform gospodarczych banki w kolonii nie angażowały się mocno do prowadzenia określonych działań. Ograniczano np. ich udział w rozliczeniach handlowych między Tajwanem a ChRL. Operacje te zyskały na znaczeniu dopiero w 1980 roku. Podobny schemat postępowania odnosi się do transakcji z Koreą Południową oraz Singapurem. Inny czynnik, postrzegany jako negatywny, to mało elastyczne zarządzanie BOC. Banki w kolonii nie mają całkowitej samodzielności, pełną władzę sprawuje zarząd w Pekinie.

Warto jednak podkreślić, iż żaden z członków grupy nie utracił trwałej płynności, nie ogłosił także bankructwa. Co więcej BOC włącza się w procesy naprawcze innych organizacji współpracując z Hongkong & Shanghai Banking Corporation. W 1985 roku wspólnie udzieliły one gwarancji dla lokalnego banku Ka Wah, przejętego później przez China International Trust and Investment Corporation. Natomiast w 1986 roku China Merchant Stream Navigation Co. Ltd udzieliła wsparcia Union Bank. Te dwa przypadki dowodzą znacznej roli BOC w Hongkongu, zainteresowanie grupy w utrzymaniu stabilnej sytuacji na rynku finansowym kolonii, oraz są przykładem ścisłej współpracy z HSBC.

W 1993 roku zarząd Bank of China w swoim corocznym raporcie ogłosił nowe cele stojące przed całą organizacją. Najważniejsze zadania można sprowadzić do następujących:

1. Wzmocnić pozycję na rynku, przez m.in. zdobywanie większej ilości depozytów oraz uaktywnić politykę kredytową.
2. Rozwijać usługi świadczone przez banki handlowe. Szczególna uwaga zwrócona ma być na te formy, które są mało znane dla BOC np. ubezpieczenia transakcji, usługi brokerskie.
3. Wspierać reformy gospodarcze w Chinach w podstawowym stopniu przez pozyskiwanie kapitałów na dalsze inwestycje w ChRL, oraz zwiększenie stopnia obsługi diaspory chińskiej zamieszkującej rejon Azji Płd. Wschodniej.

4. Wprowadzanie nowoczesnych technik i usług bankierskich. Takim przykładem może być już działający system Automated Teller Machine. Umożliwia on klientom podejmowanie określonych sum w zainstalowanych punktach czynnych całą dobę.
5. Ekspansja na inne zagraniczne rynki.

Od roku 1990 obserwuje się dużą aktywność grupy BOC. Jednym z przejawów jest współpraca z bankami należącymi do Hongkong & Shanghai Banking Corporation. Już w połowie lat 1980. były pierwsze wspólne zrealizowane projekty.

Działalność BOC w Hongkongu ma również bardzo ważne znaczenie dla władz w Pekinie. Mimo, iż oficjalne te organizacje posiadają status tylko oddziału, to ich rola systematycznie rośnie. Otrzymały one bowiem zwiększoną autonomię wykraczającą poza odpowiedzialność zwykłego oddziału. Pozostają jednym z ważniejszych źródeł walut wymienialnych dla Bank of China. Według bilansu centrali BOC w Pekinie 20% całkowitych aktywów przypada na jednostki działające w kolonii brytyjskiej [Bank of China. Annual Report, 1993].

W ostatnich latach przed przejęciem kolonii przez władze w Pekinie zauważa się znacznie większą dynamikę współdziałania między grupą BOC a Hongkong & Shanghai Banking Corporation. Obecne silne związki występują między Nanyang Bank a James Capel (firma wchodząca do HSBC) w usługach brokerskich oraz ubezpieczeniach. Natomiast Bank of China współpracuje z Chartered Bank w komputerowym zarządzaniu wspólnym systemem – Joint Electronic Teller Services.

Uwzględniając fakt, iż grupa banków funkcjonująca w Hongkongu posiada największe doświadczenie ze wszystkich organizacji chińskich, ma ona najlepsze podstawy do tego, aby rozwijać swoją działalność na międzynarodowych rynkach. Dlatego też z terytorium kolonii prowadzono prace nad utworzeniem kolejnych przedstawicielstw Bank of China w Londynie, Luxemburgu, Nowym Yorku, Tokio, Paryżu i Sydney. Łącznie w okresie 1987–1993 BOC powołał 10 zagranicznych oddziałów oraz dwa przedstawicielstwa [Chan. T. S. 1994].

Na początku lat 90. XX wieku obserwuje się bardzo interesujące zjawisko. Banki chińskie zarejestrowane w Hongkongu (wchodzące w skład BOC) otwierają swoje oddziały na terenie ChRL. Pierwszy w takich operacjach był Nanyang Bank, który w 1992 roku założył oddziały w Shenzhen oraz na wyspie Hainan. The Kwantung Provincial Bank stworzył swoje przedstawicielstwo w Kantonie, zaś Chiyu Bank w Xiamienie [Hamlin K., 1993]. Miejsca, w których otwarto nowe oddziały są obszarami szybkiego rozwoju gospodarczego Chin i jednocześnie aktywnej penetracji zagranicznych banków. Strategia BOC polega na współzawodnictwie z tymi organizacjami także na rynku ChRL. Działania te stają się zrozumiałe, jeśli weźmiemy pod uwagę fakt, iż jednostki te funkcjonują w kolonii, dzięki znacznie większym umiejętnościom są bardziej konkurencyjne niż podmioty operujące na kontynencie (mimo, że jedne i drugie należą do tej samej grupy Bank of China).

Analizując obecną pozycję grupy chińskich banków, należy stwierdzić, że ich znaczenie systematycznie wzrasta. Banki te posiadają znaczny wpływ na system finansowy Hongkongu. Dowodzą tego między innymi następujące fakty:

- Jako jedyna organizacja (wspólnie z HSBC) jest w stanie włączyć się w procesy naprawcze innych instytucji. Potwierdzają to przykłady odnoszące się do działań w przypadku Ka Wah Bank oraz Union Bank. W 1983 roku grupa chińskich banków przejęła zobowiązania Conic Investment Holding, co spowodowało pewną stabilizację na rynku nieruchomości. W 1987 roku BOC zdecydował się na otwarcie linii kredytowej w wysokości 100 mln HK$ (stand by credit) dla Hongkong Commodity Futures Exchange celem przełamania impasu na giełdzie.
- W 1992 roku BOC otrzymała prawa emisyjne. Do tej pory tylko dwie instytucje Chartered Bank oraz Hongkong & Shanghai Banking Corporation posiadały takie uprawnienia.
- Wprowadzanie takich usług, których w kolonii nie oferuje (lub prowadzi je na małą skalę) żaden inny bank, np. udzielanie kredytów hipotecznych o stałym oprocentowaniu, przyjmowanie depozytów w ECU (również niskich nominałów).
- BOC pełni rolę pomostu między ChRL, a resztą świata. Umożliwia inwestorom funkcjonującym w kolonii podejmowanie projektów na rynku Chin. Potwierdzeniem tych działań jest powołanie joint-venture między Bank of China, a miejscowa dużą firmą Hopewell Holding Co., na sfinalizowanie budowy elektrowni w miejscowości Shajie. Wartość kontraktu 4 mld HK$. Sumę tę gwarantuje grupa banków chińskich działających w Hongkongu.

W operacjach prowadzonych przez BOC w kolonii brytyjskiej daje się zauważyć wyraźny proces zmierzający do wzmocnienia systemu finansowego w samych Chinach.

Na początku lipca 1993 roku Bank of China uruchamiając swoje rezerwy walutowe, rozpoczął akcję wykupu dolarów USD. W przeciągu tygodnia banki chińskie zgromadziły 2 mld USD [Capital Markets Survey. Asian Finance, sierpień 1994). Rynek zareagował wzrostem kursu z 7.72 do 7.75 HK$ za 1 USD. Środki uzyskane przez BOC zostały użyte do wzmocnienia RMB. Dzięki temu kurs waluty chińskiej został utrzymany na poziomie 10.66 RMB w stosunku do USD. Na decyzję o wzmocnieniu RMB miało wpływ wiele przyczyn. W 1993 roku Chiny zaniechały ścisłej kontroli kredytów. Poza tym eksporterzy nie odsprzedawali państwu swoich dewiz licząc na dalszy spadek kursu RMB. Należy pamiętać, że w 1992 r. ChRL posiadała deficyt w obrotach handlowych wynoszący 23.66 mld RMB. Chińska taryfa celna w stosunku do importu została obniżona w tym samym roku o 7,3%.

Akcja BOC pozwoliła utrzymać RMB na odpowiednim poziomie, aby nie doprowadzić do dalszego pogorszenia sytuacji w ChRL.

W latach (1996–1997) wystąpiła także bliższa współpraca między Asian Developing Bank, a Bank of China w Hongkongu. ADB zaangażował się w akcję udzielania kredytów firmom z ChRL pod gwarancje BOC. Ze środków Asian Developing Bank przeprowadzono modernizację ponad 30. zakładów przemysłowych w Chinach.

Z większych projektów warto odnotować: zmiana technologii wytopu stali w hucie Laiwu – kwota 133 mln USD, adaptacja nowego parku maszynowego w rafinerii Anqiq, możliwość otrzymywania włókna akrylowego – koszt 105 mln USD. Współdziałanie BOC i ADB jest widoczne także przy procesie przygotowania prospektów emisyjnych firm chińskich pragnących wejść na giełdę w kolonii.

Asian Developing Bank jest gwarantem emisji w przypadku Guangzhou Shipyard oraz Beiren Printing Machinery. Natomiast BOC udostępnił swoją sieć do sprzedaży akcji indywidualnym oraz strategicznym inwestorom. Dzięki wspólnym wysiłkom, firmy z ChRL uzyskały znaczne wzmocnienie kapitałowe. Guangzhou Shipyard – 320 mln HK$, Beiren Printing Machinery – 312 mln HK$. Pozwoliło to w przypadku stoczni w Kantonie uruchomić dodatkową produkcję kontenerów, na które jest w regionie bardzo duży popyt. Zyski z tego przedsięwzięcia wyniosły w 1993 roku 52 mln RMB.

Bank of China podejmuje także działania na rzecz wprowadzenia innych chińskich banków na terytorium Hongkongu. Takim przykładem jest założenie w kolonii oddziału Agricultural Bank of China, którego zadaniem jest przejęcie rozliczeń obrotów żywnością. Organizacja ta jest silną jednostką z kapitałem założycielskim 520 mln USD. Utrzymuje stosunki korespondencyjne z 244 bankami na całym świecie. Zezwolenie na prowadzenie działalności Agricultural Bank of China w Hongkongu znacznie wzmocni jego dalsze możliwości rozwoju. Należy przypuszczać, iż stopniowo będą pojawiać się w kolonii inne banki chińskie. Będą one jednak (przynajmniej początkowo) działać pod nadzorem BOC.

Władze w Pekinie wykorzystują Bank of China w Hongkongu do sprawnej sprzedaży rządowych obligacji. W 1993 roku grupa przeprowadziła efektywną promocję oraz rozprowadziła chińskie obligacje na kwotę 350 mln USD z oprocentowaniem 13% w skali roku. Uzyskane środki zostały przesłane do stolicy ChRL na sfinansowanie deficytu budżetowego.

Po 1997 sytuacja BOC w Hongkongu nie uległa zmianie. Jest to funkcja zbliżona do tej jaką obecnie sprawuje Hongkong & Shanghai Banking Corporation. Na potwierdzenie tej prognozy przytacza się fakt przyznania Bank of China prawa emisji oraz podkreśla się jego działania na rzecz stabilizacji sytuacji na rynku finansowym. Chociaż pojawiali się sceptycy, którzy zakładali odmienny scenariusz. Według prognozy M. Friedmana Chiny przejmą zasoby Exchange Fund (w wysokości 43 mld USD w 1994 roku), zlikwidują miejscowego dolara wprowadzając do obiegu yuana [*Far Esatern Economic Review*, 23 luty 1995]. Według tego scenariusza będzie to przebiegać stopniowo, najpóźniej jednak rozpocznie się w 1999 roku. Centrum finansowe jakim jest obecnie Hongkong zostanie przesunięte do Szanghaju.

Przy tej ostatniej wersji bez wątpienia nastąpiłoby znaczne osłabienie BOC. Tym samym banki chińskie nie byłyby w stanie skutecznie prowadzić wielu korzystnych operacji dla firm oraz instytucji działających na kontynencie. Ponadto też ewentualne przejęcie Exchange Fund, wprowadzenie innej waluty byłoby sprzeczne ze wspólną deklaracją Brytyjsko-Chińską dotyczącą kolonii po 1997 roku. Zakładała ona przecież utrzymanie obecnego systemu przez najbliższe 50 lat. Warto pokreślić, iż w obiegu na terytorium Chin Południowych jest ok. 8 mld HK$. Środki te są powszechnie akceptowane, służą m.in. do rozliczeń gotówkowych między prywatnymi podmiotami w ChRL. Mimo dużych obaw oraz braku całkowitej pewności co do sytuacji po 1997 roku należy stwierdzić, że wariant ten w praktyce nie został zrealizowany. Co prawda bardzo na znaczeniu zyskał Szanghaj i on pretenduje do miana centrum finansowego nie tylko Chin ale całego regionu.

3.7. Rola Hongkong Bank w systemie finansowym

Hongkong & Shanghai Banking Corporation (HSBC) powszechnie nazywany Hongkong Bank spełniał w kolonii dwie funkcje: był typową jednostką komercyjną oraz funkcjonował jako quasi–centralny bank kolonii. Został założony w 1864 roku przez grupę brytyjskich przedsiębiorców i był pierwszym bankiem posiadającym swoją główną siedzibę w Hongkongu. Inne organizacje w owym czasie otwierały jedynie przedstawicielstwa lub najwyżej oddziały. Bardzo szybko HSBC uzyskał znaczne poparcie miejscowego rządu, co pozwoliło mu stać się do końca XIX wieku nie tylko największą tego typu instytucją w kolonii, ale również w Chinach. Na czas trwania drugiej wojny światowej bank swoją siedzibę przeniósł do Londynu. W 1949 roku władze w Pekinie zdecydowały o ograniczeniu działalności HSBC na terenie Chińskiej Republiki Ludowej. Do 1956 r. zlikwidowano 21 oddziałów, zachowując tylko niewielkie przedstawicielstwo w Szanghaju. Silna ekspansja Hongkong Banku nastąpiła w 1960 roku. W tym okresie podjęto strategiczne decyzje o przejęciu dwóch funkcjonujących w kolonii jednostek: Mercantile Bank oraz Bank of Middle East. Te działania pozwoliły ugruntować pozycję HSBC na rynku. W 1965 roku przejął on kontrolny pakiet akcji w największym miejscowym chińskim banku Hang Seng Bank Ltd. Równolegle też HSBC rozbudowuje swoją sieć przedstawicielstw oraz oddziałów. Spektakularnym krokiem w 1980 roku było przejęcie13 oddziałów największego banku w USA - Marine Midland Bank Inc. W 1981 roku zarząd Hongkong Bank postanowił objąć kontrolę nad Royal Bank of Scotland, ale oferta została odrzucona głównie z powodu *veta* Bank of England oraz opinii Monoplies and Merges Commission. Obie instytucje zgodnie uznały, że pozycja HSBC może zagrozić interesom innych brytyjskich podmiotów. Mimo tej niekorzystnej dla siebie decyzji, w 1987 roku HSBC przejął 14,9% akcji w angielskim Midland Bank. Posiada on bardzo wysokie udziały w szeregu bankach komercyjnych. Wahają się one od prawie 15% (jak w przypadku Midland Bank) do 100% w innych organizacjach. Tak wysoki procent udziałów w praktyce oznacza całkowitą kontrolę na tymi podmiotami. W 1997 roku HSBC notowany był wśród 500. największych banków świata na miejscu 15. pod względem posiadanych aktywów, 29. uwzględniając depozyty, oraz 11. biorąc pod uwagę kapitał i rezerwy.

Tabela 30. Udziały Hongkong & Shanghai Banking Corporation w komercyjnych bankach w 1997 roku

Lp.	Nazwa	Udział %	Miejsce rejestracji banku
1.	The Middle East Bank	100,0	Wielka Brytania
2.	Hang Seng Bank	61,4	Honkong
3.	Hongkong Bank of Australia	100,0	Australia
4.	Hongkong Bank of Kanada	100,0	Kanada
5.	Marine Midland Bank	100,0	USA
6.	Midland Bank	14,9	Wielka Brytania
7.	Cyprus Popular Bank	21,4	Cypr
8.	Hongkong Egyptian Bank	40,0	Egipt
9.	International Commercial Bank	22,0	Wielka Brytania
10.	Saudi British Bank	40,0	Arabia Saudyjska

Źródło: *Hongkong & Shanghai Banking Corporation Economic Report*. Nr. 2. 1998.

Tak znaczne udziały jakie posiada Hongkong Bank w bankach komercyjnych daje mu bardzo silną pozycję na różnych rynkach. Należy podkreślić, że Marine Midland Bank jest wiodącą komercyjną jednostką w USA. Również wysoko notowany w Wielkiej Brytanii, Midland Bank, uchodzi za podstawowy w rozliczeniach handlowych. Przejęcie kontroli nad Hang Seng Bank spowodowało, iż HSBC stał się najważniejszym bankiem w Hongkongu.

Hongkong Bank of Canada do 1980 roku nosił nazwę Bank of British Columbia i uznawany był za trzeci co do wielkości bank w Kanadzie. Dzięki przejęciu tej organizacji HSBC osiągnął w Ameryce Północnej szczególne miejsce. W dwóch państwach, tj. USA oraz Kanadzie, posiadając 100% udziały w dużych organizacjach, Hongkong Bank, uzyskał w tym rejonie także wiodącą rolę. Dowodzi również to znacznego rozprzestrzenienia działań grupy. Kolonia brytyjska nie jest jedynym obszarem funkcjonowania, lecz praktycznie na wszystkich najważniejszych finansowych rynkach świata jest widoczna obecność HSBC.

Hongkong Bank prowadził bardzo zróżnicowaną działalność. Jednak specjalizował się w regionie w prowadzeniu rozliczeń handlowych. Wynika to także z dużych tradycji. Jednostka została powołana do realizowania właśnie tego typu operacji. W tabeli 31 zostały uwzględnione ważniejsze banki handlowe oraz instytucje brokerskie, w których swoje udziały utrzymuje Hongkong & Szanghaj Banking Corporation. Z tej informacji wynika, iż udziały HSBC w tych podmiotach są bardzo wysokie. Wahają się one od 20–100%. W praktyce pozwala to na całkowitą kontrolę danego przedsiębiorstwa.

Tabela 31. Udziały Hongkong & Szanghaj Banking Corporation w bankach handlowych oraz instytucjach brokerskich w 1997 roku

Lp.	Nazwa	Udział %	Miejsce rejestracji banku
1.	Wardley Holdnigs	100	Hongkong
2.	CM&M Group Inc.	100	USA
3.	Equator Bank Ltd., Hongkong Bank of Australia	83	Bahama
4.	James Capel & Co.Ltd., Hongkong Bank of Kanada	100	Australia
5.	James Capel Bankers Ltd., Marine Midland Bank	100	Wielka Brytania
6.	James Capel(Far East) Ltd.,	100	Hongkong
7.	Wardley Australia Ltd.,	100	Australia
8.	Wardley–Thomson Ltd., Hongkong Egyptian Bank	67	Hongkong
9.	Korea Merchant Bank International Commercial Bank	20	Korea Płd., PłP Płd., Wielka Brytania
10.	Utama Wardley Bhd. Saudi British Bank	30	Malezja

Źródło: *Hongkong & Shanghai Banking Corporation Economic Report.* Nr. 2. 1998.

Prezentowane w tabeli jednostki są powszechnie wysoko notowanymi organizacjami działającymi na wybranych rynkach. Na przykład, Wardley Holdings jest liczącym się bankiem handlowym nie tylko w Hongkongu, ale w całym regionie Pacyfiku. Specjalizuje się w transakcjach między Tajwanem, a bankami chińskimi operującymi w kolonii brytyjskiej. James Capel jest bardzo znaną firmą brokerską w Wielkiej Brytanii. Instytucja ta była zaangażowana m.in. w programie „Big Bang" dotyczący modernizacji systemu finansowego w Londynie. Hongkong Bank występował jako strona ustalająca zasady współpracy London Stock Exchange z giełdami na Dalekim Wschodzie. CM&M uważany jest w USA jako jeden z pięciu najważniejszych domów maklerskich.

W Hongkongu obecność HSBC jest widoczna praktycznie w każdym segmencie rynku finansowego. Podkreślenia zasługuje fakt dynamicznie rozwijających się usług reasekuracji i ubezpieczeń. W pięciu najważniejszych organizacjach zajmujących się tymi dziedzinami, Hongkong Bank posiada od 74,5% do 100% udziałów. Ponadto kontroluje przedsiębiorstwo Gibbs Insurance Consultans Ltd., które jako jedyne świadczy usługi dla lokalnych władz. Natomiast Gibbs Hartley Cooper Ltd., jest wyłącznym brokerem Lloyd Company z siedzibą w Londynie.

Ważną dziedziną zaangażowania grupy HSBC jest rynek transportu i komunikacji. W tabeli 32 pokazano udziały Hongkong Bank w ważniejszych organizacjach.

Tabela 32. Udział Hongkong Bank w organizacjach zajmujących się transportem oraz spedycją w 1997 roku.

Lp.	Nazwa	Udział %	Miejsce rejestracji banku
1.	World Finance	37,5	Bermudy
2.	World Martime	20	Bermudy
3.	World Shipping Investment Hongkong Bank of Australia	20	Kajmany
4.	Cathay Pacific Airways Hongkong Bank of Kanada	16,3	Hongkong
5.	Hongkong Terminals Marine Midland Bank	5	Hongkong
6.	Hutchison Cable Vision	6	Hongkong

Źródło: *Hongkong & Szanghaj Banking Corporation Report*. 1999.

Udziały te nie są już tak wysokie jak w przypadku wcześniej prezentowanych instytucji. Zamykają się one w przedziale 5 do 37,5%. World Finance International Ltd. zajmuje się leasingiem oraz finansowaniem budowy statków morskich.

World Finance Ltd. powstało w 1975 roku z inicjatywy Industrial Bank of Japan, który wraz z wpływową rodziną Pao założył tę firmę. W 1988 r. Hongkong Bank odkupił udziały od rodziny Pao stając się partnerem banku japońskiego. Równocześnie z tą transakcją HSBC zdobył udziały także w Hongkong Terminals oraz Hutchison. W tych dwóch przypadkach większościowym udziałowcem pozostaje inny znany lokalny chiński przedsiębiorca Li Kashing. Biorąc pod uwagę przedstawione przykłady widać związki Hongkong Banku z wpływową społecznością pochodzenia chińskiego. Poza jednostkami wymienionymi w tabeli jest założycielem oraz współwłaścicielem najpopularniejszego angielskojęzycznego dziennika kolonii - South China Morning Post. Również grupa posiada pakiet 20% akcji w funduszu inwestycyjnym Agiel, w którym partnerami są firmy z Kuwejtu i Arabii Saudyjskiej. W kolonii brytyjskiej nie ma instytucji Banku Centralnego. Jest to o tyle interesujące, iż terytorium uważane jest jako jedno z ważniejszych finansowych centrów świata. Zadania Banku Centralnego zostały rozdzielone na szereg podmiotów. Sprawy polityki monetarnej pozostają w gestii Monetary Affairs Branch of Hongkong Government, współpracującego bardzo ściśle z Exchange Fund. Te dwie instytucje są odpowiedzialne za stan rezerw w kolonii, politykę emisyjną. Exchange Fund jest gwarantem stabilności miejscowej waluty, a także ostatnim źródłem kredytów dla sektora finansowego kolonii. Nad tym systemem bieżący nadzór sprawuje urząd Commissioner of Banking.

W tym systemie ważna rola przypada Hongkong & Szanghaj Banking Corporation. Jest on bowiem podstawowym emitentem lokalnej waluty - dolara hongkongijskiego. Ponadto sprawuje istotną funkcję jako Management Bank - Izby Rozrachunkowej w Hongkong Association of Banks. Koordynuje w ten sposób wszelkie należności i zobowiązania najważniejszych banków działających w kolonii. Taką funkcję zwykle sprawuje Bank Centralny. Dodatkowo przedstawiciel HSBC stale spełnia obowiązki przewodniczącego Hongkong Association of Banks. HSBC obsługuje pod względem finansowym miejscowy rząd. Wykonuje jego zalecenia w przypadku interwencyjnych działań związanych z utrzymaniem kursu lokalnej waluty. Pełni też rolę doradczą dla urzędu gubernatora przez swoich przedstawicieli wchodzących do Banking Advisory Commitee oraz Exchange Fund Advisiory Commitee. Tradycyjnie też prezes HSBC bierze udział w obradach Executive Council (Rady Wykonawczej) i posiada prawo głosu we wszystkich kwestiach dotyczących spraw finansowych kolonii. W szeregu krajach taka procedura jest wyłącznie zarezerwowana dla Banku Centralnego.

W okresie 1980–1994 (tabela 33) ponad 70% całkowitego obiegu środków płatniczych w kolonii pochodzi z emisji dokonanej przez HSBC. Po raz pierwszy takie prawo bank otrzymał w 1866 roku. Po wielu nowych regulacjach wprowadzeniu szeregu ordynacji bankowych umocniła się pozycja Hongkong Bank jako emitenta. Wszyscy inni, którzy posiadali wcześniej podobne uprawnienia nie byli w stanie utrzymywać swojej silnej pozycji przez tak długi czas.

Tabela 33. Środki płatnicze wprowadzone do obiegu w Hongkongu w latach 1980–1994 w mln HK$

Instytucja emitująca	1980	1985	1990	1992	1994
Hongkong Bank	7374	14234	17054	22504	26734
	(70.5%)	(73.1%)	(76.1%)	(78.2%)	(78.4%)
Chartered Bank	2000	3732	3572	4422	5092
	(19.1%)	(19.2%)	(15.9%)	(15.4%)	(15%)
Rząd	1000	1493	1786	1841	2262
	(10.4%)	(7.7%)	(8%)	(6.4%)	(6.6%)
Ogółem	10464	19459	22412	28767	34088

Uwaga: dane w nawiasach przedstawiają udział jednostki w całkowitej emisji

Źródło: *Hongkong Annual Report*. Hongkong. 1999.

Omawiając emisje środków płatniczych należy wspomnieć o zyskach jakie HSBC uzyskuje z posiadanego przywileju. Z punktu widzenia technicznego emisję w kolonii podzielić można na dwie kategorie: pierwsza to tzw. emisja autoryzowana (*authorized issue*), druga to emisja dodatkowa (*excess issue*). Zgodnie z intencją władz emisja autoryzowana może być dokonana do wielkości *paid up capital*. W praktyce zabezpieczeniem emisji była właśnie wielkość tego kapitału. HSBC uzyskiwał więc dochód równy różnicy powstałej z sumy odsetek od kwoty *paid up capital* pomniejszonej o faktyczne koszty druku. Nie bez znaczenia pozostaje również fakt umieszczaniu nazwy banku na emitowanych środkach płatniczych.

Odmiennie jest w przypadku emisji monet bitych ze srebra lub złota. W tym przypadku HSBC uzyskuje dochody wynikające z różnicy cen kruszcu i nominału. Takie przypadki są jednak sporadyczne. W obiegu znajdują się praktycznie jedynie banknoty oraz monety ze stopu miedziano-niklowo-chromowego. Emisję złotych monet o nominalne 500 HK$ oraz 1000 HK$ przeprowadzono w latach 1967, 1971, 1984.

Wymierne korzyści czerpał HSBC pełniąc funkcję Management Bank w Izbie Rozrachunkowej Hongkong Banking Association. W związku z tym wszystkie licencjonowane banki musiały posiadać rachunki rozliczeniowe z Hongkong Bank. Management Bank nie był zobowiązany płacić żadnych odsetek w wypadku posiadania ujemnego salda z członkami izby. W przypadku gdy inni utrzymują ujemny bilans wówczas HSBC nalicza odsetki. Wysokość ich jest określona przez stopę kredytu bankowego. Jeżeli suma przekracza 500000 HK$ to odsetki są podwyższane o 3% ponad obowiązującą stopę kredytu.

Koszty utrzymania Izby Rozrachunkowej pokrywane są przez jej członków w równej wysokości. Natomiast korzyści wynikające z różnic bilansowych wpływają na dobro jedynie Hongkong Bank. Funkcja Management Bank jest zastrzeżona wyłącznie dla HSBC. Ponadto banki licencjonowane nie mają prawa powoływać alternatywnych izb rozrachunkowych. Posiadanie takiej pozycji daje jeszcze jedną bardzo ważną korzyść. Hongkong Bank ma możliwość oceny standingu finansowego praktycznie wszystkich ważniejszych banków w kolonii (tj. swoich głównych konkurentów). Może tym samym podejmować określone działania jeśli uzna, że jego pozycja jest zagrożona.

Rząd Hongkongu nigdy nie ogłosił powodów jakimi kierowano się udzielając temu bankowi tak znacznych uprawnień. Powszechnie uważa się, iż zdecydował o tym fakt, że jest to największy bank w Hongkongu. Zawsze też władze popierały zgłaszane przez HSBC projekty, otrzymując często wsparcie finansowe z Exchange Fund. Potwierdzeniem tych związków jest opublikowanie dokumentu *„New Arrangements between Exchange Fund and Hongkong & Szanghaj Banking Corporation"*. Główne punkty porozumienia są następujące:

- HSBC będzie posiadał swój rachunek w Exchange Fund wyłącznie w dolarach Hongkongu,
- bank musi utrzymywać na tym koncie sumę nie mniejszą od rozliczeniowego bilansu występującego w odniesieniu do licencjonowanych jednostek (tzw. *net clearing balance*),
- w wypadku salda kredytowego (na koncie w Exchange Fund) nie będą naliczane żadne odsetki,
- w wypadku gdy suma net clearing balance będzie mniejsza, Hongkong Bank będzie płacił odsetki,
- jeżeli wystąpi na koncie debet, to HSBC wniesie opłatę do wielkości sumy debetowej,
- stopa wysokości odsetek płatna przez HSBC jest liczona na podstawie best lending rate lub HIBOR. Decydować będzie ta stopa, która w danym czasie jest wyższa. Powyżej sumy 1 mln HK$ odsetki będą powiększone o 3% w stosunku do BLR lub HIBOR. Alternatywnie przyjmuje się możliwość innych rozliczeń na podstawie uzgodnienia między Financial Secretary a zarządem HSBC,
- Exchange Fund będzie mógł wykorzystywać środki znajdujące się na koncie w rozliczeniach z Hongkong Bank,
- dopuszcza się możliwość rozliczeń Exchange Fund za pomocą środków konta w odniesieniu do zobowiązań wobec innych licencjonowanych banków,
- skarb państwa – Tresury of the Hongkong Government – będzie także utrzymywał swoje dolarowe konto w Exchange Fund.

Począwszy więc od 18 czerwca 1988 roku nowe rozwiązania znacznie zmieniły pozycję HSBC. Po pierwsze, został on zmuszony do utrzymywania rozrachunkowego konta z Exchange Fund. Dodatkowo stracił kontrolę nad *„inter bank liquidity"*. Od tej pory parametr ten jest ustalany przez rząd. Dzięki temu miejscowe władze znalazły się w wygodniejszej pozycji utrzymywania wymaganej relacji HK$ do USD. Przy spadku miejscowego dolara władze, nie czekając na reakcje rynku bankowego, mogą zlecić Exchange Fund sprzedanie odpowiedniej ilości USD. Ten krok powoduje zwiększoną podaż zagranicznej waluty, a tym samym wzmocnienie HK$. Takie działania przed 18 czerwca 1988 roku byłyby niemożliwe. Ponadto warto zwrócić uwagę, iż Exchange Fund ma wybór kierunku sprzedaży: dla HSBC, innych licencjonowanych banków lub dla dowolnego innego podmiotu. Sprzedaż USD przez Exchange Fund nie powoduje żadnych strat w bankowych rezerwach. Jeżeli inni członkowie Izby Rozrachunkowej stwierdzają, że ich saldo z Hongkong Bank jest zbyt niskie, zawsze mogą dokonać zmiany własnych USD na HK$.

Exchange Fund pozostaje mimo tych zmian nadal ważnym ogniwem systemu finansowego ze szczególnym powiązaniem z HSBC. Można więc przyjąć założenie, iż obie te organizacje spełniają praktycznie w kolonii zadania Banku Centralnego.

Dynamikę rozwoju Hongkong Bank przedstawiono w tabeli 34. Zawarte w niej dane wyraźnie dowodzą znacznego wzrostu podstawowych wskaźników ekonomicznych.

Tabela 34. Wartość mierników ekonomicznych Hongkong & Szanghaj Banking Corporation w latach 1980–1997, w mln HK$

	1980	1985	1990	1991	1992
Akywa ogółem	242953	545610	883711	998658	1299876
Kapitał akcyjny	2786	7865	9766	10828	16811
Fundusze udziałowców	10326	21882	35766	42544	54775
Zyski	1532	2786	4655	4986	5986
Rezerwy	12984	27612	43221	52981	61992

Źródło: zestawienie własne na podstawie: *Hongkong and Shanghai Banking Corporation Annual Report*. obejmujące lata 1980–1993.

Z analizy powyższych parametrów wynika, że aktywa, kapitał akcyjny, fundusze udziałowców, zyski oraz rezerwy wykazują w okresie 1980–1997 dwucyfrową dynamikę wzrostu. Żaden z pozostałych banków działających w kolonii brytyjskiej nie może konkurować z przedstawionymi wskaźnikami zarówno w ujęciu nominalnym, jak i szybkim tempem wzrostu.

HSBC jest holdingiem notowanym na miejscowej giełdzie Hang Seng. Dla inwestorów ważną informacją są dane określające wielkość wypłaconej dywidendy oraz zysku przypadającego na akcję firmy. Z publikowanych danych wynika, że w latach 1980–1997 średnioroczny wzrost tych składników był do siebie zbliżony. W odniesieniu do dywidendy wynosił on 10,5%, w przypadku zysku na jedną akcję 10,10%. W cenach nominalnych występowała jednak znaczna różnica. Zyski przypadające na akcję były średnio dwa razy większe od wypłacanej dywidendy. Dodatkowo warto podkreślić, że oba te wskaźniki wzrastały w szybszym tempie aniżeli inflacja (średniorocznie w latach 1980–1997 inflacja wynosiła 5,7%)

W 1992 roku nastąpiło zwiększenie kapitału o 1,2 mld USD dzięki emisji skryptów dłużnych o zmiennym oprocentowaniu. W 1993 roku ponownie kapitał powiększono o 3,3 mld HK$ przez dopuszczenie do obrotu dodatkowych akcji. Te działania miały na celu podniesienie aktywów HSBC do takiego poziomu, aby mógł spełniać on wszystkie międzynarodowe wymogi. Jednym z nich jest posiadanie współczynnika kapitałowego (capital ratio) na poziomie przynajmniej 7–8%. Hongkong Bank ten wskaźnik osiągnął już w połowie lat 1980. Do chwili obecnej spełnia wszystkie wymogi międzynarodowe i uznawany jest za pierwszorzędny bank w skali światowej.

HSBC był największą grupą bankową w kolonii brytyjskiej. Organizacja ta skupiała w latach 1980–1994 od 16,19% do 20,9% całkowitych aktywów wszystkich banków, oraz od 41% do 42% ogólnych depozytów. Te dane są szacunkowe, ponieważ chińskie banki (posiadające siedzibę poza Hongkongiem) nie ogłaszają swoich pełnych danych finansowych. Nie czynią tego również banki kanadyjskie oraz singapurskie. Przyjmując, iż jednostki te posiadają nawet znaczne depozyty, to nie są w stanie zagrozić pozycji HSBC. Sprzyjającym czynnikiem wzrostu Hongkong Bank jest obsługa lokat dolarowych miejscowego rządu. Daje to uprzywilejowaną pozycję na rynku i jest stałym źródłem dochodu. Ponadto wielkość tych lokat rzutuje w znacznym stopniu na powiększenie ogólnych depozytów grupy.

W ostatnich latach znacznie zwiększa się aktywność banków japońskich w przejmowaniu lokat oraz depozytów. Wzrost znaczenia banków japońskich na rynku depozytów był możliwy głównie dzięki:

- znacznej aprecjacji yena w stosunku do innych walut,
- liberalizacji systemu prawnego w Japonii, umożliwiającego ekspansję firm z tego kraju w regionie Azji,
- skłonności do agresywnej polityki kredytowej na rynkach o niskich stopach podatkowych (do takich zalicza się właśnie Hongkong).

Strategia działania HSBC na lokalnym rynku nierozerwalnie wiąże się z rozwojem kolonii. W pierwszym okresie było to zaangażowanie w proces odbudowy, a następnie w tworzenie silnej bazy produkcyjnej o nastawieniu proeksportowym. Podobny mechanizm wystąpił w Niemczech, gdzie lokalne banki włączyły się w proces odbudowy oraz uprzemysłowienia.

HSBC udzielał kredytów, lub był partnerem w największych projektach inwestycyjnych kolonii. Do takich przedsięwzięć należy zaliczyć budowę tuneli (łączących wyspę Hongkong z półwyspem Kowloon). Zaangażowanie banku wyniosło wówczas prawie 1 mld HK$, udzielonych w formie kredytów generalnym realizatorom inwestycji. Do 1999 roku HSBC prowadził obsługę największej inwestycji – budowy nowego lotniska Chek Lap Kok. Projekt ten szacowany jest na kwotę 54 mld USD, i zakończył się w 2004 roku.

Bardzo aktywnie HSBC działał i nadal to czyni na rynku nieruchomości „*real estate*" udzielając kredytów hipotecznych.

Temu bankowi przypisuje się stosowanie nowoczesnych mierników oceny rynku np. tzw. „*affordability ratio*" mierzony ilorazem wszystkich wydatków związanych z obsługą kredytu do średnich miesięcznych dochodów przypadających na rodzinę. Według specjalistów z Hongkong Bank wskaźnik ten powinien oscylować na poziomie 95–100 pkt. Wówczas nie ma specjalnych przeciwwskazań do udzielania pożyczek. W przypadku występowania większych wahań od tego pułapu, bank winien regulować wysokość stopy procentowej kredytu hipotecznego. W pierwszej połowie lat 80. XX wieku w związku z dużym popytem na rynku nieruchomości HSBC był zaangażowany w udzielaniu kredytów. Miernik „*affordability ratio*" wahał się w przedziale 80–111 pkt. Kiedy po 1985 roku wystąpiły duże wahania cen na rynku w kolonii, tym samym zmieniał się analizowany wskaźnik, zarząd Hongkong Banku ograniczył swoją aktywność. Dzięki tak elastycznej polityce HSBC (w przeciwieństwie do innych jednostek) nie odnotował żadnych poważniejszych strat.

HSBC jest wprawdzie typowym angielskim bankiem, ale znaczny udział posiadają w nim lokalne organizacje chińskie, a nawet jednostki pochodzące z ChRL. Te tendencje nasiliły się zwłaszcza po 1985 roku. Omawiany wcześniej przykład współpracy z rodziną Pao czy też Li-kashinga jest dobitnym poparciem zmieniającej się polityki. Czasami też działania HSBC były wyraźnie skierowane na wsparcie miejscowych podmiotów. W 1986 roku doszło do sprzedania będącej w posiadaniu banku firmy ubezpieczeniowej lokalnemu chińskiemu przedsiębiorstwu – Hutchison. O zakup ubiegały się również dwa znane brytyjskie holdingi Swrie Group oraz Jardine. Hongkong Bank zaakceptował ofertę Chińczyków, prolongując im nawet termin zapłaty. Podobne wsparcie otrzymała rodzina Pao przy przejmowaniu Wharf Holdings (na niekorzyść Hongkong Land). W 1981 roku HSBC ponownie poparł dążenia Pao do przejęcia firmy Wardley. Wówczas o zakup starało się brytyjskie przedsiębiorstwo Wheelock Marden.

HSBC postrzegany jest też jako instytucja wprowadzająca istotne techniczne usprawnienia systemu bankowego. Był pierwszy, który rozpoczął instalację w kolonii automatycznych kas - *Automated Teller Machines* (ATMS). Umożliwia to klientom banku dostęp do konta przez całą dobę. W 1985 roku wprowadzono system określany jako HEXAGON, polegający na rozszerzeniu usług o informację rynkową, szybszym transferze środków płatniczych, uproszczeniu procesu przyznawania kredytów (do określonej wysokości) uznanym klientom. W 1987 roku zastosowano kolejną innowację o nazwie TREATS, usprawniającą kontrolę naliczania odsetek, rozliczeń, informacji na temat płynności i ogólnego standingu klientów.

Bez wątpienia pozycję Hongkong Bank w kolonii można uznać za wiodącą, to także należy zwrócić uwagę na jego miejsce na innych rynkach. Do drugiej wojny światowej HSBC działał głównie w rejonie Azji Południowo-Wschodniej. Lata powojenne przynoszą znaczne rozszerzenie pola działania. Przejęcie Mercantile Bank oraz British Bank of Middle East pozwoliło na skuteczne wejście w obszar Bliskiego Wschodu oraz Indii. Na skutek przejmowania kolejnych udziałów w Cyprus Popular Bank oraz Egyptian Bank umocnił swoją pozycję w obszarze morza Śródziemnego. Posiadając własne banki w Ameryce Północnej, Australii oraz Europie, Hongkong Bank jest także aktywny na tych kierunkach. Być może przyczyną „umiędzynarodowienia" operacji jest fakt przejęcia kolonii w 1977 roku przez ChRL.

Z posiadanych danych (zawartych w kolejnych raportach banku) wynika, że praktycznie 40% wszystkich aktywów jednostek wchodzących w skład HSBC w latach 1980–1994 przypada na rejon Pacyfiku. Na drugim miejscu są organizacje działające w Ameryce odpowiednio 33% całkowitych aktywów, zaś na Europę przypada niespełna 20%. Takie proporcje praktycznie w analizowanym okresie nie ulegają większym odchyleniom. Można przypuszczać, iż rejon Pacyfiku będzie nadal strategicznym obszarem działania HSBC z dwóch podstawowych powodów:

1. Jest to tradycyjna strefa funkcjonowania Hongkong Bank. Posiada on znaczną wiedzę na temat tego rynku, doskonałą sieć przedstawicielstw oraz powiązań. Praktycznie też żadna z innych grup nie jest w stanie konkurować z HSBC.
2. Azja Płd. Wsch. jest uważana za niezwykle dynamicznie rozwijający się rynek. Boom gospodarczy ma trwać nawet po 2020 roku. Nadal więc należy spodziewać sie aktywności Hongkong Banku w tym regionie świata.

3.8. Rozwój i znaczenie giełdy

Trudno wyobrazić sobie rozwój gospodarczy kraju o gospodarce wolnorynkowej bez udziału w tym procesie giełdy papierów wartościowych. Klasycznym tego dowodem jest Hongkong. Giełda w kolonii brytyjskiej znakomicie odzwierciedla ogromną aktywność handlową rynku kapitałowego i uważa się, że należy do najbardziej dynamicznych giełd światowych. Trzeba przy tym zaznaczyć, że prawie 40% populacji Hongkongu zaangażowana jest w obrót papierami wartościowymi.

Giełda w kolonii jest obszarem działania prawie wszystkich większych międzynarodowych instytucji finansowych, a także inwestorów prywatnych. Tylko w przeciągu 15 lat, tj. między rokiem 1975 a 1990 wskaźnik kapitalizacji rynku zwiększył się prawie 20 krotnie z pułapu 56,7 mld HK$ do wielkości 605 mld HK$. Średniorocznie wartość obrotu w analogicznym okresie wzrosła z poziomu 6 mld HK$ do ponad 300 mld HK$.

Uwzględniając tylko te dane giełda w kolonii brytyjskiej zasługuje na szczególną uwagę. W rejonie Azji instytucja ta uważana jest za trzecią najważniejszą organizację po Tokio oraz Sydney. Mimo znacznego rozwoju pozostałych giełd (zwłaszcza w ostatnich latach), m.in. w Tajpei oraz Seulu, to pozycja Hongkongu wydaje się być niezagrożona. Przykład rozwoju rynku papierów wartościowych w kolonii jest charakterystyczny dla całego regionu Pacyfiku, a jego analiza potwierdza silne związki z rynkiem finansowym USA oraz Japonii.

W ujęciu historycznym obrót papierami wartościowymi w kolonii należy podzielić na trzy etapy:
1. początkowy okres rozwoju do roku 1969,
2. rynek czterech giełd w latach 1969–1986,
3. powstanie i rozwój jednej organizacji po roku 1986.

Pierwsze transakcje akcjami datują się już w 1866 roku, kiedy to w Hongkongu wprowadzono ustawę regulującą funkcjonowanie miejscowych firm – Companies Ordinance. Był to akt prawny wzorowany na rozwiązaniach prawa angielskiego. Pierwsza jednak giełda o nazwie The Association of Stockbrokers in Hongkong została założona 3 lutego 1891 roku. 21 lutego 1914 instytucja ta zmieniła nazwę na Hongkong Stock Exchange. W 1921 roku powołana została druga giełda o nazwie The Hongkong Sharebrokers Association. Jej działalność ukierunkowana była głównie do obsługi miejscowych Chińczyków zainteresowanych obrotem akcjami lokalnych firm. Taki profil działania powodował, że The Hongkong Sharebrokers Association był znacznie mniejszą organizacją aniżeli Hongkong Stock Exchange. 11 Marca 1947 roku nastąpiło zjednoczenie tych instytucji, tworząc jedną giełdę pod nazwą The Hongkong Stock Exchange Ltd, monopolizującą rynek do 1969 roku.

W początkowym okresie działania giełda w kolonii brytyjskiej nie stanowiła istotnego instrumentu rozwoju. Przede wszystkim było notowanych na niej niewiele firm. W latach 1891–1900 obrót akcjami dotyczył praktycznie tylko 6. przedsiębiorstw [Scott L., Haney R., Wong K., 1997].

Poza tym dominującą rolę w regionie spełniała wówczas (powołana w 1890 roku) giełda w Szanghaju, na której notowanych było ponad 30 firm. Na niej też skupiało się zainteresowanie inwestorów.

Rozwój giełdy w Hongkongu rozpoczyna się praktycznie po drugiej wojnie światowej. Między okresem do 1940 roku (zajęcie kolonii przez Japończyków) a okresem po 1950 roku występują znaczne różnice, które można ująć w następujących punktach:

1. Tylko 6% wszystkich notowanych firm do 1950 roku było przedsiębiorstwami zaangażowanymi w tzw. real estate. Po tej dacie udział ten zwiększył się do 50% (stan na 31 grudnia 1994 roku).
2. Na giełdzie rejestrowane są podmioty zagraniczne przede wszystkim z Wielkiej Brytanii, USA oraz Japonii. Z łącznej liczby 367 firm będących na giełdzie w latach 1990. 30% przypada na zagraniczne podmioty. Do 1994 roku dopuszczono 34 jednostki pochodzące z ChRL. Do rozpoczęcia działań wojennych w kolonii, notowanych było na giełdzie 36 przedsiębiorstw, pochodzących wyłącznie z Hongkongu.
3. Do 1950 roku przedsiębiorstwa chińskie nie zabiegały o dopuszczenie do notowań swoich akcji. Tylko 2 takie organizacje zdecydowały się na ten krok. Taki stan tłumaczony jest specyfiką chińskich firm. Były one rodzinnymi przedsięwzięciami, zarządzanymi tradycyjnie. Z chwilą zaś wejścia na giełdę musiały udostępnić szereg danych nt. warunków finansowych, składu osobowego dyrekcji itd. Po roku 1950 sytuacja ulega zasadniczej zmianie ok. 25% wszystkich notowanych jednostek stanowią właśnie chińskie organizacje.
4. Do roku 1950 giełda nie była postrzegana jako źródło zdobywania środków finansowych. Podstawowymi instytucjami zasilającymi miejscowe firmy były banki komercyjne. Celowo pominięto zasadniczą różnicę sprowadzającą się do analizy podstawowych parametrów (kapitalizacji rynku, wielkości indexu, obrotów, wahań kursów akcji), gdyż wskaźniki te po 1950 roku zdecydowanie przewyższają mierniki osiągane na giełdzie do drugiej wojny światowej.

Głównym czynnikiem sprzyjającym rozwojowi giełdy był napływ kapitału związany z tzw. emigracją szanghajską. Przybywający do kolonii emigranci część swoich kapitałów lokowali w akcje przedsiębiorstw. Te działania w pierwszych dwóch latach, tj. 1950–1952 przyniosły znaczne zmiany. W tym okresie wskaźnik Hang Seng zwiększył się z 546 do 971 pkt. Wielkość obrotów w skali roku wzrosła z 250 tys. HK$ do 1 mln HK$.

Kolejnym niezmiernie ważnym impulsem dalszego rozwoju giełdy był konflikt koreański. Inwestorzy poszukiwali bezpiecznych lokat kapitałowych. Za taką właśnie uznano rynek papierów wartościowych w Hongkongu. Szacuje się, że w latach 1952–1954 zagraniczne środki ulokowane na giełdzie stanowiły kwotę prawie 150 mln USD. Te dwa czynniki zdecydowanie przyczyniły się do zwiększenia znaczenia giełdy w okresie powojennym.

Rys. 17. Wartość indexu Hang Seng w latach 1965–1997

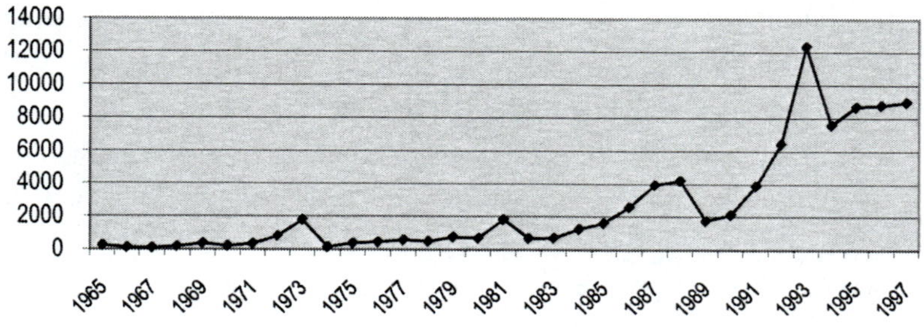

Źródło: *Hang Seng Report*. Hongkong, 1998.

Duże zmiany następują w firmach chińskich. Widać to szczególnie w większych lokalnych przedsiębiorstwach. Odchodzi się od modelu tradycyjnego, w którym zarząd pozostawał w kręgu rodzinnym, a informacja na temat sytuacji finansowej była dostępna tylko właściwie dla wąskiego grona pracowników. Nowy model charakteryzuje się tworzeniem spółek z udziałem różnych podmiotów i zwiększoną ekspansją – w tym również dążeniem do zdobycia nowych funduszy do dalszego rozwoju firmy przez sprzedaż akcji na giełdzie. Ten schemat postępowania szczególnie nasilił się po 1960 roku. W okresie 1950–1960 giełda w kolonii rozwijała się (za wyjątkiem dwóch pierwszych lat) w miarę stabilnym tempie. Ilość notowanych jednostek zwiększyła się o 12. Również wolumen obrotów wahała się w przedziale 700–800 tysięcy HK$, zaś index utrzymywał się powyżej 560 pkt. Na taki rozwój wydarzeń ma wpływ ogólna sytuacja gospodarcza w kolonii.

W analizowanych latach (zwłaszcza 1950–1965) powstaje w Hongkongu silny sektor przemysłowy, będący niejako konkurencją dla miejscowej giełdy. Znaczna cześć inwestorów widziała korzystniejszą alokację środków w produkcję niż w operacje giełdowe.

Pierwszy znaczny okres wzrostu giełdy przypada na lata 1969–1973. Wówczas pojawiła się silna tendencja zwyżkowa na kupno akcji. Polityczna stabilizacja kolonii oraz jej dobre wyniki gospodarcze miały zasadnicze znaczenie do wzrostu notowań. Index

Hang Seng 9 marca 1973 roku osiągnął najwyższy dotychczasowy poziom 1775 pkt., co w porównaniu z 341 pkt. w końcu 1971 roku daje 5 krotny wzrost w czasie 15 miesięcy. Średnia w skali jednego miesiąca wynosiła więc aż 13%. Równolegle też obserwuje się zwiększenie obrotów. W 1965 roku średnie miesięczne obroty wynosiły 32 mln HK$, zaś w 1969 roku osiągnęły 212 mln HK$. Wysoka dynamika obrotów miała również miejsce w latach następnych. Wielkość jaką zarejestrowano w 1969 odpowiadała poziomowi obrotów dla jednego dnia notowań w 1973 roku. [op. cit., s. 38]. Po roku 1969 dążenie do wprowadzenia firm na giełdę znacznie wzrasta. W 1962 roku było notowanych 63 podmiotów, w 1969 roku liczba ich zwiększyła się do 73, zaś cztery lata później wynosiła już 110. Jednostki wprowadzone na giełdę uzyskały wpływy ze sprzedaży swoich akcji wynoszące 1,36 mld HK$. Wśród głównych przyczyn, które spowodowały znaczne ożywienie giełdy w Hongkongu wymienić należy w kolejności:

- Zakończenie rewolucji kulturalnej w Chinach. Spowodowało to wyraźne uspokojenie sytuacji politycznej w regionie. Wydarzenia w ChRL zawsze implikują rozwój wypadków w kolonii brytyjskiej. Wprawdzie terytorium znajdowało się pod protekcją Wielkiej Brytanii, to wszelkie gwałtowne zmiany w kraju północnego sąsiada odbijają się na gospodarczym rozwoju Hongkongu. Po rewolucji kulturalnej władze w Pekinie zaczęły większą uwagę poświęcać sprawom ekonomicznym, co stwarzało szansę na korzystniejszą współpracę.
- Ugruntowanie zaufania i przekonanie do stabilności politycznej, ekonomicznej Hongkongu. Miejsce to zaczęło uchodzić za bardzo bezpieczne pod względem prowadzenia działalności gospodarczej. Wzrasta liczba zagranicznych firm obierających kolonię jako swoją siedzibę w znaczeniu regionalnym. W 1969 roku takich decyzji odnotowano 21, ale w 1973 roku ich liczba zwiększyła się do 74. W przeważającej części były to jednostki pochodzące z Japonii, USA i Tajwanu. Prawie 40% wszystkich zagranicznych firm zarejestrowanych w tym okresie przypada na te trzy kraje.

Na funkcjonowanie giełdy w Hongkongu wpływ miały również następujące czynniki:

- Sprawne funkcjonowanie sektora bankowego. W wyniku ostrego zachwiania i zmian kursowych głównych walut świata (który miał miejsce w końcu lat 1960.) nastąpił napływ kapitałów do kolonii. Banki w Hongkongu potrafiły bardzo skutecznie przyjąć przekazywane środki i następnie w znacznym stopniu zostały one skierowane na giełdę.
- Spadek notowań na giełdzie w Nowym Yorku, spowodował napływ funduszów do kolonii brytyjskiej. Z początkiem lat 1970. zauważa się silne związki między tymi ośrodkami. Kiedy giełda w Nowym Yorku notuje wzrost kursów, wówczas silny impuls inwestycyjny pochodzi z Hongkongu. Tym samym giełda w kolonii przeżywa okres bessy. Dodatkowo też z końcem lat 1960. rynkiem papierów wartościowych zaczynają interesować się inni inwestorzy z rejonu Azji Płd. Wsch.

- Usprawnienie w obrocie papierami wartościowymi na giełdzie. W 1970 r. w uzupełnieniu do Companies Ordinance wprowadzono zapis umożliwiający nabywanie akcji firm przez każde osoby prawne przebywające w koloni.

Czynniki te miały również wpływ na powstanie trzech nowych niezależnych giełd. Pierwsza z nich Far East Exchange została założona w dniu 7 grudnia 1969 roku. Szybko też stała się najważniejszą organizacją w kolonii. Już po pierwszym roku działania przypadało na nią prawie 50% obrotów wszystkich pozostałych giełd. Podkreślenia zasługuje również fakt, iż było na niej notowanych najwięcej firm - 67. Druga giełda – The Kam Ngan Stock - rozpoczęła działalność 15 marca 1971 roku i po trzech latach funkcjonowania uchodziła za drugą co do wielkości organizację w kolonii. Zarejestrowanych na niej było 31 przedsiębiorstw. Trzecia najmniejsza jednostka - The Kowloon Stock Exchange Ltd., - zapoczątkowała swoją działalność w dniu 1 styczna 1974 roku. Notowano na niej tylko 11 firm, a obroty roczne nie przekraczały 300 mln HK$. Jedynie w dwóch pierwszych latach jej obrót wahał się na poziomie 7 mld HK$. Organizacje te funkcjonowały niezależnie od siebie i posiadały akceptację miejscowego rządu.

Pod względem struktury organizacyjnej wszystkie giełdy posiadały wspólne cechy sprowadzające się do następujących:

- były prywatnymi podmiotami,
- jednostkami nie nastawionymi na przynoszenie zysku,
- założone zostały w formie spółek z ograniczoną odpowiedzialnością,
- udziałowiec giełdy był posiadaczem ograniczonej liczby akcji, ale nie mógł zdobyć przeważającej ich liczby,
- zagraniczny partner musiał być jednocześnie członkiem własnej giełdy,
- zarząd wybierano corocznie spośród członków,
- udziałowiec giełdy mógł jednocześnie prowadzić własną działalność gospodarczą, lub być członkiem innej spółki,
- do 1977 roku członkowie banków nie mogli być jednocześnie udziałowcami giełdy.

Po historycznym boomie w latach 1969–1973 nastąpił gwałtowny spadek obrotów. Był on dość bolesną nauczką dla wszystkich zaangażowanych podmiotów, tj. założycieli giełdy, notowanych firm a przede wszystkim inwestorów. Index Hang Seng, którego wartość w marcu 1973 roku wynosiła 1774,96 pkt. pod koniec następnego miesiąca obniżył się do poziomu 816,39 pkt.

Spadek wyniósł więc prawie połowę [op. cit., s. 67]. Sytuację zdecydowanie pogorszył kryzys światowy związany w pierwszym rzędzie z recesją na rynku ropy naftowej oraz ogólną stagnacją w gospodarce światowej, która nastąpiła w 1974 roku.

Aby ochronić interesy inwestorów wprowadzono kilka istotnych nowych rozwiązań odnośnie zasad funkcjonowania giełdy. W grudniu 1973 roku powołano Radę ds.

Bezpieczeństwa Giełdy - ciało doradcze składające się z 7. członków. Skupiono w nim fachowców z branży finansowej. Podstawowym zadaniem Rady miało być analizowanie trendów na lokalnym rynku z uwzględnieniem wszystkich czynników zewnętrznych mających wpływ na notowania. Członkowie opracowywali specjalne raporty oraz wnioskowali o ewentualne wprowadzenie odpowiednich kroków zaradczych (np. w wypadku przewidywanego krachu). Na mocy The Securites Ordinanace z 1974 roku uruchomiono fundusz rezerwowy giełdy.

Podjęte działania nie zahamowały dalszego spadku kursów. 10 grudnia 1974 roku wskaźnik Hang Seng obniżył się do bardzo niskiego poziomu 150 pkt., co w porównaniu z najwyższym okresem notowań w 1973 r. oznaczało spadek o 90%. Kapitalizacja rynku zmniejszyła się 7,7 razy z 173 mld HK$ (1973 r.) do 22,5 mld HK$ w grudniu 1974 roku. W analogicznym okresie zmianie uległ również obrót - z 48,9 mld HK$ do 11,4 mld HK$. Dodatkowo należy podkreślić, że w 1974 roku na giełdzie pojawiły się tylko 3 nowe firmy, zaś w latach 1975–1976 nie zarejestrowano już żadnej organizacji.

Tendencja do ciągłych zmian kursów akcji jest charakterystyczna dla każdej giełdy, ale w przypadku Hongkongu zjawisko to jest szczególne. Po pierwsze, w krótkich odstępach czasu występują znaczne różnice wahań. Ugruntowało się przekonanie, iż można w stosunkowo krótkim okresie na operacjach giełdowych w kolonii uzyskać wysokie zyski. Dlatego też z tą organizacją związany jest w znacznym stopniu kapitał spekulacyjny.

Rok 1975 przyniósł znaczne ożywienie na giełdzie. Czynnikiem, który wpłynął na poprawę sytuacji był pomyślny rok w gospodarce kolonii. Szczególnie dobre wyniki dotyczyły przedsiębiorstw zaangażowanych w produkcję dóbr przemysłowych. W tej kategorii odnotowano wzrost o 12% w porównaniu z 1974 rokiem. Kolejny czynnik to rynek nieruchomości będący ważnym instrumentem wspomagającym koniunkturę całej gospodarki Hongkongu. Stale występował tu bardzo duży popyt na lokale zarówno do celów mieszkalnych, jak i biurowych oraz produkcyjnych. Podaż była niewystarczająca. Regułą też była możliwość uzyskiwania wysokich zysków ze sprzedaży lub najmu nowo wybudowanych obiektów. Przedsiębiorcy dla dalszego rozwoju potrzebowali znacznych środków na dalszą ekspansję. Tym źródłem okazała się giełda. Uważa się, że te właśnie czynniki przyczyniły się do kolejnej hossy w latach 1979–1981. Kapitalizacja rynku prawie podwoiła się z 113 mld HK$ w 1979 r. do 232 mld HK$ w 1981 roku. Obroty zaś wzrosły odpowiednio z 25,6 mld HK$ do 106 mld HK$. Index Hang Seng osiągnął 17 lipca 1981r. swój najwyższy pułap 1810 pkt., bijąc tym samym rekord z 1973 roku. Dodatkowym nowym zjawiskiem wspomagającym zwyżkową tendencję był napływ kapitałów z Chin. Szacuje się, iż w przeciągu 1979–1981 roku inwestorzy z ChRL skierowali środki wynoszące 600 mln USD.

Bezpośrednim powodem załamania rynku pod koniec 1982 roku było bankructwo potężnej firmy inwestycyjnej - Carrian Investmnet Ltd. Organizacja ta była powiązana z najważniejszymi developerskimi jednostkami w kolonii, które z kolei były notowane na giełdzie. Zamknięcie Carrian Investment Ltd. (straty 1,3 mld HK$) miało negatywny wpływ na obrót akcjami firm działających na rynku *real estate*. W 1982 r. index obniżył się do 676 pkt. (dla porównania w 1981 r. wynosił 1445 pkt.). Odpowiednio też spadł obrót z 106 mld HK$ do 46 mld HK$. Na wyraźne zmniejszenie notowań miał również wpływ czynnik polityczny. Otóż we wrześniu 1982 roku przebywała w Pekinie delegacja brytyjska pod przewodnictwem Margaret Thatcher. Prowadzono wówczas rozmowy na temat możliwości przekazania Hongkongu dla ChRL. Temat ten został bardzo mocno podkreślony w środkach masowego przekazu w kolonii. Poruszając ten aspekt polityczny należy pamiętać, że Chińczycy stanowią prawie 97% społeczeństwa Hongkongu. Znaczna część to uciekinierzy z ChRL. Fakt zjednoczenia terytorium z Chinami może wywoływać spore emocje. Tak też było w 1982 roku. Pierwszym zauważalnym sygnałem był zwiększony poziom emigracji. W 1983 roku wyjechało 80 tysięcy mieszkańców. Było to dwukrotnie więcej niż przed rozpoczęciem rozmów w Pekinie. Dodatkowo też zaznaczyć trzeba, iż rok 1982 nie był korzystny dla gospodarki światowej. Szereg wysoko uprzemysłowionych krajów (USA, Europa Zachodnia) odczuły stagnację. Spadły znacznie obroty handlowe Hongkongu z Ameryką Północną aż o 17%.

Kryzys z lat 1982–1983 ujawnił kolejną ważną zasadę funkcjonowania giełdy w kolonii. Otóż instytucja ta bardzo żywo reaguje na wszelkie zmiany polityczne zwłaszcza w odniesieniu do relacji Chiny–Hongkong–pozostałe wysoko uprzemysłowione kraje. Gdy sytuacja jest napięta wówczas giełda w Hongkongu przeżywa okres bessy. Po za tym, ważnym czynnikiem jest ogólny stan gospodarki światowej. Jeżeli istnieje koniunktura, wówczas rosną obroty handlowe Hongkongu - znacznie poprawiają się wyniki finansowe kolonii. Implikuje to w dłuższej perspektywie hossę.

Bardzo ważnym wydarzeniem dla rynku papierów wartościowych było zjednoczenie wszystkich giełd, które nastąpiło 2 kwietnia 1986 roku. Do tego okresu bowiem działały cztery niezależne organizacje. Wcześniej czyniono pewne próby zmierzające do zjednoczenia. W 1974 roku stworzono The Hongkong Federation of Stock Exchange. Już w 1973 roku wszystkie giełdy przyjęły zasadę standaryzacji obrotu, przyjmując jednolite normy dla wszystkich notowanych firm. Mając na uwadze dalsze usprawnienia w 1985 roku wprowadzono The Securities Ordinance, która precyzyjnie regulowała dopuszczanie firm do obrotu giełdowego (zwracając szczególna uwagę na wiarygodność finansową).

Na takich zasadach działająca giełda w dniu 22 września 1986 r. została członkiem Federation Internationale des Bourses de Valeurs (FIBV). Podjęte działania doprowadziły do tego, że giełda w Hongkongu zyskała międzynarodowy charakter. Od tego czasu rynek ten był bardziej dostępny dla wielu zagranicznych inwestorów. Te dwa zjawiska, tj. ujednolicenie systemu obrotu (powstanie jednej giełdy) oraz doprowadzanie nowej instytucji do standardów światowych, były powodem kolejnego boomu. Index Hnag Seng podniósł się w 1986 roku do poziomu 2568 pkt., w 1985 r. wynosił 1603 pkt. W 1986 r. roczny obrót na giełdzie wyniósł 123 mld HK$ (rok wcześniej niespełna 76 mld HK$). Mimo zwyżkującego trendu wyraźnemu zmniejszeniu uległa liczba notowanych firm – z 279 w 1984 roku do 253 w 1986 roku.

Uregulowanie obrotów i określenie zasad działania giełdy doprowadziło do tego, że największe miejscowe przedsiębiorstwa (podchodzące do tej pory z dużą rezerwą do emisji akcji) zaczęły ubiegać się o notowania. Takim przykładem jest największy holding – Hongkong Telecomunications. Firma ta weszła na giełdę dopiero w marcu 1988 roku, czy też linie lotnicze Cathay Pacific w 1989 roku.

Generalnie w latach 1983–1987 rynek papierów wartościowych w kolonii przeżywał rozwój. 1 października 1987 roku index Hang Seng osiągnął wielkość 3950 pkt. W tym samym okresie kapitalizacja rynku stanowiła wielkość 3,4 mld HK$. Tylko w miesiącu październiku średni dzienny obrót wynosił 5,4 mld HK$. Były to jak do tej pory najwyższe osiągnięte wskaźniki. Jednak już koniec roku przyniósł znaczne pogorszenie wyników. Tym razem spadek notowań był ściśle związany z sytuacją na międzynarodowych giełdach. Bessę odnotowano w Nowym Yorku oraz Japonii. Wskaźnik Dow Jones Industrial Average zmniejszył się listopadzie 1987 roku o 108 pkt. w porównaniu z październikiem. Z kolonii brytyjskiej zaczął wycofywać się kapitał zagraniczny. Przyczyniło się to (w połowie listopada) do dalszego spadku indexu Hang Seng o 421 pkt. Obroty dzienne obniżyły się do niespełna 30 mln HK$, z tym że zdecydowanie dominowały zlecenia sprzedaży.

Zarząd giełdy postanowił w dniu 18 listopada 1987 roku zawiesić obrót na okres jednego tygodnia. Ta decyzja, obliczona na uspokojenie sytuacji, przyniosła wręcz odmienny skutek. Na pierwszej sesji wskaźnik Hang Seng spadł aż o 33%. W kolejnych dniach ten trend ulegał wzmocnieniu. Index przekroczył barierę 2000 pkt. Nie występowały też żadne symptomy oznaczające poprawę.

Dodatkowo giełdy w Tokio oraz w Nowym Yorku również przeżywały bessę. Nie widząc żadnych możliwości uspokojenia sytuacji rząd kolonii w porozumieniu z zarządem giełdy, podjął decyzję o utworzeniu specjalnego funduszu operacji interwencyjnych w wysokości 4 mld HK$. Tej decyzji oraz wykorzystywaniu środków wspomnianego funduszu przypisuje się przełamanie kryzysu. Index Hang Seng wzrósł do 3000 pkt., zaś obroty zwiększyły się do 2 mld HK$. Rok 1988 był okresem stabilnego rozwoju giełdy. Nie występowały żadne gwałtowne zmiany. Index osiągnął wartość 4211 w końcu 1988 roku oraz obroty wykazywały stały wysoki pułap rzędu 2,5–3 mld HK$ podczas jednej sesji.

Początek 1989 roku również utrzymywał trend zwyżkujący. Gwałtowne załamanie wystąpiło w czerwcu. Wiązało się ono bezpośrednio z wydarzeniami w Chinach.

3 czerwca władze w Pekinie siłą stłumiły demonstrację na placu Tiananmen. Wydarzenia odbiły się szerokim echem szczególnie w Hongkongu. Kolonia brytyjska cieszy się dużymi swobodami politycznymi. W związku z przebiegiem wydarzeń w Pekinie wystąpiła w Hongkongu poważna obawa co do stabilnej sytuacji po roku 1977. Praktycznie wszystkie dziedziny gospodarki odnotowały załamanie. Dotyczyło to w pierwszym rzędzie giełdy. Index Hang Seng obniżył się aż o 25%, osiągając najniższy wynik w 1989 roku - 1742 pkt. Był on mniejszy o prawie 50% od notowań osiąganych na początku roku. Dramatycznie wręcz wyglądała sprawa obrotów. Wynosiły one podczas sesji niespełna 500 mln HK$, gdy miesiąc wcześniej notowano poziom ponad 2 mld HK$. Sytuację pogarszał fakt przenoszenia siedzib poza kolonię znanych miejscowych firm. Tylko w roku 1989 oraz 1990 takie działania podjęły 34 duże lokalne przedsiębiorstwa. Do tego okresu takie decyzje były podejmowane sporadycznie. Zwiększyła się też znacznie emigracja osiągając w roku 1990 poziom 100 tysięcy osób. Tym samym nastąpił proces wycofywania kapitałów inwestorów indywidualnych. Te czynniki znacznie pogłębiały bessę na giełdzie.

Od wydarzeń na placu Tiananmen powstała psychoza strachu przed nadejściem 1997 roku. Wydawało się, że po zakończeniu rewolucji kulturalnej w Chinach, władza w Pekinie nie będzie rozwiązywała protestów ludności przy użyciu siły. Giełda w kolonii bardzo powoli odzyskiwała zaufanie inwestorów. Na początku 1990 roku index Hang Seng wzrósł zaledwie o 153 pkt. Obroty zaś utrzymywały się na poziomie 420 mln HK$. Przy ogólnej stagnacji aktywnie przebiegały operacje kupna sprzedaży akcji firm developerskich. W pierwszej połowie 1990 roku obrót tym papierami stanowił prawie 60% całości transakcji na giełdzie. Wykazywały też one wysoką dynamikę wzrostu cen. Na przykład akcje Sung Hung Kai zwyżkowały w pierwszym kwartale 1990 roku aż o 30%. Podobny trend, ale na mniejszą skalę dotyczył pozostałych jednostek działających w *„real estate"*.

W czerwcu 1990 roku utworzono z inicjatywy władz w Pekinie Komitet Doradczy (Advisory Commitee). Do składu tej organizacji zaproszono miejscowych biznesmenów. Są wśród nich przedstawiciele największych chińskich przedsiębiorstw. Weszli także do niej członkowie 10 najważniejszych firm działających na rynku nieruchomości. Organizacje te są notowane na giełdzie. Największe znaczenie mają cztery z nich - w kolejności: Sung Hung Kai (właściciel Li-kasing), New World Development (właścicielem jest uchodzący za najbogatszego w kolonii - Lee Kwa Shua), Henderson Properties (Tai Lam) oraz Sino Land (Wei Cheung). Głównym zadaniem Komitetu Doradczego jest przekonywanie miejscowego społeczeństwa o łagodnym i bezproblemowym przejęciu kolonii przez Chiny. Dla wielu sam fakt pojawienia się znanych osobistości we wspomnianym komitecie jest już gwarantem dążenia rządu ChRL do zapewnienia stabilności Hongkongu po 1997 roku. Większą wymowę miały działania firm developerskich. Tylko w 1990 roku cztery wymienione organizacje zainwestowały na rynku nieruchomości kwotę 279 mld HK$. Ponadto ogłosiły one wcześniejszą wypłatę rocznej dywidendy. Te kroki były dobrze przyjmowane przez inwestorów. Bardzo chętnie nabywali oni akcje tych jednostek, które zaangażowane były w operacjach „*real estate*". Warto podkreślić, że w całym 1990 prawie 30% całości obrotu akcjami na giełdzie w kolonii przypadało na firmy developerskie.

Dodatkowym czynnikiem, który pomógł nakręcić koniunkturę była polityka banków komercyjnych. W lipcu 1990 roku obniżyły one o 4% stopę kredytu hipotecznego. Fakt ten spowodował zwiększenie popytu w obrocie nieruchomościami, stwarzając szersze możliwości dla notowanych przedsiębiorstw. Dzięki tym związkom giełda ponownie odzyskała zaufanie inwestorów. Pod koniec roku index osiągnął wielkość 3911 pkt., zaś obroty przekroczyły na sesjach grudniowych 500 mln HK$.

Początek roku przyniósł odwrócenie trendu. Tym razem także należy przypisać tę zmianę międzynarodowemu kryzysowi. Wywołał ją konflikt na Bliskim Wschodzie. 17 stycznia 1991 roku nastąpiła zbrojna interwencja USA w Kuwejcie. Te wydarzenia odbiły się przede wszystkim na ważnych giełdach świata, tj. Nowym Yorku, Tokio oraz Londynie. Między tymi ośrodkami zachodzi duża korelacja, implikująca trendy w Hongkongu. Inwestorzy z kolonii posiadają (dzięki doskonałej infrastrukturze bankowej) łatwość przenoszenia środków z jednej giełdy w regionie na drugą. Notowania w Nowym Yorku na początku 1991 wykazywały znaczny spadek. Index Dow Jones obniżył się o 221 pkt. To załamanie spowodowało zmniejszenie wskaźnika Hang Seng o ponad 12% w stosunku do poziomu z końca 1990 roku. Spadły także obroty o 15% dochodzące do 420 mln HK$ podczas sesji.

Ten przykład pokazuje na powiązania rynku papierów wartościowych z wydarzeniami światowymi. Praktycznie każde znaczniejsze niepokoje o zasięgu regionalnym mają swoje odbicie na głównych rynkach finansowych, w tym także na giełdzie w Hongkongu.

Po dość szybkim zakończeniu działań zbrojnych w rejonie Zatoki Perskiej sytuacja uległa znacznej poprawie. Rozładowanie napięcia politycznego przywróciło koniunkturę na rynku kolonii. Index Hang Seng w połowie roku wynosił już 6451 pkt. Obroty zaś przekroczyły 1 mld HK$. Hossa na giełdzie była też związana z ogólną dobrą sytuacją gospodarki kolonii. GDP w porównaniu z 1990 rokiem zwiększył się o 8%,obróty handlu zagranicznego aż o 21%, bezrobocie utrzymywało się na poziomie 1,2%.

Dodatkowym bardzo istotnym wydarzeniem mającym wpływ na sytuację ekonomiczną w regionie było podpisanie długo oczekiwanego porozumienia między Hongkongiem a ChRL odnośnie budowy nowego lotniska. Rozmowy między stronami bardzo długo się przeciągały. Temu procesowi towarzyszyły liczne spekulacje. Uzgodnienie wszystkich podstawowych warunków, co nastąpiło w dniu 4 czerwca 1991 roku, było kolejnym bodźcem do poprawy sytuacji na rynku. Giełda zareagowała bardzo szybko. Już na sesji w dniu 5 czerwca wskaźnik Hang Seng wzrósł o 324 pkt. osiągając wielkość 7334 pkt. Pod koniec miesiąca obroty zwiększyły się do 1,5 mld HK$.

Kolejnym korzystnym impulsem okazała się zmiana gubernatora. Zakończył swoją misję Wilson, a na jego miejsce w dniu 9 lipca 1992 roku przybył Ch. Patten. Zadaniem nowej władzy (jak sam wielokrotnie w Londynie ogłaszał Patten) miała być praca na rzecz łagodnej transformacji kolonii w 1997 roku. Te wstępne oświadczenia bardzo życzliwie zostały odebrane przez miejscowe kręgi biznesu. Już w latach 80. XX wieku utrwaliła się ponownie duża zależność gospodarcza Hongkongu i Chin. Wszelkie natomiast próby ingerencji politycznej w te związki wpływają negatywnie na sytuację ekonomiczną w kolonii. Potwierdzeniem tych relacji było ogłoszenie w październiku 1992 roku przez Ch. Pattena projektów reform ordynacji wyborczej. Wersja przygotowana przez władze w Hongkongu zakładała, iż od 1993 roku wybór członków Rady Wykonawczej oraz Legislacyjnej powinien być dokonywany na mocy wolnych wyborów. Ta propozycja spotkała się z ostrą krytyką rządu w Pekinie. Zdaniem strony chińskiej te ewentualne zmiany nie będą przez nią respektowane po 1997 roku.

Ten spór polityczny wpływał na rozwój wydarzeń na giełdzie. Wystąpiło znaczne osłabienie koniunktury. Index Hang Seng spadł w końcu października 1992 roku do poziomu 6459 pkt. Znacznie także zmalały obroty do wartości 600 mln HK$. Ten właśnie czynnik determinował rozwój sytuacji, gdyż podkreślić należy, że ogólna sytuacja gospodarcza kolonii była dobra. GDP zwiększył się o 6,1% (w porównaniu z 1991 rokiem), obroty handlowe także zanotowały wzrost o 11%, bezrobocie utrzymywało się w graniach 1,1%.

Rok 1993 przyniósł wiele zmian. W marcu wskaźnik Hang Seng przekroczył 7600 pkt. Obroty zaś zwiększyły się trzykrotnie osiągając 2,4 mld HK$. Podstawowym impulsem do wzrostu notowań było uzgodnienie stanowisk między Hongkongiem a ChRL odnośnie zakładanych reform. Wprowadziło to zdecydowane złagodzenie politycznego napięcia. Czynnikiem sprzyjającym były ogłaszane raporty nt. zachowania się rynku papierów wartościowych w kolonii. Takie opracowanie w kwietniu ogłosiła znana grupa finansowa Barton Biggs. Specjaliści tej firmy przewidywali, iż w przeciągu dwóch miesięcy index Hang Seng przekroczy 10000 pkt. Ponadto bardzo dobre wyniki odnotowały firmy developerskie. Wskaźnik Hang Seng w odniesieniu tylko do akcji tych jednostek zwiększył się w pierwszym kwartale 1993 roku o 3000 pkt. Wykazywał on szybką progresję. O ile index dla całej giełdy wynosił w połowie roku 7640 pkt., to dla firm zaangażowanych w budownictwie przekroczył 12 000 pkt. Do końca 1993 roku trwała na giełdzie hossa. W sierpniu 1993 roku zanotowano rekordowe obroty 11 mld HK$. Index praktycznie wzrastał z kolejnymi notowaniami o 10%, dochodząc w grudniu do 12348 pkt., czyli przekroczył o ponad 2000 pkt. wariant zakładany w raporcie Barton Biggs.

Na dobre wyniki roku 1993 miały wpływ dwa zasadnicze czynniki:
- dobre wyniki gospodarcze kolonii,
- sytuacja polityczna w regionie.

W pierwszej połowie 1994 roku rynek papierów wartościowych odnotował znacznie ożywienie. Stało się to na wskutek aktywności inwestorów japońskich. Index Hang Seng osiągnął wartość 9500 pkt., a obroty wynosiły 5–5,5 mld HK$. Jednak druga połowa roku upłynęła pod znakiem znacznych zmian. W dniu 16 sierpnia banki w USA ogłosiły kolejną podwyżkę stóp procentowych tym razem o 0,5%. Ten krok spowodował odpływ kapitałów z kolonii i przeznaczenie środków w formie lokat na rynku amerykańskim.

Sytuację pogorszyło jeszcze dodatkowo spięcie między Hongkongiem a Pekinem, do jakiego doszło w połowie 1994 roku, odnośnie budowy lotniska. Wprawdzie Chiny wyraziły zgodę na prowadzenie inwestycji, ale każdego roku grupa łącznikowa ustala szczegółowe kwoty do wydatkowania. Tym razem delegacja chińska stanowczo zanegowała wysokość planowanej sumy na rok 1995. Chodziło o 870 mln USD. Zdaniem obserwatorów taki sprzeciw Chin należy wiązać z propozycjami rządu kolonii co do przeprowadzenia reform politycznych. Wywołany więc został impuls, na którego działanie giełda jest wyczulona. Wskaźnik Hang Seng we wrześniu 1994 roku uległa obniżeniu do 8200 pkt. a obroty spadają poniżej 5 mld HK$. Na początku października ChRL zmienia swoje stanowisko, zgadzając się na uruchomienie spornej kwoty niezbędnej do dalszej realizacji budowy lotniska. Dzięki temu giełda w Hongkongu ponownie przeżywała pod koniec roku znaczne ożywienie. Index wzrósł o 870 pkt., przekraczając w połowie listopada 9200 pkt. Ostatni miesiąc upłynął jednak ponownie pod znakiem bessy. Odwrócenie trendu wiąże się z sytuacją na rynku bankowym USA. Na początku listopada nastąpiła kolejna podwyżka stóp procentowych. Tym razem najwyższa ze wszystkich – bo aż o 0,75%.

Warto podkreślić, że w 1994 roku, przeprowadzono w USA cztery zmiany procentowania – 4 lutego niewielka podwyżka 0,25%, 23 marca również ten sam poziom, sierpień – 0,5% oraz ostania najwyższa w listopadzie. Te decyzje spowodowały większe zainteresowanie miejscowych inwestorów. Nastąpił transfer kapitałów do USA. Giełda w Hongkongu wyraźnie odczuła zachodzące trendy. Index spadły do 8700 pkt., a obroty nie przekraczały 4 mld HK$. Największe straty w ujęciu sektorowym poniosły firmy z branży budowlanej oraz finansowej. W pierwszym przypadku index tychże organizacji zmniejszył się aż o 5000 pkt. w porównaniu z analogicznym okresem 1993 roku. Podstawowym czynnikiem, który spowodował taki spadek był wyraźny zastój na rynku nieruchomości. Ceny na nowo wybudowane obiekty były średnio o 30% mniejsze aniżeli na początku roku. Firmy developerskie zanotowały znaczne straty. Na przykład nawet znana jednostka Henderson Land zapowiedziała przełożenie terminu wypłaty dywidendy posiadaczom akcji.

Koniec roku 1994 przyniósł dodatkową presję na spadek notowań. Administracja rządu USA zwróciła uwagę na konieczność zrównoważenia bilansu handlowego z Chinami. Oznacza to znaczne straty dla gospodarki Hongkongu. Praktycznie 60% eksportu Chin na rynek amerykański jest realizowane przez kolonię brytyjską. Ograniczenia wymiany handlowej między ChRL a USA mogą spowodować wyraźne pogorszenie wyników finansowych wielu miejscowych przedsiębiorstw. Dlatego koniec 1994 roku przyniósł nadspodziewanie niskie notowania. Index obniżył się do 7600 pkt. a obroty zatrzymały się na poziomie 3 mld HK$.

Analizując giełdę w Hongkongu, wyodrębnić należy szereg cech zdecydowanie wyróżniających ją od wszystkich innych tego typu organizacji. Najważniejsze różnice sprowadzają się do następujących:

1. stosunkowo wysoki udział firm, w których kontrolne pakiety akcji pozostają w ręku jednej rodziny (family controlled companies),
2. rynek jest zdominowany przez 20 największych jednostek,
3. duże znaczenie firm zaangażowanych w rynku nieruchomości,
4. decydująca rola w obrocie przypada na akcje nielicznych podmiotów (dormant shares),
5. wysoki udział zagranicznych kapitałów,
6. niestabilny rynek,
7. poważny wpływ ChRL na obroty giełdowe.

Ad.1. Mimo, że na giełdzie w 1997 roku było notowanych 376 firm, a uznawane za poważne organizacje stanowią ok. 10% ogólnej liczby wszystkich podmiotów (zalicza się do nich HK Telecom, Hongkong & Szanghaj Banking Corporation, Wheelock, China Light & Power), to jednak w znacznym stopniu giełda jest oparta na jednostkach określanych jako tzw. *family controlled companies.*

Zwraca uwagę fakt, iż pojedynczy akcjonariusz (rozumiany też w sensie jednej rodziny) dysponował znacznym pakietem akcji notowanej firmy. Regułą także jest to, iż posiadacz takiej liczby papierów wartościowych był jednocześnie osobą zarządzającą przedsiębiorstwem. W praktyce taki wysoki udział zapewnia danej osobie pełną kontrolę w danej jednostce. W 1993 roku 15 najważniejszych firm (pod względem wartości wszystkich akcji będących w obrocie na giełdzie) było właśnie kontrolowane przez pojedynczych akcjonariuszy. Potwierdzeniem tej tezy jest dodatkowy, wymowny fakt. Okazuje się, iż w 1994 roku 10 największych indywidualnych inwestorów kontroluje 15% wszystkich notowanych na giełdzie firm. Wśród nich jest 17 najważniejszych organizacji w Hongkongu. Wynika z tego, że nie mniej niż 52% kapitalizacji rynku jest w rękach tych decydentów.

W praktyce oznacza to, że tylko pewne niewielkie kręgi mają zasadniczy wpływ na obrót akcjami. Jest to zależność charakterystyczna wyłącznie dla giełdy w Hongkongu.

Tabela 35. Główni udziałowcy znanych firm notowanych na giełdzie w Hongkongu - stan na 31 grudnia 1994 roku

Nazwisko	Posiadane akcje w mld HK$	Miejsce	Nazwa firmy oraz % posiadanych akcji
Li-kashing	23,7	1	35% Cheung Kong
			63% Canendish Holdings
			34% Hong Kong Electric
Kadorie	22	2	34% China Light & Power
			67% Hong Kong Hotels
			21% Hong Kong Carpets
Kwok-Ta	18	3	45% Sun Hung Kai Prop.
			29% Kowloon Motor Bus
Pao	11	4	65% World Internationl
Chen	9	5	41% New World Develop.
			24% New World Hotels
			28% Melbernue Enterprises
			16% HKR Properties
			25% Wing On Ltd
			50% ATV Holding
Lee Shaukee	8.8	6	56% Henderson Land
			72% Henderson Investment
			30% Hong Kong Gas
			31% Hong Kong Ferry
Run Run Shaw	8	7	67% Shaw Broghers
			35% TVE
Swire	7	8	27% Swire Pacific
			52% Cathay Pacific
			44% HK Engineering
Tsao	6	9	77% In'l Martime Carrier
Chen Tsengtao	5.5	10	50% Hang Lung Develop.
			51% Amoy Properties
			59% Grand Hotel Holding

Źródło: *Economic Weekly.* Hongkong. Nr 21 1998,

Podłożem tego zjawiska jest wpływ kultury chińskiej na prowadzenie interesów. Pierwszym źródłem zdobycia środków na działalność gospodarczą były fundusze rodzinne. Drugim kredyt bankowy. Dopiero na trzecim miejscu uwzględniano giełdę.

Ad.2. Mimo, że na giełdzie jest zarejestrowana znaczna liczba firm to tylko 20 z nich decyduje o jej prawdziwym obliczu. Stanowią one, na podstawie danych z 1994 roku, ponad 70% całej kapitalizacji rynku. Taka proporcja utrzymuje się niezmiennie w latach 1980–1997, czyli w okresie najbardziej dynamicznego rozwoju.

Największy udział przypada na Hongkong & Szanghaj Banking Corporation ponad 11%. Na drugim miejscu z wielkością 7,4% plasuje się Hongkong Telecom. Warto podkreślić, iż na 7 firm w tym wykresie przypada prawie 40% kapitalizacji giełdy. Jest to istotne zagrożenie dla sprawnego funkcjonowania rynku papierów wartościowych. W wypadku gwałtownego załamania notowań nielicznych firm, może nastąpić na giełdzie poważny krach. Podkreślić należy jeszcze jeden istotny fakt. Otóż firmy te (za wyjątkiem Hutchison) są jednostkami kontrolowanymi przez kapitał europejski oraz amerykański. Ważną sprawą będą polityczne uwarunkowania funkcjonowania kolonii po roku 1997. Gdyby nastąpiło znaczne pogorszenie warunków działania dla tych firm, zachodziłyby bezpośrednie implikacje na rynku papierów wartościowych. Sytuacja na giełdzie w kolonii brytyjskiej jest zdecydowanie odmienna aniżeli w innych państwach. Na przykład w USA oraz Japonii 20 największych firm pod względem kapitalizacji rynku nigdy nie posiadało zdecydowanej przewagi nad pozostałymi notowanymi przedsiębiorstwami.

Tabela 36. Udział 20 największych firm w kapitalizacji rynku na giełdach w Nowym Jorku, Hongkongu oraz Tokio w latach 1990–1990

Rok	Nowy Jork	Hongkong	Tokio
1990	22%	69,8%	23%
1991	22,2%	72,1%	27%
1993	22,5%	71%	28,5%
1994	22%	72,2%	29%

Źródło: zestawienie własne na podstawie: *New York Stock Exchange Report.* Styczeń 1995.

Na przykładzie danych zawartych w prezentowanym zestawieniu można zauważyć dużą dysproporcję między giełdami. W Nowym Yorku w latach 1990–1994 udział 20. największych firm w kapitalizacji rynku oscylował w granicach 22%. Na nieznacznie większym poziomie analizowany wskaźnik występował w Tokio. Wahał się on w granicach 23–29%. W znacznej dysproporcji pozostawała giełda w Hongkongu. W kolonii brytyjskiej udział 20. najważniejszych firm w kapitalizacji rynku przekraczał 70%.

Należy mieć także na uwadze fakt, że najważniejsze z tych 20. firm stanowią tzw. family controlled companies, stąd nasuwa się wniosek, że to firmy rodzinne kontrolują giełdę. Przykładem może być grupa Li-kashinga, która posiada pakiety akcji w pięciu największych jednostkach. Akcje tej piątki w 20% decydują o wielkości indexu Hang Seng, a ich wartość wynosiła w 1994 r. około 100 mld HK$ co odpowiadało ponad 10% kapitalizacji rynku.

Ad. 3. Kolejnym charakterystycznym czynnikiem dla giełdy w Hongkongu jest znaczna rola firm działających na rynku nieruchomości. Szczególnie jest to widoczne przy uwzględnieniu dwóch mierników:

- udziału przedsiębiorstw developerskich w obrotach akcjami,
- miejsca tych jednostek w kapitalizacji rynku.

Przed rokiem 1969 prawie 50% wszystkich notowanych firm stanowiły organizacje użyteczności publicznej. Zaledwie kilka wywodziło się z przemysłu (średnio w latach 1960–1969 firm produkcyjnych było 7–9). Pierwszy boom gospodarczy w latach 1973–1974 nakręcił także koniunkturę na rynku nieruchomości. I od tego czasu zaczęła się znaczna rola podmiotów funkcjonujących w sektorze „real estate". Już w roku 1974 oraz 1975 kiedy ogólna liczba jednostek notowanych na giełdzie wynosiła odpowiednio 98 i 110 to niespełna 40% przypadało na firmy developerskie. Przedsiębiorstwa produkcyjne mają bardzo niewielki udział (nie przekraczający 7%) w kapitalizacji rynku.

Jest to kolejna cecha charakterystyczna wyróżniająca giełdę w Hongkongu. Wśród analizowanych wcześniej 20. największych firm kolonii nie ma przedstawicieli przemysłu. Jest to zjawisko odmienne aniżeli w Tokio oraz Nowym Yorku. Na przykład wśród wiodących organizacji notowanych w Nowym Yorku 6 wywodziło się z przemysłu.

Taki stan wynika stąd, iż przemysł kolonii to głównie małe organizacje. Ponad 70% z nich zatrudnia do 10 pracowników, przeszło 95% do 50 robotników. Z ogólnej liczby wszystkich firm produkcyjnych w Hongkongu tylko 2 z nich dawało pracę dla 2000 osób. Małe jednostki mają mniejsze możliwości finansowe, co odbija się na dywidendach płaconych posiadaczom akcji. Dla przykładu w 1992 roku w 58 zakładach przemysłowych notowanych na giełdzie, wypłacone przez nich dywidendy były o 25% niższe aniżeli w przypadku pozostałych jednostek.

Ad.4.

Tabela 37. Udział 20. największych firm obrocie ilościowym oraz wartościowym akcji na giełdzie w Hongkongu w latach 1985–1997

	Udział ilościowy	Udział wartościowy
1985	64%	73%
1986	66%	73%
1987	54%	68%
1988	61%	77%
1989	60%	71%
1990	59%	64%
1991	54%	58%
1992	63%	51%
1993	64%	63%
1994	59%	72%

Źródło: *The Stock Exchange of Hongkong Report*. Hongkong. 1999

W praktyce popyt i podaż akcji notowanych firm w Hongkongu istnieje tylko w odniesieniu do największych organizacji. Na nie bowiem przypada praktycznie ponad 50% udziału w transakcjach pod względem liczby oraz prawie 70% w ujęciu wartościowym. Na pozostałe akcje innych jednostek nie występuje już tak znaczne zapotrzebowanie.

Ad.5. W Hongkongu swoją siedzibę mają największe banki świata oraz fundusze inwestycyjne. Za wyjątkiem Tokio, żaden inny kraj regionu nie może rywalizować pod względem liczby tych instytucji. Powszechnie więc uważa się Hongkong za centrum finansowe Dalekiego Wschodu.

Tabela 38. Inwestorzy pod względem zaangażowanego kapitału na giełdzie w Hongkongu w latach 1980–1997

	Instytucje lokalne	Zagraniczne organizacje	Inwestorzy z ChRL
1980	40%	50%	10%
1985	43%	48%	12%
1987	40%	45%	15%
1988	38%	52%	10%
1989	44%	36%	20%
1990	40%	33%	27%
1991	38%	41%	21%

1992	41%	40%	19%
1993	38%	38%	24%
1994	40%	35%	25%

Źródło: *The Stock Exchange of Hongkong Report*. Hongkong, 1999.

Zagraniczni inwestorzy odgrywają podstawową rolę na giełdzie w kolonii brytyjskiej. Praktycznie 60% całości zaangażowanych środków przypada na zewnętrzny kapitał. Zwraca uwagę jeden istotny szczegół – systematyczny wzrost funduszy pochodzących z Chin. Jeszcze w 1988 roku ich udział wynosił tylko 10% w 1997 roku stanowił już 25% wszystkich środków.

Głównymi czynnikami sprzyjającymi kierowaniu zagranicznych kapitałów są:

- możliwości uzyskania wysokiej stopy zysku w krótkim czasie,
- dogodny (a przy tym wyjątkowo stabilny) system podatkowy,
- swoboda transferu kapitału.

Wskaźniki te znacznie odbiegają od odpowiednich na giełdzie w Nowym Yorku oraz Tokio. Udział zagranicznych kapitałów w tych ośrodkach nie przekracza 10% w USA oraz 20% w Japonii.

Ad.6. Obroty na giełdzie w Hongkongu wyróżnia niezwykle wysoka zmiana kursów akcji. Biorąc pod uwagę 20 największych notowanych firm w kolonii wynika, iż mamy do czynienia ze znaczną dynamiką. W ciągu jednego roku w przypadku tychże jednostek obserwuje się różnice dochodzące do 500% ceny akcji. Żadna z tych jednostek nie utrzymała w dłuższym przedziale stabilnego poziomu. Taki trend jaki notujemy w Hongkongu nie jest widoczny w innych państwach. Wynika z tego, że rynek jest bardzo niestabilny, ale dający możliwość uzyskania znacznych zysków w krótkim horyzoncie czasowym. Dzięki temu należy liczyć się także z aktywną obecnością kapitału spekulacyjnego. Przykładem mogą być akcje firmy Jardine. W 1993 roku kształtowanie się kursów akcji tej organizacji wynikało przede wszystkim z decyzji politycznych. Na skutek udzielonego poparcia projektowi reform w kolonii władze w Pekinie zdecydowały administracyjnie o zamknięciu 17. oddziałów firmy Jardine na terytorium ChRL. To spowodowało, iż w ciągu listopada 1993 roku kurs akcji tej jednostki zmienił się prawie o 70%.

Ad.7. Hongkong zawsze pełnił rolę ważnego ośrodka pośrednictwa handlowego. Był pomostem między Chinami a resztą świata. Takie związki również dotyczą giełdy. Szczególnie są one widoczne po 1978 roku. Pośrednie jednak relacje występują znacznie wcześniej. Poważny impuls przypada na omawianą już wcześniej emigrację chińską z lat 1948–1952. Kapitały, które skierowano wówczas do kolonii pozwoliły na rozwój giełdy.

Każde wydarzenia polityczne w Chinach (jak już wielokrotnie zostało to opisane) implikuje rozwój sytuacji na giełdzie w Hongkongu. Potwierdzeniem takich związków są także gwałtowne demonstracje ludności kolonii, które miały miejsce w 1967 r. Wówczas to część miejscowego społeczeństwa domagała się przyłączenia terytorium do Chin. Te wystąpienia miały wyraźne poparcie władz w Pekinie. Rozruchy polityczne spowodowały nawet konieczność zamknięcia giełdy w 1967 roku.

Hossę jaką notuje giełda w latach 1973–1974 wiąże się także ze znaczną poprawą relacji stosunków między Hongkongiem a ChRL. W tym okresie rząd w Pekinie wielokrotnie deklarował, iż rozmowy na temat przyszłości spornego terytorium należy odłożyć na czas późniejszy.

Inne ważne wydarzenia, które powodowały drastyczne zmiany to wielokrotnie już wspominana wizyta M. Thatcher w Pekinie w 1982 roku i rozpoczęcie rozmów na temat kolonii. Wówczas wystąpiła silna bessa. Jeszcze większe zmiany powstały w 1989 roku –stłumienie demonstracji na placu Tiananmen. Dla przypomnienia obroty na giełdzie spadły wtedy prawie o 50%.

Bazując na powyższych przykładach widać ścisłą korelację między wydarzeniami w Chinach, a sytuacją na rynku papierów wartościowych w kolonii brytyjskiej.

Ostanie lata istnienia kolonii przyniosły kolejne zmiany. Giełda w Hongkongu stała się bardzo atrakcyjną instytucją dla przedsiębiorstw wywodzących się z ChRL. Do 1990 roku było notowanych zaledwie 6 jednostek z Chin. Reprezentowały one przede wszystkim branże przemysłową. Tym samym ten fakt należy łączyć z możliwością poszukiwania dodatkowych kapitałów przez podmioty chińskie na rynku finansowym Hongkongu. W 1993 roku firm z ChRL było już 17, a rok później 34. Posługując się tymi danymi należy odnotować znaczną progresję notowań. Udział tych organizacji w kapitalizacji rynku zwiększył się z 3% w 1988r. do 19% w 1994 roku.

3.9. Rola Hongkongu po 1997 roku

Po 1997 roku pojawiła się obawa co do przyszłości byłej kolonii. Jak potoczą się losy nie tylko Hongkongu, ale całego regionu? W historii można znaleźć wiele przypadków zmniejszenia rangi, a nawet upadków miast, regionów. W swoim czasie przeżywały one rozwój, a następnie upadek. W przypadku Hongkongu obawy były w pewnym sensie uzasadnione. Władzę przejmowały Chiny, kraj o innym systemie gospodarczym, politycznym. Rząd w Pekinie wielokrotnie dawał przykłady konsekwentnych działań, zasadniczo zmieniających warunki funkcjonowania podmiotów gospodarczych. Powszechnie zatem zadawano pytanie: Czy Hongkong podzieli los, np. Liverpoolu lub innych ośrodków? Miast, które dzięki rewolucji przemysłowej były liderami w Wielkiej Brytanii, a potem upadały? Można stwierdzić, że Chiny osiągnęły to co chciały - przejęły kolonię i mogą się zająć kolejnymi strategicznymi planami m.in. przejęciem Tajwanu. Sam jednak ten proces wymaga sprawnej współpracy byłej kolonii z rządem w Pekinie. Gdyby z różnych względów Hongkong stracił swoją pozycję (ważnego centrum finansowego, pośrednika handlowego) w regionie, oponenci mogliby wykorzystać to propagandowo. Dla władz chińskich byłby to niekorzystny wizerunek i argument w kolejnych negocjacjach. Przy pewnej prospericie byłej kolonii jest to bardzo dobry przykład działania ChRL. Na poparcie tego przedstawimy dane makroekonomiczne za lata 2008–2009.

W czasie światowego kryzysu finansowego w Hongkongu nie upadł żaden bank. Bezrobocie w 2009 roku wynosiło 3,4% , a PKB wzrósł o 5,6%. Hongkong nadal pozostaje dla ChRL bardzo ważnym miejscem pośrednictwa handlowego. Praktyka dowiodła, iż Hongkong nadal dynamicznie rozwija się. Obroty handlowe w latach 2002–2009 przedstawiono w tabeli 39.

Tabela 39. Wartość handlu zagranicznego Hongkongu w latach 2002–2009 (mld USD)

Wyszczególnienie	2002	2003	2004	2005	2006	2007	2008	2009
Eksport Ogółem	322,1	330,8	334,2	340,1	342,8	344,6	362,1	378,1
Reeksport	293,2	305,7	313,4	320,4	324,7	330,1	350	365,9
Eksport z Hongkongu	28,9	25,1	20,8	19,7	17,4	14,5	12,1	12,2
Import	388,2	691,9	400,8	403,2	405,9	412,2	446,2	449,9

Źródło: Hongkong Trade Development Council. Hongkong. 2010.

Eksport oraz import w tym okresie stale wzrastają. W 2002 roku wartość eksportu wyniosła 322,1 mld USD, a importu 338,2 mld USD. W kolejnych latach wartość obrotów systematycznie rosła osiągając odpowiednio 378,1 mld USD i 449,9 mld USD. O zależności z Chinami świadczy wartość reeksportu w omawianym czasie – zwiększyła się z 293,2 mld USD do 365,9 mld USD. Natomiast wyraźnie obniżył się poziom eksportu z byłej kolonii. W 2002 roku była to wartość 28,9 mld USD a w 2009 roku 12,2 mld USD. W tym czasie zwiększył się także import z 388,2 mld do 449,9 mld USD. Dzięki temu Hongkong pozostaje 3. największym kontenerowym portem świata. Zdolność przeładunkowa portu wynosi 28 mln sztuk kontenerów 20. stopowych rocznie.

Na bazie przedstawionych danych można łatwo potwierdzić tezę, że rola Hongkongu jako pośrednika w międzynarodowych obrotach handlowych po 1997 roku wyraźnie się umocniła. Spekulacje, które zakładały obniżenie rangi tego terytorium, jako tradycyjnego ważnego pośrednika w handlu, okazały się nieprawdziwe. Z drugiej jednak strony Chiny przeżywają okres prosperity gospodarczej, inne chińskie miasta (regiony) mogą szybko się rozwijać i w pewnym sensie zakładać w swojej strategii dorównanie Hongkongowi. Takim miastem jest Szanghaj. Jednak mimo szybkiego rozwoju nadal odbiega on od osiągnięć Hongkongu. Warto podkreślić, że ponad 3,8 tys. koncernów międzynarodowych ma nadal siedziby regionalne czy globalne w Hongkongu, a tylko 200 w Szanghaju [*Gazeta Wyborcza* 2010-01-07]. Szanghaj nie dysponuje w pełni wykształconym rynkiem finansowym i kapitałowym. Giełda powstała dopiero w 1990 roku, a więc jej historia nie jest aż tak długa. Czas funkcjonowania sprzyja zdobyciu zaufania klientów nie tylko krajowych, ale także zagranicznych. Liczba notowanych spółek wynosi 835, a łączna kapitalizacja 280 mld USD. Ponadto giełda w Hongkongu oferuje znacznie większy zakres usług inwestycyjnych (systemy notowań, możliwość wyboru instrumentów, zabezpieczenia transakcji, powiązania z innymi giełdami świata) niż giełda w ChRL. Przytoczone dane wyraźnie wskazują na przewagę giełdy w Hongkongu. W konsekwencji podmioty gospodarcze z rynku finansowego oraz kapitałowego nie są w stanie skutecznie rywalizować na rynku międzynarodowym – tak jak to czyni była kolonia brytyjska. Ponadto Szanghaj nie posiada dobrze rozwiniętej infrastruktury komunikacyjnej – sprawnych połączeń z innymi centrami światowego biznesu.

Obecną rolę Hongkongu w relacjach z Chinami można sprowadzić do następujących obszarów:

- pośrednik w międzynarodowym handlu zagranicznym,
- największe źródło zagranicznych inwestycji zagranicznych dla ChRL,
- ważne miejsce (jako rynek finansowy) dla pozyskania kapitałów przez chińskich przedsiębiorców,
- Chiny są drugim najważniejszym inwestorem w Hongkongu.

Była kolonia pozostaje praktycznie przez cały czas trzecim pod względem obrotów handlowych partnerem ChRL (po USA i Japonii). Do 2009 roku wartość inwestycji z Hongkongu w Chinach wyniosła 350 mld USD. Szacuje się, że prawie 45% wszystkich inwestycji zagranicznych w ChRL jest obsługiwana przez instytucje finansowe byłej kolonii brytyjskiej [HTDC, 2010]. Najważniejsze chińskie banki mają swoją siedzibę w Hongkongu, są nimi oczywiście Bank of China, Industrial and Commercial Bank of China, Agricultural Bank of China, China Construction Bank, Shenzhen Development Bank, China Everbright Bank oraz Shanghai Pudong Development Bank. Dzięki temu chińskie banki działając na bardzo konkurencyjnym rynku nabywają niezbędnej wiedzy, umiejętności poruszania się w międzynarodowym otoczeniu. Takiej możliwości byłyby pozbawione, gdyby nadal funkcjonowały tylko w tzw. Chinach kontynentalnych.

Hongkong jest nieocenionym źródłem pozyskania kapitału. Na giełdzie w byłej kolonii brytyjskiej jest zarejestrowanych 456 firm wywodzących się z ChRL. Ich wartość rynkowa (kapitalizacja) wynosi 790 mld USD, stanowiąc ok. 40% łącznej wartości wszystkich notowanych spółek. Analitycy stwierdzają, że dzięki współpracy z Hongkongiem chińskie przedsiębiorstwa w latach 1997–2009 zdołały pozyskać kapitał rzędu 200 mld USD. Giełda w Hongkongu (pod względem łącznej kapitalizacji ok. 2 bilionów USD) uważana jest za trzecią w Azji i siódmą w świecie. Obecnie jest notowanych 1524 przedsiębiorstwa.

Nie bez znaczenie jest fakt bardzo dobrej infrastruktury komunikacyjnej i połączeń z Chinami. Porównując infrastrukturę Hongkongu z pozostałymi regionami (miastami) chińskimi przewaga byłej kolonii jest ogromna. Hongkong dysponuje jednym z największych i najnowocześniejszych lotnisk świata. Wygodnymi i szybkimi połączeniami (kolej, autostrady, promy) z Kantonem, Macao, Szenzhen i innymi miastami wewnątrz kontynentu. Z tego względu biznesmeni rozpoczynając wizyty (których celem jest rynek chiński) nie bez przyczyny pierwsze kroki właśnie kierują do Hongkongu. Jego rola jest także ważna z punktu widzenia możliwości organizacji targów, wystaw oraz konferencji. Dużą rolę odgrywa Hongkong Trade Development Council (posiada swoje biuro w Warszawie). Wspomniana organizacja dysponując wspaniałymi powierzchniami wystawowymi organizuje rocznie blisko 300 wystaw i targów. Celem tej działalności jest promocja już nie tylko samego Hongkongu, ale całych Chin. W 2005 roku Hongkong był organizatorem szóstej sesji WTO.

Oprócz typowego pośrednika handlowego (jak to miało miejsce w latach ubiegłych) Hongkong stał się kluczowym rynkiem finansowym i kapitałowym, z którego korzystają przedsiębiorcy z ChRL. Służy jako podręcznikowy przykład sprawnego działania gospodarki rynkowej, na którym wzorują się firmy z Chin kontynentalnych. Pobieranie lekcji i wdrażanie rozwiązań od sąsiadów jest swoistą tradycją w Chinach. Należy podać przykład specjalnych stref ekonomicznych (np. Szenzhen), które naśladowały działania w Hongkongu i osiągały wyraźny rozwój. Nawet zbliżony do wzorca. Tym samym poszczególne regiony Chin mogły odnotować szybki wzrost gospodarczy. Dlatego Hongkong będzie miejscem licznych wizyt nie tylko biznesmenów, ale także turystów. Dysponując doskonałą bazą hotelową, połączeniami, atrakcjami (także biznesowymi) będzie stale atrakcyjnym miejscem pobytu. W 2009 roku tylko z ChRL przybyło do Hongkongu prawie 34 mln turystów.

Należy zwrócić uwagę na możliwości byłej kolonii co do bezpieczeństwa prowadzonych operacji. Rozumiane jest ono jako sprawność rozliczania transakcji, zapewnienia niezbędnych procedur certyfikacyjnych. Nie dotyczy to tylko towarów spożywczych, ale praktycznie wszystkich wyrobów konsumpcyjnych. Certyfikat, np. firmy SGS z Hongkongu może gwarantować pożądaną jakość, czego na razie nie można mówić o podobnych certyfikatach z Chin kontynentalnych. W ChRL (z uwagi na koniunkturę gospodarczą) powstaje bogata grupa społeczna (powiązana z nomenklaturą, gospodarką), która w Hongkongu upatruje ośrodka zapewniającego:

- możliwość bezpiecznego lokowania kapitałów,
- kształcenia dzieci,
- leczenia.

Hongkong dysponuje dobrym systemem edukacji (na światowym poziomie), dlatego do tego miejsca przybywa coraz większa liczba studentów z Chin. W 2000 roku było ich 1500, a w 2008 roku ponad 12 000. Chińczycy zdają sobie sprawę ze znaczenia dobrego wykształcenia (przyjazdy do szkół w USA, Kanadzie, Europie) i tam gdzie podejmują naukę stają się pilnymi studentami.

Kolejny aspekt (prócz politycznego – wizerunek Chin jako dobrego „protektora" Hongkongu – lepszego niż nawet Wielka Brytania), który powinien sprzyjać rozwojowi tego regionu to wzgląd socjologiczny. Chińczyk bardzo jest przywiązany do tradycji. Pierwszoplanową rolę odgrywa miejsce jego pochodzenia, rodzina a dopiero na kolejnym miejscu jest państwo. W całej Azji Południowo-Wschodniej licznie reprezentowana jest diaspora chińska i są nimi mieszkańcy południowych regionów ChRL, silnie związani z Hongkongiem. Diaspora chińska w państwach Azji z reguły jest elitą. Dobrze wykształconą, ulokowaną w biznesie. Będą oni swoje związki biznesowe podtrzymywać z Chinami właśnie przez byłą kolonię brytyjską. Szybciej zrozumieją potrzeby tego rynku. Mimo, że pozostałe miasta Chin i regiony będą się szybko rozwijać i w pewnym sensie dorównywać Hongkongowi to nie doprowadzi to do wyraźnego spadku jego znaczenia, zarówno w znaczeniu regionalnym, jak i światowym. Warto zwrócić uwagę na oczywisty fakt znajomości języka. W Hongkongu wszyscy mogą bez problemów porozumieć się w języku angielskim. W innych regionach ChRL nie jest to tak oczywiste, a przy liczbie mniejszości etnicznych nie jest wykluczona trudność komunikowania się nie tylko po angielsku, ale nawet w języku mandaryńskim (opartym na dialekcie pekińskim), który jest uznawany za oficjalny. Bardzo często bywa tak, że mieszkańcy prowincji południowych używają swojego dialektu (np. kantońskiego), a w mandaryńskim nie mogą w pełni swobodnie się wypowiedzieć.

Biorąc pod uwagę przedstawione argumenty – Czy upadek (a ściślej biorąc) zmniejszenie znaczenia Hongkongu leży w interesie ChRL? Widać że nie. Działania podjęte po 1997 roku potwierdziły dalszy rozwój tego regionu, utrwaliły jego rolę w relacjach z silnym sąsiadem i międzynarodowym podziale pracy.

3.10. Triady w Hongkongu – geneza i zasady działania

Chińskie organizacje przestępcze powszechnie określane są słowem triady. Po raz pierwszy zostało ono użyte przez misjonarza Williama Milne'a w 1826 roku. Natomiast chińskie tajne stowarzyszenia, posługujące się odrębnym językiem, kodem postępowania, zachowujące hierarchię stanowisk mają o wiele dłuższą historię. Zorganizowane tajne stowarzyszenia powstały w czasie dynastii Manchu w celu jej detronizacji i przywrócenia dynastii Ming. Organizacje (chcąc jak najbardziej długo pozostawać nierozpoznane) wypracowały system komunikacji, znaków, symboli znanych tylko jej członkom. Taką filozofię przejęły organizacje przestępcze. W Hongkongu szacuje się, że funkcjonuje ok. 50. triad, z których najważniejsze są trzy:

1. Sun Yee On (w skrócie „Lo Sun"),
2. 14K („Tiu Sei"),
3. Wo Shing Wo.

Zajmują się przestępczością zorganizowaną – produkcją i sprzedażą pirackich wyrobów (odzież, elektronika), hazardem, prostytucją, pożyczkami finansowymi, ale triady również są obecne w „normalnej działalności gospodarczej". Każda z osób należącej do triady posiada swój status. Na czele stoi z reguły tzw. Głowa Smoka – Lung Tau. Członek zajmujący się „logistyką i administracją" grupy nosi tytuł – Pak Chi Sin – co można przetłumaczyć jako Biały Papierowy Wachlarz. Sprawujący władzę nad pozostałymi szeregowymi gangsterami określony został jako Cho Hai – Słomiany Sandał, natomiast tzw. żołnierz to Hung Kwan – Czerwony Słupek. Oprócz nazwy (przezwiska) każdy z członków triady jest również określany za pomocą stosownego (przypisanego do stanowiska) numeru. I tak Lung Tau posiada numer 489, Pak Chi Sin – 415, Cho Hai – 432 a Hung Kwan – 426. Początkującym (adeptom) przyporządkowano numer – 49. Taka numeracja precyzyjnie pozycjonuje poszczególnych członków w organizacji. Analitycy, stratedzy walki z przestępczością zorganizowaną dokonali podziału triad ze względu na organizację, powiązania ze światem polityki oraz wyznawaną ideologię – swoistą kulturę. Na tej podstawie wyróżniono następujące kategorie triad:

CFD – posiada bardzo skomplikowaną strukturę, często włącza się w politykę, wyznaje własną odrębną skalę wartości;

LFD – luźna struktura, często włącza się w politykę, własna skala wartości;
CFI – skomplikowana struktura, często włącza się w politykę, brak wyraźnej własnej skali wartości;
LID – luźna struktura organizacyjna, rzadko włącza się w politykę, wyznaje własne wartości;
CID – skomplikowana struktura organizacyjna, rzadko włącza się w politykę, wyznaje własne wartości;
CII – skomplikowana struktura organizacyjna, rzadko włącza się w politykę, brak własnej skali wartości;
LFI – luźna organizacja, często włącza się w politykę, brak własnej skali wartości;
LII – luźna organizacja, rzadko włącza się w politykę, brak własnej skali wartości [Hua-Lun Huang, 2006].

Najbardziej niebezpieczne okazują się te triady, które korumpują świat polityki, posiadają własną skalę wartości (swoistą ideologię) oraz skomplikowaną strukturę (typ CFD). Natomiast grupa LII bardziej przypomina zwykły gang niż dobrze zorganizowaną triadę. Część triad (zwłaszcza tych, którym z różnych względów jest trudno korumpować polityków) tworzą organizację typu CID. Takie organizacje bardzo długo funkcjonowały w Hongkongu. CID także okazała się popularną formą wśród emigracji chińskiej. Próby wykorzystywania napływowych Chińczyków wśród różnych społeczeństw nie tylko Ameryki Północnej, ale także w pozostałych państwach Azji Południowo-Wschodniej. Triady CID starały się w pierwszej fazie swojego działania, np. w USA, ochronić swoich członków przed agresją. Taką organizację typu CID założył student, który przyjechał pobierać nauki w USA. Miała za zadanie obronę Chińczyków przed gangami afro amerykańskimi czy też meksykańskimi. W kolejnych latach triada bardzo szybko zwiększyła obszar działania (od ochrony) do handlu narkotykami, rozbojów, wymuszeń oraz rozprowadzania podrabianych luksusowych wyrobów. Najbardziej znaną triadą typu CID jest tzw. Unia Bambusowa (Bamboo Union). Odrębność jaką wyróżniali się Chińczycy (wygląd, kultura, mieszkanie w Chinatown) wśród danego kraju powodowało, że nie angażowali się w politykę, pozostawali na uboczu „głównego nurtu" społecznego. Korumpowanie polityków było niezmiernie rzadkie. Natomiast w innych krajach, w tym także w Chinach popularniejszy okazał się model CFD. Zwłaszcza w prowincji Fujian tzw. Zielone Triady. Triady typu CFD bardzo często tworzyły własną ideologię, odwołując się do szlachetnych pobudek, podając np. chęć odzyskania władzy dla niesłusznie usuniętych władców (np. przeciwko dynastii Qing, która przejęła tron chiński od dynastii Ming). Interesującą genezę ma triada CII. Jej historia sięga XVII wieku, kiedy cesarz chiński pozbawił miejsca pobytu i zamieszkania na wybrzeżu kilka tysięcy marynarzy. W wyniku tej decyzji opuścili dany obszar wraz ze statkami, na których pracowali. Statek stał się nie tylko miejscem zamieszkania, ale podstawą nowego działania – piractwa na Morzu Południowo-Chińskim. Do tej pory piraci, którzy działają w regionie zachowują typową triadę typu CII. Triada LFI jest typowa dla Tajwanu. Stanowią ją nieliczne, do 20 osób grupy, ale mają wyraźną specjalizację działania: budownictwo, prostytucja, ściąganie haraczy, wymuszenia. Często także starają się legalizować prowadzoną działalność w formie usług „konsultingowych" czy też salonów masażu, nocnych klubów [Chu Y. K., 2000].

Triady były zjawiskiem bardzo typowym i niebezpiecznym w Hongkongu. Świadczą o tym dwa zdarzenia. Pierwsze, związane z policją. Otóż Brytyjczycy do pilnowania porządku sprowadzili do kolonii policjantów z innych regionów imperium - głównie Hindusów i Pakistańczyków. Odrębni kulturowo, potrafili zachować neutralność i lepiej niż rdzenni mieszkańcy stać na granicy prawa. Drugie ważne zdarzenie to liczba aktów prawnych uchwalanych sukcesywnie już od 1841 roku - z chwilą przejęcia terytorium. Pierwszym aktem jaki przyjęto była tzw. Ordynacja Nr 1 skierowana przeciwko triadom i innym tajnym stowarzyszeniom w Hongkongu. Przewidywała ona stosowne kary dla członków tych organizacji. W latach panowania Brytyjczyków praktycznie co 2–3 lata modyfikowano prawo dostosowując je do zmieniającej się w regionie sytuacji.

Poszczególne triady mają swoją wyraźną specjalizację. Triada Sun Yee On rekrutowała swoich członków z mniejszości narodowej Chiu Chau. Pozwalało to na większą niedostępność, zwartą strukturę i ograniczenie penetracji przez np. policję. Członkowie Sun Yee On są w USA, Kanadzie, Europie Zachodniej, Australii i Nowej Zelandii. Głównym jej zajęciem jest przemyt narkotyków z Tajlandii do Hongkongu, ale także „prania brudnych pieniędzy", hazard, kradzieże luksusowych towarów. Niezależna prasa w Hongkongu (przed 1997 roku) wielokrotnie podkreślała ścisłe związki Sun Yee On z władzą w południowych prowincjach Chin [Yiu Kong Chiu, 2005]. Triada Wo Shing Wo, powstała w 1908 roku. Jej cechą charakterystyczną jest to, że nie grupuje wyłącznie rdzennych mieszkańców Chin, a ma w swoich szeregach również Hindusów i Pakistańczyków. Grupa koncentruje się na produkcji nielegalnych wyrobów i eksporcie na rynki krajów wysoko rozwiniętych gospodarczo. Triada 14K jest relatywnie nowa w Hongkongu. Powstała w 1950 roku. Jej głównym zajęciem są nielegalne operacje finansowe [Chu Y. K., 2000].

Triady mają swoje wydzielone miejsca działania. Poszczególne rejony miasta są podzielone. W przypadku naruszenia terytorium, którejkolwiek z organizacji dochodzi do krwawych porachunków. Co ciekawe bronią jaką najczęściej posługują się mordercy jest nóż, a właściwie ostry tasak. Rany zadane tym narzędziem są ostre i kończą się, w najlepszym przypadku dla ofiary, poważnymi uszkodzeniami. Triady mimo ostrej rywalizacji są w stanie (jeżeli widzą możliwość zarobków) zapomnieć o waśniach i szybko nawiązać współpracę. Tak jest w przypadku 14K oraz Sun Yee On w nielegalnym hazardzie. Ponadto ścisła współpraca ma miejsce w produkcji filmowej oraz w nieruchomościach. Szacuje się, że obecne najlepsze obszary pod budownictwo są w rękach triad.

W samym Hongkongu zawsze dbano o to, aby świat przestępczy nie „wchodził w żadne związki" z klasą polityczną (władzą), ani też nie mógł łatwo legalizować majątków zdobytych w sprzeczności z prawem. Dlatego wielu autorów zajmujących się problemem triad podkreśla funkcjonowanie dwóch „odrębnych światów" - przestępczego (ukrytego) i działającego legalnie. Natomiast w innych krajach (Europa, Ameryka Północna, Południowa, pozostałe kraje Azji w tym także Tajwan) zorganizowana przestępczość infiltruje klasę polityczną, korumpuje ją i niekiedy, np. w Rosji, Albanii, Kolumbii, Meksyku związki są bardzo ścisłe - praktycznie jest to „jeden świat". W Chinach też tak było. Warto przypomnieć lata 40. XX wieku kiedy to lider partii nacjonalistycznej - Chiang Kai-Shek, walcząc z komunistami zabiegał zwłaszcza w Szanghaju o wsparcie zorganizowanych grup przestępczych [Ko-Lin Chin, 2003].

Odrębność świata przestępczego w Hongkongu sankcjonowały dwie kwestie. Pierwsza to sprawna brytyjska administracja i policja. Przestrzeganie porządku było powszechnie akceptowane, wykrywalność przestępstw na wysokim poziomie. Druga kwestia (niejako przeciwstawna) dotyczyła pewnej tradycji chińskiej. Otóż triady były zaangażowane w kontrolę i czerpanie korzyści z prostytucji. Uwzględniając chińską tradycję, prostytucja była nie tyle popierana przez warstwę panującą, co na pewno akceptowana. Zwraca na to uwagę, m.in. R. Xin [1993] F. F. Ruan [1991], E. Chou [1971], G. Hershatter [1991]. Podarunek (towarzystwo) kobiety po zakończonej uczcie było dopełnieniem - poczuciem dobrego smaku, ukłonem zapraszającego w stosunku do gości. Normy oparte na naukach Konfucjusza propagowały tego typu praktyki. Ulice „czerwonych latarń" w dużych miastach chińskich były powszechne i cieszyły się dużą popularnością. W okresie rewolucji, wojny domowej komuniści oficjalnie potępili prostytucję jako dyskryminowanie kobiet. Nie spowodowało to likwidacji zjawiska lecz jego jedynie ograniczenie.

Wprowadzane rozwiązania prawne sprowadziły prostytucję „do piwnicy" i kontroli przez zorganizowane grupy. W obawie przed policją w Hongkongu triady przeniosły swoją działalność na terytorium ChRL, w bliskim sąsiedztwie byłej kolonii. Podróże biznesmenów (związane, np. z prowadzeniem inwestycji w Shenzhen), turystyka sprzyjały rozwojowi prostytucji. Triady czerpały z tego korzyści - pozostając w ukryciu, tworząc niezależny swój świat. Ważną rolę dla świata przestępczego w Hongkongu odgrywają Chiny. Triady z byłej kolonii zaangażowały się w nielegalną produkcję wyrobów na terenie ChRL. Wynika to z kilku istotnych przesłanek. Pierwsza dotyczy opłacalności. Karton dobrej jakości podrabianych papierosów kosztuje w Chinach ok. 6 USD. Koszt produkcji wynosi ok. 3 USD, miejscowy pośrednik otrzymuje zatem marżę rzędu 100%. Natomiast w USA ten karton jest sprzedawany za 30 USD. Jeden kontener 20 stopowy zapewnia zysk ok. 1-1,5 mln USD. Drugi ważny aspekt. Triady z Hongkongu mogą dostarczyć niezbędnego kapitału do uruchomienia produkcji, zająć się „logistyką". Legitymowanie się paszportem z byłej kolonii brytyjskiej umożliwia podróże po całym świecie. Nie można tego powiedzieć o obywatelach z ChRL.

Rys. 18. Główne ośrodki produkcji i dystrybucji nielegalnych wyrobów w Chinach

Źródło: Chow C. K. D., *Organized crime, local protection and the trade in counterfeit goods in China*. „China Economic Review" Nr 14/2003.

Trzeci aspekt, często pomijany, a staje się on niezmiernie istotny. Dotyczy powiązania świata gospodarczego ze światem politycznym. Umiejętne włączenie nielegalnej działalności w oficjalnie działające konsorcja z udziałem strony rządowej zapewnia bezpieczeństwo prowadzonych operacji. Przykładem może być koncern powstały w 1982 roku Zhejiang China Small Commodities City Group. Nie byłoby w tym nic dziwnego, gdyby do tej organizacji nie włączyły się triady. Otóż 41% wszystkich akcji przypada osobom prywatnym (w tym szacuje się, że minimum 10% zapewniły sobie triady z Hongkongu), a 55,59% akcji skupiają organizacje rządowe. Są nimi:

1. Zhejiang Yiwu China Small Commodities City Hengda Development Corp., zainwestowany kapitał w RMB 43,211,300 (37%);

2. Yiwu City Financial Development Corp., wkład kapitału RMB 6,600,000 (5.7%);
3. Zhejiang Province International Trust Investment Corp.: wkład kapitału RMB 5,500,000 (4.7%);
4. Zhejiang Province Financial Development Corp., wkład kapitału RMB 5,500,000 (4.7%);
5. Zhongxin Trading Corp., wkład kapitału RMB 2,200,000 (1.9%);
6. Shanghai Shenyin Bond Corp., wkład kapitału RMB 2,200,000 (1.9%).

Pozostałe akcje przypadły pracownikom konsorcjum [Chow C. K. D., 2003]. Taki skład właścicielski - połączenie kapitału państwowego z prywatnym - zapewnia bezpieczeństwo, rozwój oraz wiele działań niezgodnych z prawem, np. pranie brudnych pieniędzy. Mimo tego, co pewien czas, rząd w Pekinie uruchamia (niejednokrotnie pod wpływem międzynarodowej opinii publicznej) działania skierowane przeciw nielegalnym producentom i przemytnikom. W 2000 roku skazano zarząd firmy Lai Changxing Group za taką działalność. Wartość udowodnionej kontrabandy oszacowano na kwotę 10 mld USD [Anonymus, 2000]. W wyniku zmian w układzie politycznym w Chinach, niektóre triady tracą swoich „opiekunów" i dochodzi do licznych aresztowań gangsterów. Część analityków uważa, że takie operacje są również przeprowadzane w związku z „udowodnieniem" światu przestępczemu, że niekwestionowaną władzę w ChRL sprawuje Komunistyczna Partia Chin.

Tabela 40. Spektakularne akcje policji wymierzone w triady chińskie w latach 1998–2003

Rok	Grupa	Prowincja/miasto	Liczba skazanych	Obszar działania triady
1998	Liang Xiaoming	Changchun	59	Rozboje, morderstwa wymuszenia,
1999	Tang Liefang	Rushou	51	Kradzieże, rozboje
2000	Zhen Wei	Shenyang	64	Wymuszenia
2001	Tai Bo	Meihekou	31	Rozboje, haracze
2002	Linang Shenynag	Henan	29	Harcze, wymuszenia
2003	Huang Tao	Fuzhou	43	Hazard, rozboje
2006	Bei Fao	Hebei	54	Hazard , oszustwa
2008	Bo Xilai	Chongqing	22	Oszustwa
2009	Feu Dzuo	Shandong	11	Wymuszenia, haracze

Źródło: Ko-lin Chin, Godson R., *Organized Crime and the Political-Criminal Nexus in China. Trends in Organized Crime*, "Ming Pao Daily", Vol 9, Nr 3/2006, 17 styczeń 2010.

Biorąc pod uwagę aktywność policji chińskiej, należy docenić jej wysiłki na rzecz ograniczenia tzw. przestępstw pospolitych. Brakuje bowiem w przedstawionym wykazie typowych nielegalnych działań gangów zorganizowanych typu: korumpowanie polityków, pranie brudnych pieniędzy, nielegalne operacje finansowe, handel narkotykami, przemyt ludzi, a są to ważne obszary działania triad, ale niestety policja nieczęsto może poszczycić się w tej materii sukcesami [Xu S., 2004].

3.11. Doświadczenia Autora

Do Hongkongu przyjechałem do pracy na stanowisko konsula handlowego. Była to jeszcze kolonia brytyjska. Nie było tutaj oficjalnego przedstawicielstwa Polski. Najbliższy konsulat znajdował się w Kantonie. Hongkong miał służyć (dzięki swojej infrastrukturze, powiązaniom) jako swoiste drzwi, prze które polskie przedsiębiorstwa będą w stanie nawiązać współpracę na dynamicznie rozwijającym się rynku chińskim.

Hongkong wywarł na mnie duże wrażenie. Zwłaszcza sama wyspa Wiktoria, silnie zurbanizowana, wysokie budynki, centra biznesu o zasięgu światowym, duże zagęszczenie, pośpiech, ruch. Również imponujący był Kwoloon ze swoją reprezentacyjną ulicą Nathan Road. Natomiast wyspa Lantau (obecnie z lotniskiem – Chep Lap Kok) i tzw. Nowe Terytoria położone tuż przy granicy z Chinami robiły wrażenie sennego przedmieścia wielkiego miasta. Spokój, cisza, a nawet uprawy rolne – co na wyspie Wiktoria nie wchodziło w grę. Pierwsze wrażenie dotyczyło warunków klimatycznych. Hongkong ma dwie wyraźnie pory roku. Deszczową – maj – sierpień oraz porę chłodniejszą w pozostałych miesiącach. Wcale nie oznacza to, że wtedy nie padają deszcze ale jest chłodniej w porównaniu do poprzedniego okresu. Dodatkowo jest wysoka wilgotność. Europejczyk, jeżeli zjawi się po raz pierwszy, ma wrażenie, że znalazł się w saunie. Przy dłuższym pobycie konieczna jest zmiana diety. Przejście na miejscowe zwyczaje, tj. dużo pić herbaty zielonej (wielokrotnie zaparzanej) unikać napojów gazowanych, ryż z dużą ilością warzyw. Tzw. europejskie jedzenie (chleb, mięso, masło) raczej powinno być ograniczane. Potrawy oferowane w Hongkongu były i są nadal na każdą kieszeń. Ponadto są bardzo smaczne i nie ograniczają się do typowo chińskich, ale obecne są restauracje z całej Azji, Meksyku, Ameryki Północnej, Europy (zwłaszcza widoczna obecność Włoch i Francji). Biznesmeni w porze lunchu odbywają bardzo dużo spotkań, kolacje biznesowe są normą. Ulubione potrawy w takich przypadkach to zwykle tzw. sea food – małże, ryby, krewetki, ośmiornice itp. – przyrządzane na wiele sposobów. Biznesmeni ubie-

rają się w ciemne garnitury, białe lub niebieskie koszule. Jest to typowy strój i raczej niedopuszczalne jest zjawienie się na rozmowy w spodniach jeansowych i koszulce polo. Jedynym dniem, kiedy tak się ubierają biznesmeni może być piątek tzw. casual day. Wtedy raczej nie ma spotkań biznesowych na zewnątrz, a jedynie organizowane są spotkania w biurze, omawianie rozkładu zajęć na przyszły tydzień.

Między biznesmenami w Hongkongu i tymi z Chin jest istotna różnica w zachowaniu. Otóż przedstawiciele z Hongkongu są bardziej konkretni, potrafią jasno sprecyzować problem i twardo bronić swoich racji. Natomiast przedstawiciel biznesu z Chin jest bardziej spolegliwy. Nie potrafi bezpośrednio, na samym wstępie, powiedzieć nie. Dochodzi się do takiego stanowisko po wielu wymianach zdań. Wyjaśnienie (nie wiem czy do końca słuszne) wynika z tradycji chińskiej. Otóż Chińczyk zawsze podlegał władzy albo cesarskiej, albo obecnie rządowej. Władzy się nie odmawia. Z reguły na każdą propozycję odpowiada się twierdząco. Taka maniera dotyczy również rozmów z obcokrajowcami. Należy także pamiętać o tym, że przez wiele lat kontakt z zagranicą był dla mieszkańców kraju środka ograniczony. Dlatego przedstawiciele biznesu z tzw. Mainland China wykazywali przesadną uprzejmość i pozorną szybką zgodę na zawarcie kontraktu na naszych warunkach. Warto także zwrócić uwagę na możliwość targowania. Jest ona przyjęta i zdarza się obniżyć znacznie tzw. wyjściową (pierwszą propozycję) cenę. Dlatego w rozmowach z Chińczykami z tzw. „Mainland China" należy nie ulegać złudzeniom, jeżeli na nasze propozycje od razu będzie odpowiedź twierdząca. Należy stopniować dochodzenie do konkluzji i na same rozmowy poświęcić więcej czasu, niż w rozmowach w samym Hongkongu. Ponadto same rozmowy biznesowe trwają niekiedy długo i są rozpatrywane różne warianty. Przykładem może być jedna z firm krajowych, która chciała importować z Chin okucia metalowe do galanterii skórzanej (torebki). Polski przedsiębiorca po przylocie do Hongkongu nawiązał kontakt z odpowiednim partnerem, tj. takim, który charakteryzował się:

- *długoletnią działalnością na rynku,*
- *posiadał stosowny standing finansowy (zdobycie takiej informacji nie jest zbyt trudne w byłej kolonii) – można to sprawdzić w banku lub rejestrze firm,*
- *doświadczenie w handlu zagranicznym,*
- *no i oczywiście dysponował właściwą ofertą handlową.*

W Hongkongu, jak i Chinach obowiązuje nieformalna zasada, która brzmi – klient otrzymuje to za co płaci. A dokładniej ile płaci. Towary tanie nie mogą być dobrej jakości. Elastyczność Chińczyków co do tego jest pomysłowa, wręcz nieograniczona. Towar, który wydaje się dobry, ale jest tani to tak naprawdę jego jakość jest niska i widać tę zależność po pewnym czasie użytkowania. Dlatego negocjacje cenowe mają swoją dolną granicę. Ponadto biznes jest wtedy opłacalny jeżeli dwie strony mają korzyść. Firma polska po ustaleniu ceny, rozpoczęła kolejny etap negocjacji dotyczący terminu płatności. Zapłata przed wysyłką tzw. zasada – money in front jest też popularna na Dalekim Wschodzie. Zwłaszcza kiedy partnerzy się poznają, a kontrakty są po raz pierwszy zawierane. Etap ten trwał dość długo i zakończył się otrzymaniem kredytu kupieckiego – pięciomiesięczne odroczenie płatności. Po tym etapie uzgodnień nastąpił trzeci etap dotyczący przyjęcia w rozliczeniu części produkcji wyrobów gotowych. Partner z Hongkongu posiadał kontakty eksportowe na dostawy galanterii skórzanej w Europie Zachodniej i Kanadzie. Przez sieć tych kontaktów torebki z Polski (w ramach rozliczeń z dostawcą z Hongkongu) trafiły na wymagające rynki w rozwiniętych gospodarczo państwach.

Zwracam uwagę na wykorzystanie możliwości Hongkongu nie tylko jako dobrego źródła zakupów towarów konsumpcyjnych, bo jest możliwość znacznie szerszej współpracy. Taką sposobność powinno się wykorzystywać. Ponadto warto podkreślić silne związki Chińczyków z tzw. diasporą. Otóż Chińczycy z części południowej (w tym Hongkongu) rozprzestrzenili się nie tylko w USA, Europie Zachodniej, Kanadzie, ale również są obecni w innych krajach Azji Południowo-Wschodniej. Stanowią w niej elitę biznesową. Dlatego przez kontakty w Hongkongu możliwe są transakcje na innych rynkach. Biznesmeni z byłej kolonii łatwiej mogą podjąć się dostaw na wspomniane rynki niż próby czynione samemu. Warto przypomnieć sukcesy jakie odnosili pierwsi biznesmeni w tym regionie świata. Otóż fortuny takich firm jak Jebsen&Co., John Swire&Sons, Alex Ross&Co., Jardine, w znacznym stopniu były tworzone dzięki ścisłej współpracy z miejscowymi biznesmenami.

Lokalni Chińczycy za część nawet udziałów (nie mówiąc o zyskach) zajmowali się całą logistyką dostaw na miejscowe rynki. W ślad za tym szły rozliczenia, dalsze inwestycje. Nikt lepiej nie mógł zrozumieć kultury biznesu, zasad prowadzenia handlu niż sami Chińczycy. Przykładem może być osoba Lo Pak Sheunga pierwszego tzw. compradora w komercyjnym banku Hongkongu. Sprawował on władzę nad lokalnymi pracownikami banku, dbał o rozliczenia z firmami chińskimi, zabiegał o nowych klientów. W ten sposób z biednego urzędnika dorobił się znacznej fortuny. Dobrze jest zatem zdobyć się na to, aby w Hongkongu (lub nawet w innych regionach Azji Południowo-Wschodniej) nawiązać współpracę z miejscowym agentem. Nie dotyczyłoby to tylko prostego importu, na czym stronie chińskiej bardzo zależy, ale również eksportu na ten dynamicznie rozwijający się rynek.

Hongkong był i nadal pozostaje miejscem stwarzającym możliwości dużego zarobku. Ściąga obywateli całego świata, w tym licznie przedstawicieli polonii. Amerykanie, Anglicy, Australijczycy polskiego pochodzenia często przebywają w tym rejonie i bardzo często służą pomocą firmom polskim. Dzięki informacjom i wskazówkom amerykańskich maklerów polskiego pochodzenia doszło do współpracy polskich banków z bankami w Hongkongu. Bardzo cennym źródłem są menedże-

rowie polskiego pochodzenia, którzy już są, np. na emeryturze, a ciągle chcą być aktywni zawodowo. Wykorzystanie ich w roli pośrednika na umowie prowizyjnej było w kliku wypadkach moją sugestią. Współpraca taka trwała dość długo i była owocna dla dwóch stron. Ponadto wraz z wiekiem niektórzy polonusi stają się sentymentalni i starają się nawet bezinteresownie coś dla kraju swoich przodków zrobić. Warto tę formułę współpracy wykorzystać.

Tak postąpili menedżerowie z Przedsiębiorstwa Budowy Kopalń z Lubina. Otóż w Hongkongu była bardzo duża pod względem zaawansowania technologicznego i finansowego inwestycja – lotnisko na wyspie Lantau. Koszt łącznie z obiektami towarzyszącymi (linie metra, mosty, drogi dojazdowe) 1 mld USD. W inwestycji wzięły udział największe konsorcja budowlane świata. Jednym z nich była francuska firma Buiqe. W niej pracował jako jeden z głównych inżynierów (stanowisko wyższe kierownicze) Polak J. Baran. Skończył on studia na Politechnice Warszawskiej, a potem wyemigrował do Francji i stopniowo awansował do pozycji głównego inżyniera. Polscy inżynierowie, lekarze wcale nie odbiegają swoją wiedzą od absolwentów nawet prestiżowych uczelni zagranicznych. Trochę gorzej jest z absolwentami ekonomii, zarządzania, ale i tu jest widoczny już postęp. PBK Lubin posiadało unikalną umiejętność – wiercenia głębinowego. W regionie Azji większość kopalń jest odkrywkowa, więc umiejętność taka jest rzadkością. Buiqe mógł co prawda poszukiwać partnera w Republice Południowej Afryki, ale Pan Jan Baran nawiązał kontakty z PBK i firma z Polski otrzymała kontrakt w Hongkongu. Było to wynikiem oczywiście posiadanej przez PBK specjalności, ale sympatia i pomoc polonusa na pewno nie zaszkodziły. Wydaje mi się, że za mało wykorzystujemy Polonię do „zadań gospodarczych" na rzecz firm krajowych. Przykład PBK w Lubinie pokazuje jak taka forma może okazać się skuteczna. Należy (w pewnym stopniu jest to swoisty benchmarking) bazować także na wzorcach diaspory chińskiej jako modelowego wykorzystania pośrednictwa, zdobywania informacji, pomocy gospodarczej.

Kolejna refleksja dotycząca Hongkongu sprowadza się do szarej strefy i działań niezgodnych z prawem. Hongkong przez długi czas był miejscem handlu opium (narkotykami) z rynkiem chińskim. Rynek ten był i nadal pozostaje niezwykle chłonny. Przekonałem się, że Chińczycy łatwo popadają w uzależnienie od hazardu i narkotyków. Hazard jest generalnie ograniczany przez ustawodawstwo, natomiast forma zakładów niezwykle jest popularna w czasie wyścigów konnych w Shatin i Happy Valley. Pojawiają się na nich tłumy, a obroty, np. sobotnie, przekraczają 1 mld HK$. Narkotyki są obecne i prasa bardzo często donosi o walkach triad (mafii chińskiej) o wpływy w byłej kolonii brytyjskiej. Uzależnienie od narkotyków wśród chińczyków można porównać do uzależnienia od alkoholu niektórych narodów Syberii. Po prostu szybciej następuje uzależnienie i jest ono niezwykle trwałe. Za tym się kryją duże pieniądze i świat przestępczy. Nie pozwala on rozwijać się drobnej przestępczości, *np. napady na obcokrajowców, kradzieże, bójki na ulicach. Triady same pilnują porządku. Paradoksalnie, tam gdzie nie ma tej drobnej przestępczości, występuje silna przestępczość zorganizowana. W Hongkongu można nocami bezpiecznie poruszać się po ulicach. Dzielnica rozrywki Wanchai jest w czasie weekendów pełna odwiedzających osób i generalnie wszyscy czują się bezpiecznie.*

Miałem dwa przypadki zetknięcia się z działalnością triad. Pierwsza dotyczyła wyłudzenia pieniędzy od importera. Przedstawiciel miejscowej firmy (pośrednik) przedstawił fałszywe dokumenty przewozowe (konosament, świadectwo pochodzenia, certyfikaty jakości) finalnemu odbiorcy. Pośrednik był powiązany z triadami, a dokumenty dotyczyły polskiej stali pochodzącej jakoby z huty Cedlera. Odbiorca finalny zwrócił się do polskiego konsulatu z prośbą o weryfikację dokumentów. Część była wypełniona w języku angielskim (i ta nie budziła większych zastrzeżeń), natomiast część w języku polskim zawierała błędy. Pieczątka była z błędem, np. rysunek orła był nieprawidłowy – orzeł zamiast w lewo patrzył w prawą stronę. Były także błędy stylistyczne i gramatyczne. Takie uchybienia mogła zauważyć jedynie osoba znające dokumenty w obrocie handlu zagranicznym i język polski. Dla miejscowego biznesmena taka różnica była nie do wykrycia. Kwota tej transakcji ok. 3 mld USD. Po otrzymaniu naszej opinii (dokumenty były ponadto zweryfikowane w kraju) odbiorca zrezygnował i tym samym uniknął straty. Partia dostawy była po prostu fikcją.

Drugi przypadek dotyczył porwania przedstawiciela dostawcy, uwięzienia go w hotelu i próby wymuszenia wydania dokumentów przewozowych. Dobrze, że ów przedstawiciel o całej transakcji, swojej wizycie, wcześniej poinformował konsulat w Kantonie. Kiedy zaczęły się kłopoty nasz konsul handlowy powiadomił odpowiednie miejscowe władze, uwolnił biznesmena. Natomiast konsulat w Hongkongu umożliwił mu sprawny powrót do kraju.

Na tego typu rynkach, gdzie wydaje się z pozoru, iż transakcje mogą być zawierane sprawnie i bez żadnego zagrożenia, warto pozostawać w kontakcie z oficjalnymi przedstawicielstwami naszego kraju. Szczególnie jeżeli dotyczy to dużych kwot. W przypadku zagrożenia można liczyć na pomoc, radę, odpowiednie wskazówki. Sam też wielokrotnie pomagałem innym przedstawicielom krajów Europy Środkowo-Wschodniej. Polski konsulat w Hongkongu był pierwszym z tego regionu Europy. Zwracali się z prośbą m.in. Węgrzy, Czesi i Słowacy. W miarę naszych możliwości taką pomoc otrzymali, np. kontakty z izbami handlowymi (Trade Development Council, Chinese Chamber of Commerce), firmami przewozowymi itd.

Nie mogę nie wspomnieć o stosunku Chińczyków do zasad Feng Shui. Nadają temu duże znaczenie. Praktycznie nie jest od nich wolna żadna z dziedzin życia społecznego, a już zwłaszcza biznes. Rok chiński jest zawsze pod znakiem zwierzęcia – i niekiedy czeka się lata na podjęcie strategicznych kroków, jeżeli, np. czeka się na rok smoka. Smok jest symbolem prosperity w Chinach. W architekturze Hongkongu Feng Shui także zajmuje ważne miejsce. Położenie Bank of China (BC) względem Hongkong Shanghai Banking Corporation (bank jest zwrócony ostrymi krawędziami budynku do konkurenta) ma zapewnić pomyślność BC kosztem HSBC. W miejscowości Repulse Bay budynek mieszkalny jest tak zaprojektowany aby nie przeszkadzał smokowi, który mieszka wewnątrz sąsiedniej góry i widokowi na morze. Gdyby zasłonić tenże widok, wówczas mieszkańców spotkałby duże nieszczęście. Smok na pewno by się zemścił, a tak zapewnia im pomyślność. Wejścia do budynków biurowych są niekiedy tak zaprojektowane, aby klienci mieli mniejszy komfort niż wchodzący innym wejściem pracownicy. Tym samym pracownicy uzyskują przewagę nad potencjalnymi klientami. Tak powszechnie przyjmuje się w odniesieniu do budynku HSBC. Klienci przyjeżdżają schodami ruchomymi, natomiast pracownicy windami. Urządzenie biura, mieszkania odbywa się z udziałem specjalisty od Feng Shui.

Warto zwrócić uwagę na pielęgnowany kultu przodków. Często w domach, a nawet na ulicach (w zagłębieniu muru) są ołtarzyki (w kolorach złoto czerwonych) gdzie pali się kadzidełka nie tylko poświęcone opiekuńczym bogom ale również przodkom.

4

Pułapki kontraktowe

Często zdarza się nam podpisać niezbyt korzystny kontrakt. Bywają partnerzy, którzy celowo dążą do zawarcia takiej umowy, w której zdecydowaną przewagę ma wyłącznie jedna strona. Dochodzenie swoich spraw bywa wówczas bardzo trudne, wręcz niemożliwe do osiągnięcia nawet kompromisu. Celem zawarcia takiego kontraktu nie jest jego realizacja, ale np. otrzymanie kar umownych, „pogrążenie" konkurenta i opanowanie rynku. Istnieje wiele czynników, które sprzyjają powstaniu pułapek kontraktowych. Część z nich można ująć jako czynniki związane z pewną nonszalancją jednej strony. Zbyt małą uwagę przywiązuje się do treści kontraktu, ufa się zapewnieniom składanym ustnie. Nie jest do końca tak, że partnerowi nie należy ufać, ale rozbieżności mogą wynikać, np. z braku znajomości języka oraz warunków prawnych obowiązujących w danym państwie. Brak znajomości języka w pewnym sensie można zredukować – posiłkując się językiem znanym dla dwóch stron. Takim obecnie jest angielski. Z tym zastrzeżeniem, że musi to być bardzo dokładne tłumaczenie.

Warto zwrócić uwagę na specyfikę języka chińskiego. Język ma służyć temu, aby jasno wyrazić swoje myśli, chęci, plan postępowania, obowiązki stron. Natomiast język chiński zawiera wiele symboli, metafor trudnych do zrozumienia europejczykowi. Dla nas istnieje liczba pojedyncza i liczba mnoga. Dla Chińczyka mnogość musi być opisana za pomocą kolejnych zdań. W konsekwencji, bardzo łatwo jest zawrzeć umowę mało precyzyjną. Dodatkowo w języku chińskim brakuje wyraźnego określenia rodzaju, tj. męskiego czy żeńskiego. Najczęściej jest on nijaki. Ponadto w języku chińskim nie istnieje kategoria czasu gramatycznego. Wszystkim, którzy posługują się na co dzień jednym z języków europejskich brak ten jest trudny do zrozumienia. Chińczykowi jednak nasze przywiązanie do oznaczania czasu gramatycznego wydaje się zbędne. Jeśli trzeba to stosunki czasowe zachodzące między czynnościami są wskazywane środkami leksykalnymi. Pojawiają się wówczas w zdaniu wyrazy typu „wczoraj", „potem", „już", „jeszcze nie", „przedtem" – i one wyznaczają czas akcji, a przede wszystkim następstwo czynności. Zatem język chiński narzuca swym użytkownikom myślenie kategoriami obojętnymi pod wieloma względami (rodzaj, liczba, czas), a dopuszcza precyzowanie poszczególnych kategorii [Künstler M. J., 2008]. Nie bez znaczenia jest także intonacja. Dla Europejczyka rozróżnienie tonów bywa trudnym zadaniem, łatwo o pomyłki. Wypowiedziany wyraz w złej intonacji może oznaczać zupełnie inną rzecz, np. słowo „ma" oznacza czasami konia, lub matkę, bądź konopie, a nawet czasownik wymyślać. Z tych przykładów wynika, że dla osoba, która umie porozumiewać się po chińsku, czyta (rozróżnia główne znaki) – to zawarcie kontraktu tylko w języku chińskim może okazać się pułapką. Także należy zwrócić uwagę na wierne tłumaczenie z języka chińskiego na inny język europejski.

Ważnym zagadnieniem jest system prawny, obowiązujący w danym państwie. I tu istnieją także zasadnicze różnice. System prawny, np. w Europie, systematycznie ulega unifikacji. Wpływ na to ma proces integracji. W związku z czym szereg rozwiązań obowiązujących w Polsce jest zbliżonych do systemów w pozostałych państwach Zachodniej Europy. Różnice istotne występują, np. między Europą a Chinami. Wiele wyroków sądowych (szczególnie w sprawach z udziałem obcokrajowców) zapada pod wpływem decyzji politycznych. Kodeks prawny ma mniejsze znaczenie, liczy się opinia, wydźwięk danego procesu na arenie międzynarodowej. Chiny chcą uchodzić za kraj zdecydowany, silny o wyraźnym podtekście mocarstwowości. Swoje braki w systemie prawnym będą „nadrabiać" surowością postępowania [deLise J., 2008]. Wynika to także z faktu, że z jednej strony władze chińskie chcą wprowadzać reformy rynkowe, a z drugiej nie wyrzekają się pełnej kontroli i wpływu na zachodzące procesy. Zatem wyrok sądu chińskiego może różnić się od wyroku w tej samej sprawie wydanego przez sąd w krajach o rozwiniętej gospodarce rynkowej. Dlatego osoba działająca na rynku chińskim musi mieć na uwadze znaczenie poszczególnych urzędów i zawiłości prawne. Są one np. bardzo widoczne przy dostawach na rynek chińskich, np. technologii know-how, patentów, własności intelektualnej (np. praw autorskich). Mamy tu do czynienia z mnogością przepisów, np. kodeks handlowy, prawo patentowe, kodeks handlu międzynarodowego, prawo antytrustowe. Chiny wydają specjalny dziennik urzędowy (*Technology export/ import catalogue*), w którym zamieszczają wykaz technologii, patentów, własności intelektualnej jakie mogą być na ten rynek dostarczane. W większości krajów to umowa między stronami wystarcza do przeprowadzenia transakcji. W ChRL dodatkowo umowę taką należy zgłosić władzom i zarejestrować. W innym przypadku nie ma ona mocy prawnej. Jeżeli strona chińska dokona zmian w licencji, to zmiana powoduje, że importer staje się jej właścicielem. W ten sposób Chińczycy mogą relatywnie łatwo przejąć prawa autorskie do patentu, know-how. Proces ten ma swoje umocowanie w miejscowych rozwiązaniach prawnych.

Sytuacja przedsiębiorstw zwłaszcza w dłuższym horyzoncie czasowym (tak jak koniunktura gospodarcza) może się nawet drastycznie zmienić. Brak odpowiednich zabezpieczeń w kontrakcie (mimo dotychczasowej korzystnej współpracy) powoduje powstanie zagrożenia, np. w dostawach, rozliczeniach. Warto w takiej sytuacji przed podpisaniem umowy zadać pytanie – Co się stanie, jeżeli wystąpią określone zdarzenia? Czy wówczas kontrakt będzie przebiegał bez szkody dla jednej ze stron. Dobrym przykładem, który spowodował relatywnie duże (niestety) straty w polskich przedsiębiorstwach były tzw. opcje walutowe. Przedsiębiorstwa zaangażowane w handel zagraniczny powszechnie w latach 2008–2009 zabezpieczały się przed ryzkiem kursowym stosując wspomniane opcje walutowe. Opcje walutowe są skutecznym instrumentem, wówczas kiedy można określić zmianę kursu walutowego. W sytuacji gdy złoty polski wykazywał tendencję do umocnienia, zdecydowana większość podmiotów rynkowych zawierała umowy opcyjnie zakładające stałość tego procesu. Przez pewien czas rynek walutowy potwierdzał te założenia. Część przedsiębiorców dokonała nawet rewizji swojej strategii osiągając wyższe zyski z działalności finansowej niż ze statutowej. Opcje walutowe pozwalały na dodatkowe zyski. Sytuacja uległa zasadniczej zmianie, kiedy kurs złotego się umocnił. Wówczas podmioty gospodarcze odnotowały straty. Szacuje się, że straty firm krajowych z tytułu tzw. opcji walutowych wyniosły ok. 17 mld zł [*Rzeczypospolita*, 17 marzec 2009]. Wystarczyło przed podpisaniem kolejnej umowy na opcje walutowe z bankiem zadać pytanie – Co się stanie jeżeli kurs walutowy się zmieni i będzie on niekorzystny dla przedsiębiorcy? Jak wysokie sumy firma będzie musiała wpłacić do banku? Sytuacja korzystna uspokaja. Stan w którym kurs waluty jest stały lub wykazuje określony trend przez bardzo długi czas należy uznać praktycznie za niemożliwy. Podobne zdarzenia mogą wystąpić w innych przypadkach, niejednokrotnie nawet nie z winy kontrahenta. Przykładem są zmiany w prawie, podatkach, trafach celnych, bankructwa, siła wyższa. Takie wypadki wcale nie należą do rzadkości, a mogą wpłynąć na sytuację stron kontraktu.

Kolejnym przykładem jaki w maju 2010 roku miał miejsce w transporcie lotniczym, był wybuch wulkanu w Islandii. Chmura dymu i popiołów wulkanicznych spowodowała drastyczne ograniczenie lotów w Europie. Oczywiście przewidzenie skutków wybuchu jest trudne (wręcz niemożliwe), ale zadanie pytania przed podpisaniem umowy – Czy w kontrakcie jest zapis na wypadek siły wyższej – czy go nie ma? Jeżeli takiego zapisu nie ma to co się stanie jeżeli ono nastąpi? Jak to wpłynie na obowiązki stron i jakie ewentualne straty poniosą partnerzy?

Niekiedy jedna ze stron unika wpisania do kontraktu różnych klauzul precyzujących obowiązki partnerów. Zazwyczaj pojawia się usprawiedliwienie, że w kontrakcie wszystkiego nie da się przewidzieć. Naleganie, aby jednak to co się ustaliło ustnie zapisać – tratowane jest jak nieufność. Pojawia się konkluzja – jak w takiej sytuacji można prowadzić biznes, kiedy jedna ze stron jest podejrzliwa. Rosjanie, np. mają dobre na taką okoliczność stwierdzenie – „*dowieraj no prowieraj*". Można to przetłumaczyć: wierz ale sprawdzaj.

Importerzy działający na rynku Dalekiego Wschodu niekiedy zabiegają o wystawienie faktur z niskimi cenami. W rzeczywistości płacą wyższe ceny, natomiast zaniżone faktury są podstawą do naliczania opłat celnych oraz ewentualnych podatków. Niższa faktura, niższe podatki. Postępując w ten sposób (aspekt etyczny jest bardzo ważny i w tym przypadku jest on pominięty) dajemy pole do zastanowienia partnerowi chińskiemu – Jeżeli importer oszukuje swój kraj to czy też nie jest skłonny (jak nadarzy się okazja) oszukać również dostawcę? Po drugie bardzo łatwo jest wpaść w pułapkę kontraktową. Pierwsza dotyczy ewentualnych sum wynikających z odszkodowania. Jeżeli towar uległ uszkodzeniu w czasie transportu, suma ubezpieczenia odnosi się do wartości. Ta umowy jest niska – więc odszkodowanie jest symboliczne. Druga pułapka wynika z ewentualnych roszczeń do dostawcy, np. z tytuł wad ukrytych, które wystąpiły po krótkim okresie użytkowania towaru. Problem ewentualnej sumy odszkodowania będzie odnosił się do kwoty zawartej w kontrakcie. Ponadto z całą stanowczością należy stwierdzić, że sądy opierają się na dokumentach, a nie na trudno weryfikowalnych deklaracjach. Nawet udowodnienie, że suma zapłacona była wyższa niż zapisana w fakturze może otworzyć nowe postępowanie przeciwko obu stronom z zarzutem unikania obowiązku podatkowego, oszustwa urzędów skarbowych itd. Może to wywołać efekt kuli śnieżnej. Po wszelkich sporach okaże się, że koszty postępowania przed sądem, opłaty, wynagrodzenia prawników znacznie przekroczyły wartość kontraktu.

Importerzy z Dalekiego Wschodu mogą wpaść w kolejną pułapkę. Dotyczy ona zwłaszcza presji obniżenia cen, z reguły dotyczy to towarów konsumpcyjnych. Chińczycy posługują się w negocjacjach następującym stwierdzeniem – *„You get what You pay”* – można to przetłumaczyć – *„otrzymujesz to, za ile to kupujesz”*. Tak więc towar super tani generalnie nie będzie mógł sprostać wymaganiom klientów poszukujących wysokiej jakości produktów. W Chinach (a praktycznie w całej w Azji Południowo-Wschodniej) w towary konsumpcyjne zaopatruje się większość państw świata. Gama ofertowa jest bardzo bogata pod względem nie tylko asortymentu, ale również jakości. Praktycznie bardzo zbliżony wyrób może różnić się zasadniczo pod względem ceny. Polscy importerzy przede wszystkim zwracają uwagę na cenę. Produkty wykonane z wysokiej jakości surowców nie mogą być tanie, gdyż (pomijając koszty robocizny, te w Chinach są niskie), surowce także mają swoją cenę. Można zatem przed rozpoczęciem negocjacji oszacować wartość samych materiałów z jakich powstanie towar wyjściowy. Dodając nieznaczną kwotę na koszty produkcji oraz narzut eksportera otrzymuje się przybliżoną wartość produktu. Jeżeli zaproponowana cena okaże się o wiele niższa niż ta z kalkulacji to zasadnym wydaje się pytania – Dlaczego partner chiński jest gotowy właśnie nam sprzedać ten towar? Przecież biznes ma wówczas sens jeżeli zarabiają na nim dwie strony, a nie jedna.

Duzi dystrybutorzy produktów konsumpcyjnych (np. Nike, Reebok), którzy zlecają produkcję w fabrykach Dalekiego Wschodu określają materiały z jakich ma zostać wykony produkt, technologię (głównie dotyczy to odzieży, obuwia, sprzętu sportowego, elektroniki itd.). Zatrudniają własnych inspektorów nadzoru, posiadają kontrolę nad procesem produkcji i tym samym osiągają zakładaną jakość. Produkty takich firm nie są aż tak tanie, mimo, że powstają w Azji Południowo-Wschodniej. Marka firmy ma oczywiście wpływ na cenę, ale z drugiej strony wymaga się, aby jakość produktu była odpowiednia (wysoka).

Pułapka może wynikać z błędu popełnionego w trakcie samych negocjacji. Odwrócenie uwagi od najważniejszych punktów umowy, a skupienie się na nieistotnych zagadnieniach. Niektórzy stosują taktykę „poświęcenia czasu na sprawy około biznesowe" niż na rzeczowe rozmowy. Sprowadza się to do m.in. tzw. wycieczek, imprez, kolacji, a dopiero w końcowym etapie (kiedy tak naprawdę brakuje czasu) ustala się warunki kontraktu. Wówczas jest mało czasu na przedyskutowanie wariantów i łatwo popełnić błąd. Swoistą taktykę prowadzą niektórzy biznesmeni z Hiszpanii. Otóż w tym kraju rozmowy prowadzi się z reguły wieczorem, a nawet późną nocą. Bywa tak, że wieczorem odbywa się kolacja. Potem zaproszenie na mecz (rozgrywki ligi hiszpańskiej są organizowane najpóźniej ze wszystkich lig europejskich) lub na korridę (zwłaszcza w południowej części tego kraju, np. Sewilla, Malaga). Po takich emocjach dopiero siada się do rozmów – czyli bardzo często między godziną 24 a 1 w nocy. Osoby, które przyzwyczajone są do pracy w godzinach rannych przeżywają wtedy trudne chwile, łatwo popełnić pomyłkę. Z kolei ten kto skłoni Hiszpanów do rozmów w ciągu dnia (np. przed południem) może osiągnąć przewagę. Hiszpanie mogą być senni, mniej skoncentrowani.

Część biznesmenów stara się wywrzeć presję. Podkreśla potrzebę szybkiej decyzji i finalizowanie ewentualnej umowy. Tak dzieje się, np. w Chinach, gdzie wielu menedżerów wynagradzanych jest prowizyjnie. Przedłużające się negocjacje mogą wywołać odczucie zniechęcania i poświęcenia uwagi temu kto szybko godzi się na proponowane warunki. Polscy biznesmeni z reguły, kiedy już nawiążą współpracę zapominają o konieczności weryfikowania sytuacji partnera. Podejmuje się takie próby na początku współpracy. Raport na taki temat można zamówić u wyspecjalizowanych firm, np. Dun and Bradstreet, która zapewnia podmiotom:

- stworzenie systemu wczesnego ostrzegania przed nierzetelnymi kontrahentami,
- porównanie spływu należności przeterminowanych ze średnią w branży,
- informację o średnim opóźnieniu danej firmy w regulowaniu płatności,
- lepszą alokację zasobów – skupienie się na klientach, którzy płacą lepiej,
- redukcję kredytu dla dłużników,
- określenie środowiska biznesu na potrzeby analiz korporacyjnych,
- zdefiniowanie obszarów ryzyka kredytowego (firma, branża, region) [www//dbpoland.dnb.com/polish/default.htm2010–05–17].

Nawet początkowa dobra sytuacja kontrahenta może się zmienić. Dlatego po pewnym okresie współpracy (np. po 6. miesiącach) należy upewnić się, że partner nadal cieszy się dobrą pozycją rynkową. Sprawdzanie można przeprowadzić poświęcając stosunkowo niedużo środków i czasu. Pierwszym źródłem może być krajowa izba gospodarcza partnera, jego bank oraz sądowy rejestr. Z tego ostatniego „płyną" ważne informacje na temat składu osobowego (czy osoby podpisujące z nami kontrakt są prawnie umocowane?), o ewentualnych zmianach właścicielskich, kapitale założycielskim, zastawach. Dostępność informacji zapewnia urzędowy rejestr firm w Hongkongu. Za niewielką opłatą (ok. 20 USD) otrzymuje się aktualny wydruk na życzony temat. Bank partnera nie udziela pełnych danych - obowiązuje go tajemnica handlowa. Bank jest instytucją zaufania publicznego, ale z drugiej strony dostarcza informacje na temat ogólnej sumy obrotów - podając zazwyczaj liczbę zer po pierwszej cyfrze oraz stwierdzając brak zagrożenia z tytułu braku płynności finansowej. Nawet tak ogólne wypowiedzi pozwalają uniknąć przykrej niespodzianki, np. bankructwa kontrahenta. Jego problemy są także naszymi. Należy bowiem mieć na uwadze, że biznes jest układem (wielo) dwustronnym. Upadek jednego zagraża drugiemu.

Pułapki kontraktowe mogą także wiązać się ze specyfiką danego rynku. Można stwierdzić, że każdy rynek jest specyficzny i należy bardzo starannie się na nim poruszać. Pomyłka drogo kosztuje. Natomiast prowadzenie biznesu w pewnym sensie unifikuje zasady, przyjmuje się międzynarodowe standardy i obie strony mniej więcej wiedzą jakich działań i efektów należy się spodziewać.

Rynek rosyjski też ma swoją specyfikę, co jest przyczyną znacznych trudności. Pierwszą z nich jest tzw. przywiązanie do władzy państwowej połączone z dumą narodową. Doświadczyły tego pierwsze przedsiębiorstwa zagraniczne, które po 1991 roku rozpoczęły działania w branży ropy naftowej i gazu. Skoncentrowały się na relacjach z rosyjskim podmiotem gospodarczym, pomijając zupełnie rolę władzy centralnej. Przejęły rozwiązania znane z gospodarki rynkowej. Partner rosyjski większą wagę przywiązywał do dyspozycji władz własnego kraju, niż zawartej umowy. W decydujących momentach (np. decyzje strategiczne, inwestycyjne) przedsiębiorstwo rosyjskie ściśle współpracowało z władzą bardzo często przeciwko zagranicznemu partnerowi. Na porządku dziennym było przekazywanie tajemnicy handlowej, bieżącej korespondencji - i nim partner się zorientował to był zmuszany, np. do odsprzedaży akcji i udziałów we wspólnym przedsięwzięciu. Takie doświadczenia miały koncerny brytyjskie i amerykańskie. Warto cały czas podkreślić kolejną cechę. Zawarte umowy prawne mają mniejsze znaczenie niż powiązania lokalnych przedsiębiorców. Ten system powszechnie znany jako „błat" może prowadzić do tego, że wyrok sądu miejscowego może zupełnie zaskoczyć nawet obeznanych z wymiarem sprawiedliwości prawników. Rosjanie powszechnie ten stan akceptują. Dodatkowo panuje też powszechne przekonanie, że przepisy prawne są bezsensowne, utrudniają prowadzenie biznesu. W Rosji jest niepisana praktyka - *„życie* *gospodarcze sobie a przepisy prawne sobie"*. W krajach o rozwiniętej gospodarce rynkowej dąży się do symbiozy przepisów prawnych z działalnością gospodarczą. Ponadto w Rosji protekcja własnych znajomych ma większe znaczenie niż rozsądek prawny lub ekonomiczny. W trakcie realizacji kontraktu mogą zajść zdarzenia, które naruszają interesy trzeciej strony. Strony, która jest dobrze umocowana, posiada rozwinięte kontakty. Wówczas jej korzyść staje się ważniejsza niż obowiązująca umowa.

Nie znając tradycji zawierania kontraktów przez Chińczyków, także łatwo jest popełnić błąd. Podstawą zrozumienia mentalności jest przestudiowanie dzieła *Sun Tzu - The Art of War*. Wiele określeń, strategii postępowania jest wiernie kopiowane z tego opracowania przez biznesmenów z kraju środka. Pierwsza zasada dotyczy traktowania biznesu jako pola walki. Strona chińska dąży w podpisywanej umowie do zapewnienia sobie przewagi. Bardzo duży nacisk jest położony na przewidywania skutków kontraktów - Chińczycy w takich momentach stosują zasadę - sprawy końcowe są rozpatrywane na samym początku. Europejczycy zwykli zaczynać od przedmiotu i podmiotów umowy. Zupełnie inna gradacja spraw.

Zasada kolejna - *swoje słabości sprzedawaj jako sukces.* Wykorzystanie tej zasady znalazło zastosowanie w negocjacjach między GM i Mercedesem, kiedy oba koncerny chciały wejść na ten rynek. Strona chińska prowadziła negocjacje równolegle z dwoma partnerami, doprowadzając do tego, że przejęła najnowocześniejsze rozwiązania z dwóch koncernów samochodowych. Warto pamiętać, że Chiny (mimo postępu) nie są potęgą w produkcji samochodów. Chińczycy wykorzystują luki w zawieranych kontraktach. Kiedy KFC rozpoczęła ekspansję w Chinach, partner lokalny cierpliwie czekał na rozwój wydarzeń. Kiedy w Japonii (połowa lat 90. XX wieku) ceny mięsa drobiowego podniosły się, Chińczycy zamiast do KFC skierowali swoje dostawy do kraju kwitnącej wiśni. Nie chodziło w tym przypadku o osiągnięcie wyższej ceny, ale o zmuszenie KFC do szeregu strategicznych ustępstw (podział rynku, udział w zyskach miejscowego partnera). Chińczycy są cierpliwi, mogą bardzo długo czekać na okazję do rewanżu - osiągnięcia celu. Nie pokazują emocji. Zniechęca ich agresja potencjalnego partnera. Wówczas przedstawiciele kraju środka wznoszą się na wyżyny swoich umiejętności i zastawiają pułapkę. Tak można w pewnym sensie potraktować kontrakt z McDonaldsem na wydzierżawienie lokalizacji w Pekinie. McDonalds preferuje ruchliwe, atrakcyjnie położone w centrach miasta lokalizacje. Otrzymał w dzierżawę żądane miejsca, ale Chińczycy przystąpili do zmian planów zagospodarowania terenów (związanych, m.in. z igrzyskami) i koncern amerykański musiał zgodzić się na warunki władz lokalnych. Podobnie zakończyła się sprawa Motoroli, która długo opierała się dopuszczeniu miejscowych przedsiębiorców do wspólnego biznesu. Motorola napotykała na szereg utrudnień, aż do momentu zawarcia aliansu z partnerem chińskim.

Pułapki kontraktowe mogą również pojawić się w wyniku działań osób trzecich. Są nimi z reguły przedstawiciele administracji rządowej. Kontrolują, bądź nadzoruję realizację transakcji. Jednym z celów okazuje się działanie zmierzające do uzyskania własnych dodatkowych korzyści najczęściej w postaci łapówek. Kluczowe znaczenie dla zrozumienia istoty zjawiska są więzy społeczne. Powiązania tego typu są nie tylko charakterystyczne dla rynków wschodnich (omawiany „*błat*" czy „*guanxi*"), ale również w gospodarce rynkowej. Relacje między osobami, przedsiębiorstwami, przedstawicielami urzędów bazują przede wszystkim na więzach rodzinnych, towarzyskich, etnicznych. W obrębie grup współpraca jest o wiele szersza niż wynika to z oficjalnie przedstawionych zakresów zadań. Poziom zaufania między grupami jest znacznie większy niż do pozostałych podmiotów. R. D. Putnam analizował dwa regiony Włoch – część północną i południową. W tej drugiej części zaufanie między poszczególnymi grupami społecznymi było znaczne, natomiast do innych (w tym także obcokrajowców) bardzo niskie. Konsekwencją była współpraca w grupach. Kooperacja z inną grupą kończyła się z reguły problemami. Działaniom tym towarzyszyła także korupcja. Natomiast w północnej części brak było wyraźnego wyodrębnienia poszczególnych grup, poziom zaufania „rozkładał" się równomiernie, tj. był on porównywalny do wszystkich podmiotów gospodarczych, niska była także korupcja [Putnam R. D., 1993].

Grupy biznesu typują wśród własnych kręgów przedstawicieli do objęcia w sferach rządowych określonych stanowisk. W kluczowych sytuacjach (z uwagi na swoją pozycję) włączają się oni (często jako strona) w ustalaniu „właściwych" warunków prowadzanie biznesu. Takie praktyki występowały, m.in. w Indiach, Afryce, a w Europie w krajach basenu morza śródziemnego [Lambsdorff J. G. 2000, de Zwart F., 1994].

5

Koncepcja analizy strategicznej

Zagadnienie analizy strategicznej należy w pewnym sensie połączyć z planowaniem strategicznym. Planowanie przeżywało niezwykłą popularność na początku lat 70. XX wieku. Wiele firm zatrudniało rzesze planistów, którzy analizowali zarówno sytuację w otoczeniu, jak i w samym przedsiębiorstwie. W kolejnych latach nastąpił pewien regres, z uwagi na większe przywiązanie do tzw. koncepcji zarządzania opartych głównie na zasobach niematerialnych (m.in. zarządzanie wiedzą, kapitałem intelektualnym, zaufaniem, wzrostem zrównoważonym itd.). Dyskusja na temat planowania powinna być rozpatrywana łącznie z myśleniem strategicznym. W literaturze przedmiotu nie poświęca się tym zagadnieniom zbyt dużej uwagi. Często nawet oba pojęcia się utożsamia [Harari O., 1995] .

Jednak między planowaniem, a myśleniem strategicznym występuje zasadnicza różnica. Strategiczne planowanie zajmuje się analitycznym procesem, pragmatyką postępowania. Natomiast myślenie strategiczne jest mniej uporządkowane, sprowadza się do kreacji idei, pozwalających przedstawić kilka opcji działania. Stratedzy zarządzania przywiązują różne znaczenie do obu kwestii. Na przykład M. Porter uważa, że planowanie strategiczne jest ważniejsze niż myślenie i kładzie nacisk na analityczny aspekt zarządzania. Ogranicza myślenie strategiczne do odpowiedzi na następujące pytania:

- Jaka jest struktura i rozwój sektora w jakim funkcjonuje dana firma?
- Jaka jest pozycja firmy w danym sektorze? [Porter M., 1991].

Natomiast H. Mitzberg większą uwagę przywiązuje do myślenia strategicznego, w którym upatruje szansę na osiągnięcie przewagi konkurencyjnej.

Analiza strategiczna jest przeprowadzana z udziałem myślenia i planowania strategicznego. Nie należy ograniczać się jedynie do jednego zagadnienia i przywiązywać jemu pierwszoplanową rolę. Warto zwrócić uwagę na dwie kwestie. Pierwsza sprowadza się do stwierdzenia, że zarówno planowanie, jak i myślenie strategiczne nie mogą

Rys. 19. Związek analizy z myśleniem i planowaniem strategicznym

Źródło: opracowanie własne.

funkcjonować samodzielnie. Myślenie strategiczne jest swojego rodzaju inspiracją do planowania, które, jak podkreślają m.in. M. Porter, I. Bonn, C. Christodoulu, powinno być mniej kreacyjne, pozbawione abstrakcji, a bardziej analityczne i racjonalne. Z drugiej jednak strony trudno jest opracować oryginalną strategię, odmienną od innych podmiotów gospodarczych, zapewniającą przewagę konkurencyjną bez kreacyjnego i nawet (w początkowej fazie) abstrakcyjnego myślenia. Następnie pojawia się druga faza, bardziej konkretna, realna – analityczna – związana z planowaniem. Na tej podstawie można przyjąć, że myślenie strategiczne pojawia się jako pierwszy etap, natomiast drugim jest już planowanie.

Myślenie strategiczne niekiedy traktuje się jako samodzielne podejście, swoistą filozofię funkcjonowania przedsiębiorstwa. Menedżerowie koncentrują swoją uwagę na globalnych problemach, wizji i długofalowych planach działania. Tym niemniej przychodzi moment, że nawet „samodzielny byt – za jaki uchodzi myślenie strategiczne" jest powiązane z planowaniem strategicznym.

Planowanie strategiczne przechodziło swoistą ewolucję. Dotyczyła ona roli planowania i metod jakimi posługiwali się jej twórcy. W tabeli przedstawiono poglądy wybranych autorów na miejsce planowania strategicznego, jego zadań w działalności przedsiębiorstwa.

Już w latach 60. XX wieku Chandler zwrócił uwagę na rolę planowania strategicznego i jego wpływu na strukturę organizacyjną przedsiębiorstwa (korporacji). Koncentrował się na analizie przypadków, które pozwalały wyciągnąć wnioski. Na tej podstawie tworzono strategię firmy. Zbliżone poglądy głosił Bower, z tym że zainteresowania swoje skierował na decyzje inwestycyjne. Dlatego też formułował wnioski dotyczące kontroli i zasad tworzenia budżetu. W latach 80. XX wieku (zwłaszcza Mitchell i Fredrickson) posługiwali się metodą scenariuszową, analizowali otoczenie, a celem planowania był

Tabela 41. Poglądy wybranych autorów na planowanie strategiczne w ujęciu chronologicznym

Autor	Obszar zainteresowania	Metoda	Wnioski
Chandler (1962)	Strategia korporacji	Analiza przypadków	Wpływ na strukturę organizacji
Bower (1970)	Decyzje inwestycyjne	Analiza przypadków	Budżetowanie i kontrola ryzyka
Mitzberg (1973)	Warianty strategii	Przegląd literatury	Wpływ środowiska na decyzje
Wood, Laforge (1976)	Planowanie	Wywiad bezpośredni	Związek wyników z decyzjami
Sapp, Seiler (1981)	Planowanie	Kwestionariusz	Wyniki firmy
Fredrickson (1984)	Analiza otoczenia	Scenariuszowa	Decyzje z wyborem niszy
Mitchell (1984)	Analiza otoczenia	Scenariuszowa	Decyzje z wyborem niszy
Gupp (1985)	Planowanie	Kwestionariusz	Brak zdecydowanych wniosków
Rhyne (1986)	Planowanie	Scenariusz	Warianty wyboru
Acquinto (1989)	Analiza otoczenia i firmy	Kwestionariusz	Wybór niszy rynkowej
Eisenhardt (1989)	Szybka analiza	Analiza przypadków	Warianty wyboru
Jelinek (1990)	Korporacja	Analiza przypadków	Działania w niszy rynkowej
Kukalis (1991)	Innowacje	Analiza przypadków	Nowoczesne sektory gospodarki
Powell (1992)	Analiza otoczenia	Kwestionariusz	Ocena nisz rynkowych
Miller (1994)	Analiza otoczenia	Kwestionariusz	Związek analizy z decyzjami
Hopkins (1998)	Planowanie	Analiza przypadków	Ograniczenie ryzyka
Andersen (2000)	Planowanie strategiczne	Analiza przypadków	Ocena wariantów wyboru
Grundy (2004)	Planowanie	Analiza sytuacji	Osiąganie celów
Alkaraan, Northcott (2006)	Analiza otoczenia	Kwestionariusz	Ustalenie ścieżki postępowania

Źródło: Andersen J. T., *Strategic Planning, Autonomous Actions and Corporate Performance.* "Long Range Planning". Nr 33 2000 i Ocasio W., Joseph J., *Rise and Fall – Or Transformation. The Evolution of Strategic Planning at the General Electric Company, 1940–2006.* "Long Range Planning". Nr 41 2008.

odpowiedni wybór niszy rynkowej. Na początku lat 90. XX wieku Kukalis zajmował się również analizą przypadków, ale dotyczących innowacji w tzw. nowych sektorach gospodarki. Planowanie strategiczne miało za zadanie wprowadzenie w strategii rozwiązań innowacyjnych. Z kolei Hopkins uważał, że planowanie strategiczne powinno ograniczyć ryzyko działania firm. Podobnie postępował Andersen, który przedstawiał warianty wyboru nie tylko pod kątem ryzyka, ale również „realności". Nie wszystkie opcje gwarantowały osiągnięcie sukcesu. Było to wynikiem braku odpowiednich zasobów w przedsiębiorstwie lub niemożliwością przełamania barier wejścia do niszy rynkowej. Myśl tą w kolejnych latach rozwinął Grundy, który podkreślał konieczność osiągania zakładanych celów. Brak realizacji celu oznaczał marnotrawstwo środków. Alkaraan, Northcott posługiwali się kwestionariuszami, analizowali otoczenie w celu ustalenia optymalnej ścieżki postępowania.

Przeprowadzona na łamach niniejszej publikacji prezentacja poszczególnych rynków pozwala na dokonanie analizy strategicznej niezbędnej do opracowania stosownej strategii zarządzania przedsiębiorstwem. Pod pojęciem analizy strategicznej należy przyjąć taki sposób postępowania, który umożliwia określenie i ustalenie wpływu zewnętrznych i wewnętrznych czynników na działanie przedsiębiorstwa. Otoczenie zewnętrzne z reguły dzieli się na dwie podstawowe grupy. Do pierwszej zalicza się czynniki pozostające w bezpośrednim otoczeniu firmy (tzw. otoczenie konkurencyjne), natomiast druga grupa składa się z tzw. czynników dalszych dotyczących makrootoczenia. Z reguły tę drugą analizę najczęściej łączy się z podejściem PETS, w którym analizuje się zespół czynników Politycznych, Ekonomicznych, Społecznych i Technologicznych. Warunki w jakich funkcjonują przedsiębiorstwa, muszą być uwzględniane przy opracowaniu strategii zarządzania. Niezbędnymi jej elementami są także wizja oraz misja. Niekiedy te elementy są pomijane lub marginalizowane. Jednak pełnią one istotną funkcję. Z jednej strony pozwalają bowiem na identyfikację szans, znalezienie niszy rynkowej, właściwych powiązań z innymi podmiotami gospodarczymi, a z drugiej strony ustalenie zagrożeń, niebezpieczeństw grożących stratami, brakiem osiągnięcia zakładanych celów.

W literaturze przedmiotu istnieje wiele propozycji i sposobów przeprowadzenia analizy strategicznej. Natomiast prezentowana niżej sugestia opiera się na następujących przesłankach:

- jest skierowana do krajowych przedsiębiorstw, które zamierzają rozpocząć (lub rozwinąć) współpracę na omawianych rynkach (tj. w Rosji, Chinach, krajach arabskich),
- menedżerowie dążą do zwiększenia eksportu towarów i usług a nie importu. Po 1990 roku bilans handlu zagranicznego Polski jest ujemny, import jest większy niż eksport. Z tego względu zwiększenie eksportu poprawia saldo i w dłuższym okresie sprzyjać będzie poprawie koniunktury gospodarczej.

Przyjmując te założenia w proponowanej analizie strategicznej sugeruję się wykorzystanie trzech metod. Pierwsza dotyczy metod portfelowych, druga uwzględnia pięć sił konkurencyjnych M. Portera i trzecia metoda scenariuszowa. **Metody portfelowe** mają długoletnią historię i wiążą się z osobą H. M. Markowitza. Głównym obszarem jego zainteresowania był rynek finansowy. Dzięki wykorzystaniu metod portfelowych uwzględnił zależność między ryzykiem a zyskiem. W kolejnych latach relatywnie proste narzędzia H. M. Markowitza zostały znacznie rozwinięte i wykorzystywane przez różne przedsiębiorstwa, w tym także uznane koncerny międzynarodowe (Coca-Cola, Nokia, Citi Group, Nike, Microsoft, Pepsico itd.). Metody portfelowe pozwoliły Nokii na ustalenie docelowego segmentu rynku. Sposób analizy przyjęty przez Nokię polegał na uwzględnieniu szybkości zmian rynku globalnego (w różnych segmentach) na tle postępu technologicznego. Taki układ zależności pozwolił decydentom na racjonalny wybór niszy elektronicznej (telefonii komórkowej). Dzięki m.in. temu Nokia stała się światowym liderem. Warto też zaznaczyć, że co prawda telefonia komórkowa była w owym czasie nowością technologiczną, ale Nokia działała w innym segmencie rynku. Została ona założona w 1865 roku i początkowo produkowała masę papierową (tak naprawdę półprodukt – niezaawansowany technologicznie), następnie kable oraz wyroby gumowe. Kolejnym krokiem był sprzęt użytkowy, głównie telewizory i magnetowidy. Metody portfelowe są na tyle elastyczne, że mogą być odpowiednio modyfikowane (rozbudowane o następne pola, np. macierz BCG, SPACE, Makaron Associates itd. lub upraszczane) w zależności od potrzeb.

Kolejnym narzędziem ułatwiającym analizę strategiczną jest propozycja M. Portera. Rozpatruje się tu zagrożenia ze strony konkurencji (nowych oferentów), substytutów, siłę przetargową dostawców, odbiorców, walkę konkurencyjną w niszy rynkowej (branży). Zagrożenia ze strony oferentów analizuje się pod kątem wymogów kapitałowych, dostępu do sieci dystrybucji (istotne zwłaszcza przy rozpoczęciu eksportu), kosztów zmiany dostawcy, efektu krzywej doświadczenia, zróżnicowaniu produktu. Podobnymi parametrami można określić także dostawców. Z kolei siła odbiorców powinna dotyczyć ich roli na rynku (np. czy są aktywnymi graczami czy tylko widzami – obserwatorami), skali zakupów, wiarygodności, lojalności, standingu finansowego, czasu działania na rynku. Natomiast zagrożenia ze strony produktów substytucyjnych obejmują cenową elastyczność popytu, podaży, tożsamość marki, koszty transakcyjne, alternatywne. Walka konkurencyjna w branży dotyczy liczby podmiotów, kosztów zmiany dostawców, barier wejścia. Oryginalnie, pięć sił M. Portera, w analizie wykorzystuje do oceny sytuacji mierniki ilościowe. Warto jednak dodać również mierniki jakościowe typu zaufanie, lojalność, wiarygodność, stopień zasobów niematerialnych (np. wiedzy), styl zarządzania i kierowania w poszczególnych sektorach. Zasoby niematerialne zdobywają coraz większe znaczenie w strategii zarządzania. Można przyjąć, że w Rosji zwiększenie zasobów wiedzy w poszczególnych niszach rynkowych sprzyjać będzie powstawaniu rozwiązań typowych dla gospodarki rynkowej. Dlatego kolejna metoda portfelowa uwzględniać powinna relację, np. stan zasobów niematerialnych a potencjał wzrostu. W ten sposób wyznaczona nisza (w układzie – największy potencjał i największy stan zasobów niematerialnych) będzie docelowa dla dostawcy krajowego.

Rys. 20. Rosja i Chiny – analiza sektora działań przedsiębiorstwa

	Rozwiązania PETS typowe dla gospodarki rynkowej	Rozwiązania PETS z elementami gospodarki rynkowej
Potencjał wzrostu silny	**Nisza docelowa**	**Nisza penetracyjna**
Potencjał wzrostu słaby	**Nisza nadziei**	**Nisza schyłkowa**

Źródło: opracowanie własne.

Przestawiona macierz zależności rozpatruje czynniki prawne, ekonomiczne, technologiczne i społeczne na tle rozwiązań typowych dla gospodarki rynkowej oraz potencjału wzrostu. Potencjał wzrostu został ogólnie określony mianem silnego lub słabego. Dla uściślenia można potencjał sprecyzować miernikami finansowymi, np. wielkością obrotu, zyskownością, osiąganą marżą itd. Najkorzystniejsza w tej analizie jest tzw. **nisza docelowa**. Obowiązujące w niej rozwiązania są typowe dla gospodarki rynkowej (np. dominują przedsiębiorstwa prywatne, niski udział szarej strefy, brak lub ograniczony wpływ firm i władzy państwowej, przejrzystość rozwiązań itd.).

Na przykład, w Rosji znacznym utrudnieniem dla eksporterów jest wymóg posiadania certyfikatów. Szczególnie wymagający jest tu *Rossielchonadzor*. Organ ten wydaje zaświadczenia dotyczące towarów rolniczych. Jest on bardzo wymagający, jego normy przewyższają obowiązujące w Unii Europejskiej. Celem tak naprawdę nie jest dbanie o wysoką jakość sprowadzanych towarów, ale ograniczenie dostaw. W Rosji prawie 75% wszystkich sprowadzanych towarów podlega certyfikacji. Mimo, że udział ten ma się zmniejszyć do 54%, to w porównaniu do 15% w Unii Europejskiej jest to bardzo wysoki wskaźnik. Nisza, w której obowiązują tak wysokie wymogi stanowi wyraźną barierę w handlu. Wymóg certyfikacji ma odbicie w handlu zagranicznym z Rosją. Mimo, że w latach 2005–2009 nasz eksport systematycznie się zwiększał z 3,9 mld USD do prawie 9 mld w 2008 roku (w 2009 roku wyniósł 6,1 mld USD) to deficyt był znaczny. W 2005 roku wynosił 5 mld USD, w 2006 roku 7,4 mld USD, w 2007 roku 7,9 mld USD, w 2008 roku 11,6 mld USD, w 2009 roku 6,2 mld USD. Kolejny ważny czynnik rzutujący na deficyt to uzależnienie Polski od rosyjskich surowców.

Nisza nadziei może powodować przyjęcie strategii „wyczekiwania". Przedsiębiorstwo tylko zaznacza swoją obecność na danym rynku, nie rozwija działań – czekając na zmianę potencjału wzrostu. Przedstawione dane odnoszące się do rynku rosyjskiego dowodzą, że często (wręcz nagle) zmienia się jego struktura, liczba firm prywatnych, ich rola oraz znaczenie. Obecność nawet marginalna w niszy nadziei zapewnia przewagę nad innymi w postaci elastyczności działania.

Nisza penetracyjna umożliwia strategię, w której menedżerowie poszukują ewentualnego zbliżonego do niszy docelowej miejsca. Wówczas zawierane są sporadyczne transakcje, niekiedy nawet o dużej wartości, ale brakuje regularności, pewności obrotów. Takie transakcje mogą być nawet ryzykowne, gdyż czynniki polityczne (władza w Rosji) mogą mieć istotny wpływ na funkcjonowanie niszy penetracyjnej. Przykładem jest nisza naftowa, która ma duży potencjał wzrostu, ale władza posiada w niej dużą kontrolę. Na dowód można przedstawić losy byłego prezesa Jukosu – M. Chodorkowskiego, czy też trzeciej co do wielkości firmy z tego rynku TNK–BP. Spółki, w której udziały ma Rosja i British Petrolum. W wyniku inspiracji władzy centralnej (Kreml) doszło do zmiany zarządu i praktycznego przejęcia firmy przez Rosjan.

Nisza schyłkowa jest najmniej interesująca. Warunki w niej są typowe dla gospodarki rynkowej i towarzyszy temu niski potencjał wzrostu.

Przeprowadzając analizę strategiczną danego kraju (np. pod kątem eksportu na ten rynek) warto zwrócić uwagę na szereg istotnych czynników niezbędnych do podjęcia decyzji. Na pierwszym etapie są one relatywnie bardzo zagregowane, ale w kolejnych pozwolą na bardziej sprecyzowane kroki. Przykładem może być rynek chiński. ChRL jest państwem o bardzo dużym znaczeniu gospodarczym, politycznym i społecznym. Ponieważ jest to kraj o najdłuższej ciągłej państwowości na świecie, przechodził różne etapy rozwoju. To państwo nadal staje przed wyborami strategicznymi. Dotyczą one następujących zagadnień:

- demokracja – czy silna władza centralna,
- zaangażowanie się w międzynarodowy podział pracy – czy izolacja,
- kraj nowoczesny – czy przywiązany do tradycji,
- rządzenie krajem z perspektywy Pekinu – czy włączenie struktur lokalnych,
- autonomia – czy pełna jedność kraju,

Wyjaśnienie tych kwestii znacznie ułatwi podjęcie strategicznych decyzji. Należy pamiętać, że ChRL jest krajem bardzo przywiązanym do swojej tradycji. Wielokrotnie dali przykład ksenofobii – ograniczając do minimum kontakty z zagranicą. Zdarzały się także pogromy obcych kupców (Arabów, Persów), czy też ograniczenia pobytu Europejczyków w południowych prowincjach tego kraju. Chiny są krajem wielokulturowym, wielonarodowym – występują silne tendencje separatystyczne, np. w prowincji Sinkiang (zamieszkała przez Ujgurów), Tybet. Silna władza centralna hamuje wszelkie próby samodzielności. „Podzielenie" się władzą, scedowanie uprawnień na szczebel prowincji, może spowodować samodzielność i wywołanie kolejnej fali dążeń separatystycznych.

W obecnej sytuacji wydaje się bardzo prawdopodobne utrzymanie władzy centralnej (silnej), dążenie Chin do hegemonii w regionie i odgrywanie bardzo ważnej roli w świecie. Chiny na arenie międzynarodowej reprezentują interesy szeregu państw afrykańskich i azjatyckich (np. Birmy). Głos Chin na forum, np. ONZ, jest ważny z powodu reprezentowanego poparcia. ChRL nadal będzie prowadzić politykę aktywnego dostawcy towarów oraz usług na rynki światowe i tym samym gromadzić w swoich rezerwach kluczowe waluty. Wiele krajów, np. USA, może stać się w pewnym sensie zakładnikiem tego państwa. Dzieje się tak ponieważ ChRL posiada najwięcej amerykańskich obligacji rządowych. Paradoksalnie to Bank of China ma wpływ na kurs dolara. Spekulacyjne kroki rządu w Pekinie mogą zachwiać stabilnością gospodarki USA. Jednak sytuacja w samych Chinach może się zmienić, a co za tym idzie ulegną weryfikacji pokazane odpowiedzi. Przykładem jest najnowsza historia tego kraju. W latach 1949–2009 Chiny przeżywały krańcowo odmienne koleje losu. Działania, które wprowadzały rozwiązania rynkowe przeplatały się z okresami silnej kontroli państwa, ograniczenia reform oraz stanów, w których krystalizowały się (stan wyczekiwania) poglądy. Prowadziły one bądź w kierunku reform (liberalnych poglądów) lub gospodarki centralnie planowej.

Powstanie ChRL zapoczątkowało rządy wojskowe. Polegały one głównie na utrzymaniu nowego porządku, walce z przeciwnikami ustroju socjalistycznego. Pierwszy jednak plan pięcioletni był ukierunkowany na reformy rynkowe. Jednak po jego zakończeniu nastąpił odwrót od poglądów liberalnych. Gospodarka kolektywna, ograniczenie, a właściwie brak własności prywatnej, szczególnie odnotowano w okresie wielkiego skoku, ruchu stu kwiatów. Wizyta Nixona miała być otwarciem Chin na reformy i współpracę międzynarodową. Proces ten wiązał się z reformami Denga, ale nastąpiło to dopiero po śmierci prominentnych przywódców w tym Mao Zedonga.

Atak na reformy gospodarcze miał miejsce tuż po wydarzeniach na placu Tiananmen. Wydarzenia udowodniły, że Chiny są skłonne poświęcić rozwiązania gospodarki liberalnej na rzecz utrzymania silnej władzy i hegemonii komunistycznej partii. Po konsolidacji władzy XIV Kongres Partii przywrócił poglądy rynkowe, skłonność do reform. Były one częściowo hamowane z powodu kryzysu wywołanego nadmierną akcją kredytową oraz inflacją. Kolejne lata potwierdzają ważne miejsce władzy centralnej oraz dążenie do zajęcia roli mocarstwa nie tylko w skali regionu, ale i świata. Przedstawiona analiza jest przydatna przy budowie scenariuszy.

Metody scenariuszowe zmuszają menedżerów do przyjęcia odpowiedniej strategii projekcji przyszłych zdarzeń. Wyróżnia się cztery podstawowe scenariusze:

1. **procesów w otoczeniu** (typuje najważniejsze zdarzenia w otoczeniu mające wpływ na działanie przedsiębiorstwa),
2. **możliwych zdarzeń** (przewiduje przyszłe zdarzenia ważne dla podmiotów gospodarczych),
3. **symulacyjne** (opracowane są warianty wyboru),
4. **stanu otoczenia** (określa czynniki obecne i przyszłe wpływające na przedsiębiorstwo).

Rys. 21. Polityka rządu ChRL i jej wpływ na gospodarkę

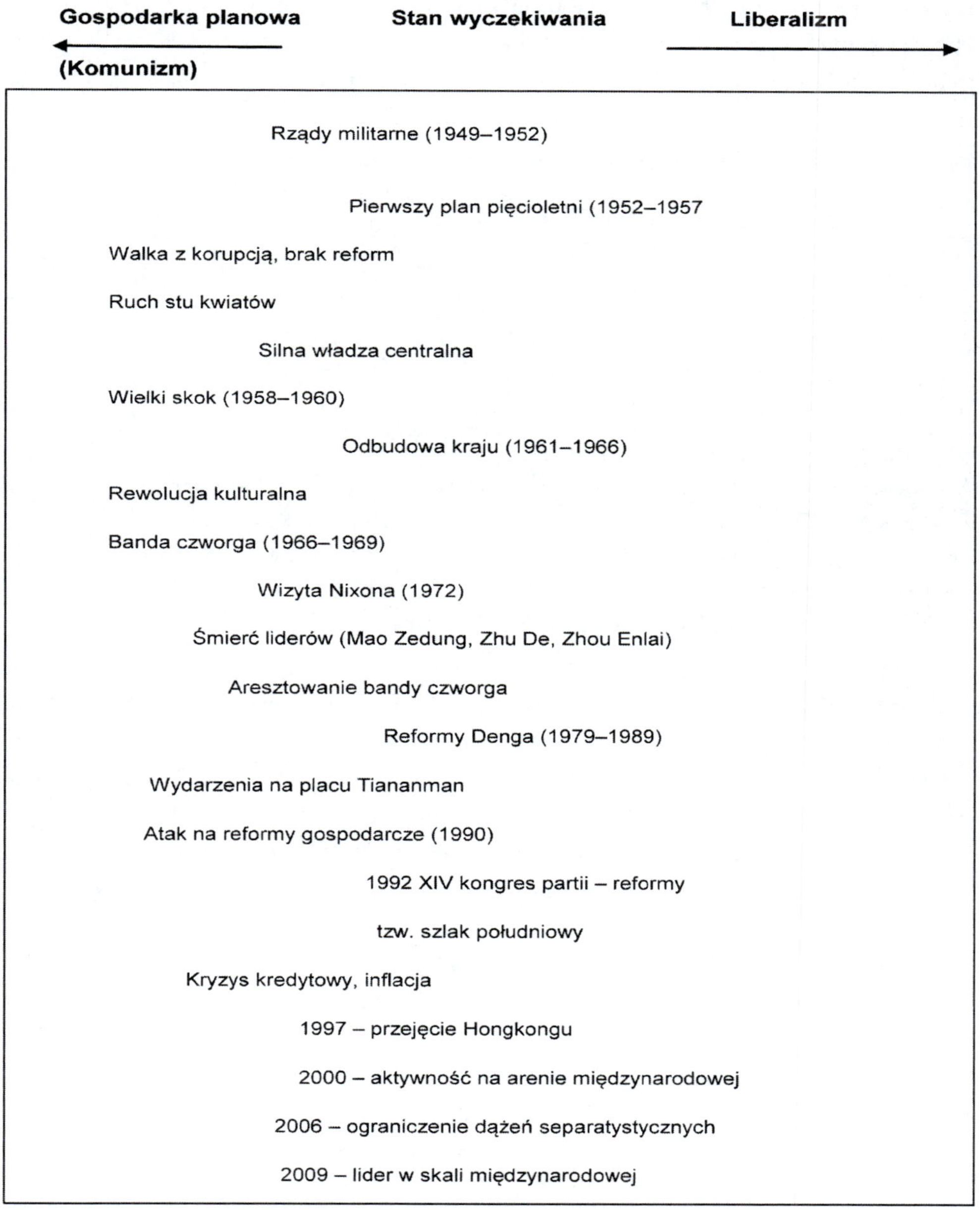

Źródło: opracowanie własne z wykorzystaniem: Frankenstein J., *The Bejjing Rules: Contradictions, Ambiguities and Controls.* "Long Range Planning" Vol 28, Nr 1, 1995.

Opracowując scenariusz należy liczyć się z pewnym ryzykiem. Projekcja przyszłości jest bardzo trudna i wymaga szerokiej wiedzy. Zarządzanie wykorzystuje tu m.in. socjologię, psychologię, antropologię, w tym antropologię kulturową. Stara się odkryć pewne prawidłowości w zachowaniach człowieka i społeczeństw na przestrzeni lat. Podejście takie umożliwia (znając wcześniejsze prawidłowości) ograniczenie popełnienia błędu.

Rys. 22. Scenariusz procesowy dla gospodarki Chin - punkty zmian

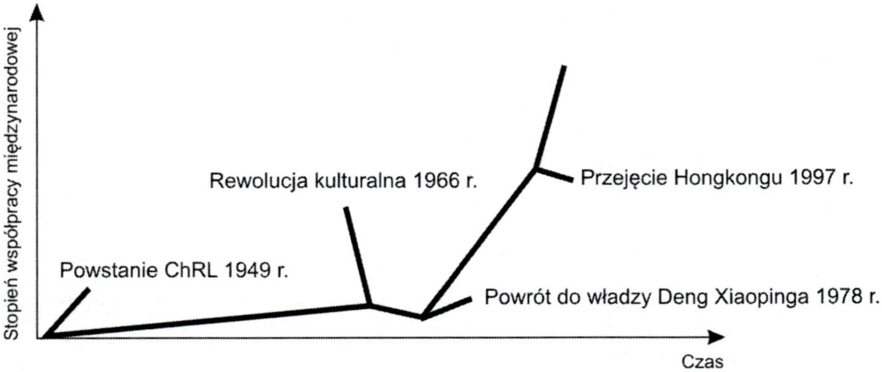

Źródło: opracowanie własne.

Przedstawiona metoda scenariuszowa nawiązuje do polityki rządu i przyjęcia odpowiedniej strategii kierowania państwem. Władza w Pekinie (mając w perspektywie związki z Tajwanem) chce udowodnić, że w ramach jednego systemu politycznego mogą istnieć dwa systemy gospodarcze. Jeden w pełni wolnorynkowy (wręcz liberalny) – Hongkong – i drugi, gdzie rząd, władza centralna posiada znaczny wpływ na rozwiązania rynkowe. Ze zgromadzonych danych można opracować strategię zarządzania na analizowanych rynkach. Uzupełnieniem jej będzie określenie wizji i misji. Wizja sprowadza się do pewnej idei, marzenia, miejsca na rynku. Dla krajowego eksportera może to być miejsce, jakie na danym rynku zajmie przedsiębiorstwo, np. największy krajowy eksporter do Chin. Misja określa zasady jakimi kieruje się firma, wyznacza pewien kierunek. Jest bardziej sprecyzowanym pojęciem. Propozycją misji dla polskiej firmy na rynek rosyjski może być, np. dostarczanie zaawansowanych technologicznie produktów.

Zbliżone formy analizy mogą dotyczyć także innych rynków, np. Rosji. Należy jednak zwrócić uwagę na istniejące odrębności. W Rosji powstaje specyficzny typ gospodarki rynkowej, w której z jednej strony jest pewien fenomen powstania wielkiej rzeszy przedsiębiorców, ale z drugiej występuje zdecydowana ingerencja władzy w bezpośrednią działalność gospodarczą. Władza w Moskwie, w każdej praktycznie chwili jest w stanie znacznie ograniczyć funkcjonowanie nawet najpotężniejszych firm lub łaskawie umożliwić gwałtowny rozwój. Działania władz podyktowane są chęcią kontroli, zwłaszcza w obszarze surowców (Gazprom realizuje politykę uzależnienia sąsiadów od dostaw energii – bez współpracy z rządem taka polityka byłaby niezmiernie trudna), ale z drugiej społeczeństwo rosyjskie prezentuje dużą niechęć do bogatych przedsiębiorców – określenie *„nowyj Ruskij"* jest raczej traktowane jako synonim osoby, która dorobiła się okradając państwo i innych obywateli. Bogaci – których także określa się mianem „oligarchów" są niejednokrotnie traktowani pobłażliwie, wytyka im się popełnione błędy. Władza niekiedy pozwala sobie na „pouczanie" oligarchów, zwłaszcza wtedy, kiedy pracownicy są niezadowoleni z płac. Słynne były interwencje premiera Putina w zakładach metalurgicznych należących do jednego z oligarchów, Deripaski. Na oczach kamer ten ostatni zobowiązał się do przestrzegania kodeksu pracy i poprawy warunków zatrudnienia.

Ci, którzy nie podporządkowują się tej roli są zmuszani w najlepszym wypadku do odsprzedaży swoich majątków innym spółkom kontrolowanym przez władzę na Kremlu. Gorszy scenariusz to pobyt w więzieniu lub emigracja.

Naprawdę niewiele jest przykładów dużych przedsiębiorstw, które nie miałyby związków z rządem. Nawet firma, zajmująca się oprogramowanie komputerowym (typowy rozwój, praktycznie z tzw. garażu, od podstaw, z niewielkim kapitałem) Frontstep po 2000 roku zaczęło zatrudniać byłych wysokich funkcjonariuszy państwowych. Twórca sieci telefonii komórkowej w Rosji V. Zimin z jednej strony „zabezpieczył się" sprzedając część swoich udziałów Amerykanom, a z drugiej oparł się na inżynierach pracujących dla przemysłu zbrojeniowego. Napewno były to osoby cieszące się zaufaniem służb, i w ten sposób firma V. Zimina – VimpelCom pośrednio pozostaje pod kontrolą.

Wiele cennych informacji dostarczają analizy przypadków firm, które zostały sprywatyzowane i działają pod kierownictwem zagranicznych menedżerów. Takim przykładem jest fabryka Bolshevik przejęta przez koncern Danone. Wszelkie próby wprowadzenia decentralizacji zarządzania okazały się nieefektywne. Bardziej skuteczna jest hierarchia pracowników, wyraźne wyeksponowanie dyrektora, którego decyzje wykonywane są sprawnie. Natomiast przekazanie uprawnień nawet średniej klasie menedżerów powodowało chaos decyzyjny, brak zdecydowania oraz zaufania do firmy [Kets De Vries, M., Shekshina S., Korotov K., Florent-Treacy E., 2004].

Kolejną cechą rynku rosyjskiego jest przejmowanie różnych, diametralnie odmiennych od siebie dziedzin. Takim przykładem jest firma Tariko, która zaczynała od działalności turystycznej, następnie stała się liderem w imporcie luksusowych alkoholi do Rosji (m.in. kontrakt z Martini), a w 1999 roku utworzyła Russian Standard Bank. W kolejnych latach zarząd firmy Tariko mniejszą uwagę poświęcał tym branżom, które nie przynosiły spodziewanych zysków. Dążenie do osiągnięcia (relatywnie w krótkim czasie) wysokich zysków jest cechą firm rosyjskich. Zmienność sytuacji jest gwałtowna i trudno liczyć na długoterminowy, pewny, ale także i stabilny rozwój.

Bibliografia

1. Abadinsky H., *Organized Crime*. Nelson Hall, Chicago, IV th. Edition, 1994.
2. *Administrative Reports*. Hongkong, „Government Press", 1991.
3. Aidis R., Adachi Y., *Russia: Firm entry and survival barriers*. „Economic Systems" 31 2007.
4. Al-Otaibi, *Foresight of selected emerging Technologies and their implications on R&D prospects in the GCC countries in the new millennium*. Presented at Scientific Research Outlook in the Arab World in the New Millennium: Science and Technology. Sharjah UAE, 24-26 April 2000.
5. *Almanac of China's Foreign Relations and Trade*. Hongkong 1995.
6. Amabile T. M., *Creativity in context. Update to the social psychology of creativity*. Boulder. CO: Westview Press, 1996.
7. Andersen J.T., *Strategic Planning, Autonomous Actions and Corporate Performance*. „Long Range Planning", Nr 33 2000.
8. Anonymous. *Many death sentences expected in Chinese corruption crackdown*. Associated Press Newswires, September 21. 2000.
9. Áslund A., *How Russia became a market economy*. Brookings Institution, Washington, DC. 1995.
10. Babaeva, L. V., Chirikova A. ,*'Ocherednye mery' i vneocherednye peremeny*. „Ekonomika i organizatsiia promyshlennogo proizvodstva" Nr 7 1996.
11. Badawi I., Makdisi S., *Explaining the democracy deficit in the Arab world*. „The Quarterly Review of Economics and Finance" Nr 46 2007.
12. Baker M. J., Fouad, Abou-Ismail, *Organizational Buying Behaviour in the Gulf*. „International Marketing Review" Nr 10(1) 1993.
13. Baldwin D., *Turkey: Muslim banking in a secularist context*. [in:] R. Wilson (Ed.), *Muslim financial markets London*. Routledge 1990.
14. Bank of China, *Hongkong Dollar Note Issue*. Hongkong 1994.
15. Bank of China, *Annual Report*. Hongkong 1993.
16. Baran J., Pietrzak M., *Analiza efektywności wybranych branż polskiego agrobiznesu bazująca na metodzie DEA*. Roczniki Naukowe SGGW. Tom IX zeszyt 3. Dostępne: www.seria.home.pl/2007_zeszyt3/3_baran 2010-02-24.
17. Battenberg F., *Żydzi w Europie*. Ossolineum, Zakład Narodowy im. Ossolińskich, Wrocław Warszawa Kraków 2008.
18. Bayer A., *Hugging the bear*. „Journal of Business Strategy" Nr 16 1995.
19. Bisat A., El- Arian, Helbing T., *Growth investment and savings in the Arab economies*. IMF Working Paper WP/97/85 Washington DC International Monetary Fund. 1997.
20. Blasi J.R. et al., *Kremlin Capitalism*. Cornel University Press. 1997.
21. Bolton R. i D., *Social style / management style*. American Management Association. New York 1984.
22. Bontis N., Dragonetti N. C., Jacobsen K., Roos G., *The knowledge toolbox: a review of the tools available to measure and manage intangible resources*. „European Management Journal" Nr 17 1999.
23. Bontis N., Serenko A., *A casual model of human capital antecedents and consequents in the financial services industry*. „Journal of Intellectual Capital" Vol 10 Nr 1 2009.
24. Borish M. S., Noel M., *Private Sector Expansion in Central Europe*. „Transition" Nr 7 1996.
25. *Brook & Parker Investment in Real Estate in Hongkong*. 1992.
26. *Business Register of Companies in Hongkong*. Raport Nr 2 1998.
27. *Business Monitor*. Federation of Hongkong's Industries, Nr 31 1994.
28. Buszko A., *Kreowanie wiedzy w przedsiębiorstwie budowlanym*. TNOiK, Toruń 2010.
29. Buszko A., *Zarządzanie przedsiębiorstwie budowlanym w warunkach transformacji społeczno-gospodarczej*. Orgmasz, Warszawa 2005.
30. Chao L. C., *Economic System in Hongkong*. Hongkong 1988.
31. *Capital Markets Survey. Asian Finance*. Sierpień. 1994Chan T.S. Managment Perceptions of Marketing Effectivness. A study of the Bank of China Group. Hongkong 1994.
32. Chapman S. , *The Rise of Merchant Banking*. Hongkong 1984.
33. Chapra M., *Umer. Is it necessary to have Islamic economics?* „The Journal of SocioEconomics" Nr 29 2000.
34. Cherkaoui M., Ahmed, D., Abdelkhalek T., *The returns to human capital in Morocco*. Kuwait: Arab Planning Institute, 2002.
35. Cholmers R., *A History Of Currency in British Colony*. Londyn 1965.

36. Cheung D., *Chinese reforms till 1979*. Hongkong 1984.
37. *Chinese Statistical Yearbook*. Hongkong 1980.
38. Chien Li., *Chinese Comunist Party Assembly*. Xinhua News, Hongkong 1979.
39. Chou E., *The dragon and the phoenix*. New York: Arbor House, 1971.
40. Chow C. K. D., *Organized crime, local protection and the trade in counterfeit goods in China*. „China Economic Review" Nr 14 2003.
41. Chu Y. K., *The Triads as Business*. Routlege, London and New York, 2000.
42. Collins. M., *Wayfoong*. Londyn 1982.
43. Collis D., Montgomery C., *Competing on resources: strategy in the 1990s*. „Harvard Business Review" Nr 73 1995.
44. *Commisioner of Banking Annual Report*. Hongkong 1998.
45. Cook L. D., *Three Essays on Internal and External Credit Markets in Post-Soviet and Tsarist Russia*. Ph.D. Dissertation. University of California at Berkeley 1997.
46. deLise J., *Rule of Law In China:Chinese Law and Business. Traps, Gaps, and Law: Prospects and Challenges for China's Reforms*. The Foundation for Law, Justice and Society in collaboration with The Centre for Socio-Legal Studies, University of Oxford, 2008.
47. Davydova T., *Corruption Immortal? Clean Hands*, Moscow 2000.
48. *Doing Business. Understanding Regulation*. The International Bank for Reconstruction and Development/ World Bank, Washington D.C. 20433 2009.
49. Interpol. *On Corruption in East Asian Countries*. Interpol in Russia, Vol. 1 2001.
50. de Zwart F., *The Bureaucratic Merry-go-round: Manipulating the Transfer of Indian Civil Servants*. Amsterdam University Press, Amsterdam 1994.
51. *Economic Report*. The Hongkong and Shanghai Banking Corporation Ltd., March 1995.
52. *Economic Report*. The Hongkong and Shanghai Banking Corporation Ltd., March 1998.
53. „Economic Weekly", Hongkong Nr 21 1998.
54. El- Hawary D., Grais W., Iqbal Z., *Diversity in the regulation of Islamic Financial Institution*. „The Quarterly Review of Economic and Finance" Nr 46 2007.
55. Eysenck H. J., *The measurement of creativity*. [in] M. A. Boden (Ed.), *Dimensions of creativity*. Cambridge, MA: The MIT Press, 1994.
56. „Far Esatern Economic Review" 23 luty 1995.
57. Feller G., *The rough road from Marx to markets*. „Journal of Business Strategy" Nr 17 1996.
58. Frankenstein J., *The Bejjing Rules: Contradictions, Ambiguities and Controls*. „Long Range Planning" Vol 28 Nr 1 1995.
59. „Gazeta Wyborcza" 2010-01-07.
60. Gibbons. M., *Higher education relevance in the 21st century*. A study supported by the World Bank and presented at the UNESCO World Conference on Higher Education, Paris October 1998.
61. Guangdong Enterprise Holding, *Annual Report*. Hongkong 1991.
62. Gilinskiy Y., *Organized crime in Russia: theory and practice*. „Security Journal" Nr 9 1997.
63. Goldberg E., *Marketing commodities does not happen on commodity markets: The Egyptian Bursat Al-'Uqud and oil futures markets*. [in:] Henry, C. M., Wilson, R. (Eds.), *The politics of Muslim finance*. Edinburgh: Edinburgh University Press, 2004.
64. Ghore T. K., *The Banking System in Hongkong*. Singapur 1987.
65. Gorodnichenko Y., Grygorenko Y., *Are Oligarchs Productive?* Working paper. University of Michigan, 2004.
66. Goskomstat., *Rossiyski statisticheski ezhegodnik 2008*. Goskomstat, Moscow 2009.
67. Gregory P., *Has Russia's transition really been such a failure?* Communist and Post-Communist Studies Nr 44 1997.
68. Greenwood J., *Banking System in Hongkong*. „Hongkong Economic Papers" Nr 15 1985.
69. *Governor's Dispatches to the Secretary of state for the Colonies*. Hongkong Government, Hongkong 1992.
70. Hamlin K., *China 's Octopus in Our Mids*. „Hongkong Business Today", Grudzień 1993.
71. Harari O., *Good/bad news about strategy*. „Management Review", July 1995.
72. „Hang Seng Economic Monthly", Grudzień 1998.
73. *Hang Seng Report*. Hongkong 1998.
74. Haywood J., Catchpole B., Hall S., Barratt E., *Atlas dziejów świata*. Polskie Przedsiębiorstwo Wydawnictw Kartograficznych im. Eugeniusza Romera S.A., Warszawa-Wrocław, 2000.
75. Heitmeyer W., Muller J., Schroeder H., *Verlockender Fundamentalismus: Turkische Jugendliche in Deutschland*. Suhrkamp, Frankfurt 1997.

76. Helly R. J., Chin K.L., Schatzbery R., *Handbook of Organized Crime*. Greenwood Press, US 1994.
77. Hershatter G., *Prostitution and the market in women in early 20th century Shanghai.* [in] R. S. Watson, P. B. Ebrey (Eds.), *Marriage and inequality in Chinese society* (Chapter 8). Berkeley, CA: University of California Press, 1991.
78. Hofstede G., *Cultures and organizations: Software of the mind.* New York: McGraw–Hill, 1991.
79. Hofstede G., *Culture's consequences: international differences in work–related values.* Beverly Hills, CA: Sage Publications Inc.,1980.
80. Hong Kong Trade Development Council. Hongkong 2010.
81. *Hongkong & Szanghaj Banking Corporation Economic Report.* Nr 2 1998.
82. „Hongkong Economic Journal", 11 stycznia 1995.
83. „Hongkong Economic Times", Hongkong 27 stycznia 1998.
84. *Hong Trade Statistics.* Hongkong Trade Development Council, Hongkong 1991.
85. *Hongkong Trade Statistics.* Hongkong Trade Development Council, Hongkong 1992.
86. *Hongkong Trade Statistics.* Hongkong Trade Development Council, Hongkong 1998.
87. *Report on Civilian Censuses.* Hongkong Government Press, Hongkong 1956.
88. Hua–Lun Huang, *Dragon brothers and tiger sisters: Aconceptual typology of counter–cultural actors and activites of American Chinatowns, China, Hong Kong and Taiwan 1912–2004.* „Crime, Law&Social Change" Nr 45 2006.
89. Hunter J. G., *Determinants of business success under "hypocapitalism" Case studies of Russian firms and their strategies.* „Journal of Business Research" Nr 56 2003.
90. *Industry in pressure*. Federation of Hongkong Industries. Hongkong 1991.
91. Jao Y. C., *Banking and Currency in Hongkong.* Hongkong 1974.
92. *Jardine Flaming Real Estate Report*. Hongkong 1998.
93. Joseph C. F., *The Enterport Trade and Monetary Standard of Hongkong.* Hongkong 1964.
94. Kenneth Ko, *What's new in Real Estate?* Eastern Express, Hongkong 1991.
95. Kets De Vries M., Shekshina S., Korotov K., Florent–Treacy E., *The New Global Russian Business Leaders: Lessons from a Decade of Transition*. „European Management Journal" Vol 22 Nr 6 2004.
96. King F. H. H., *The Bank of China is Dead.* Hongkong 1969.
97. Klyankin I., Timofeev L., *Shadow Russia*. „Socio–Economic Study" Nr 3 2000.
98. Ko–lin Chin, Heijin, *Organized Crime, Business and Politics in Taiwan*. M.E. Sharp Inc. 2003.
99. Ko–lin Chin, Godson R., *Organized Crime and the Political–criminal nexus in China*. „Trends in Organized Crime" Vol 9 Nr 3 2006.
100. Kryshtanovskaya O., White S., *The rise of the Russian business elite*. „Communist Post–Communist Stud." Nr 38 2005.
101. Ksherti N., Ajami R., *Institutional reforms In the Gulf Cooperation Council economies*. „Journal of International Management" Nr 14 2008.
102. Kudryavtsev B., Ten years of fight with organized crime and corruption. 2000 [In:] B. Kudryavtsev, V. Luneev and A. Naymov, Editors, Organized...
103. Kuran T., *Islam and mammon: The economic predicaments of Islamism*. Princeton. Princeton University Press, 2004.
104. Künstler M. J., *Dzieje kultury chińskiej.* PWN, Warszawa 2008.
105. *Labour Department Reports*. Hongkong Government Press, Hongkong 1956.
106. *Labour Report.* Hongkong 1993.
107. Lam R., *The Currency of Hongkong*. Hongkong 1983.
108. Lambsdorff J. G., *Making corrupt deals: contracting in the shadow of the law.* „Journal of Economic Behavior and Organization" Nr 48 2002.
109. Lane D., *What kind of capitalism for Russia? A comparative analysis.* „Communist and Post Communist Studies" Nr 33 2000.
110. Leff N., *Capital Markets in the Less Developed Countries*. The Group Principle [Ed] by McKinnon R. Money and Finance in Economic Growth and Development, Marcel Dekker, New York 1976.
111. Luneev V., Naymov A. (Eds.), *Organized Crime and Corruption in Russia* (1987, 1999). Pravo Moscow, 2000.
112. Lipset S. In: Moore J, editor. *Legacies of the collapse of Marxism*. George Mason University Press. Lanham 1994.

113. „Ming Po Daily" 30 września 1983.
114. *Moody's International Structured Finance.* Shariah and Sukuk: A Moody's primer, Special Report, 2006.
115. Moudden M. A., *Political outcomes of structural adjustment in Morocco.* In Stiffing Wissenschaft und Politic Political Islam and Civil Society in Northern Africa: Four approaches,1998.
116. Mostafa M (a). *Modeling the efficiency of top Arab banks: A DEA-neutral Network approach.* „Expert Systems and Applications" Nr 36 2009.
117. Mostafa M (b). *Modeling the competitive market efficiency of Egyptian companies: A probabilistic neutral Network analysis.* „Expert Systems with Applications" Nr 36 2009
118 Nagel C., *Skilled migration in global cities from 'Other' perspectives" British Arabs, identity, politics and local embededdness.* „Geoforum" Nr 36 2005.
119. Nee V., *Organizational dynamics of market transition: hybrid forms, property rights and mixed economy in the transition economy.* „Admistrative Science Quarter" Nr 37 1992 OECD Economic Survey, 2010.
120. Nonaka I.O., Takeuchi H., *The knowledge-creating company: how Japanese companies create the dynamics of innovation.* Oxford University Press, Oxford 1995.
121. Norquist G., *The New Fifth Column: Politico-European Challenge to American Dominance,* American Enterprise Institute, June 1 2003.
122. „New York Times" 26 luty 2006.
123. Ocasio W., Joseph J., *Rise and Fall - Or Transformation. The Evolution of Strategic Planning at the General Electric Company,* 1940-2006. „Long Range Planning" Nr 41 2008.
124. OPORA. *Conditions and factors affecting the development of small entrepreneurship in the regions of the Russian Federation. Report.* OPORA, Moscow, http://www.opora.ru/files/ppt/Usl-i-faktory-2005-CV-eng.pdf 2010-01-23. 2005.
125. Peck M. J., Richardson T. J. (Eds.), *What is to be Done? Proposals for the Soviet Transition to the Market.* Yale University Press, New Haven 1992.
126. Perotti E., Gelfer S., *Red Barons Or Robber Barons? Governance and Investment in Russia Financial - Industrial Groups.* „European Economic Review" Nr 45 2001.
127. Pew Global Attitudes Project, *What the World Thinks in 2002: How Global Publics View: Their Lives, Their Countries, the World, America,* December 4th 2002.
128. Porter M. E., *Know Your Place: How to Assess the Attractiveness of Your Industry and Your Company's Position In It.* Inc., September 1991.
129. Prahalad C., Hamel G., *The core competence of the corporation.* „Harvard Business Review" Nr 68 1990.
130. *Property Market in Hongkong.* First Pacific Davis Real Estate Agency. Hongkong 1998.
131. *Property Post.* Hongkong 1999.
132. Prowse S., *Corporate governance in an International Perspective. BIS Economic.* „Bank for International Settlements" Nr 41, July 1994.
133. Pryor F. *The Economic Impact of Islam on Developing Countries.* „World Development" Vol 35 Nr 11 2007.
134. Putnam R. D., *Making Democracy Work: Civic Traditions in Modern Italy.* Princeton University Press, Princeton 1993.
135. Radziwinowicz W., *Krezusi w Rosji.* „Gazeta Wyborcza" 12.03. 2010.
136. „Rzeczypospolita" 17 marzec 2009.
137. „Rzeczpospolita". *Historia Gazpromu* 22.01.2001.
138. Ruan F. F., *Sex in China: Studies in Sexology in Chinese Culture.* New York: Plenum Publishing Co., 1991.
139. Sadik A.T., Bolbol A. A., *Capital Flows, FDI, Technology Spillovers. Evidence from Arab Countries.* „World Development" Vol 29 Nr 12 2001.
140. Saleh N. A. M., *Research management issues in the Arab countries.* „Higher Education Policy" Nr 15 2002.
141. Schwartz S. H. *Beyond individualism/collectivism: new cultural dimensions of values.* In U. Kim, H. C. Triandis, S. Choi, C. Kagitubasi, & G. Yoon (Eds.), *Individualism and collectivism: theory, method and applications.* Thousand Oaks, CA: Sage Publications. 1994.
142. Scott L., Haney R., *Wong K. Hongkong's Financial Insitutions and Markets.* Oxford University Press, 1977.
143. Shama A., Merrel M. N., *Russia's True Business Performance: Inviting to International Business.* „Journal of World Business" Nr 32 1997.

144. Shawky T. G., *Information technology in the service of S& T education in Arabic states.* ESCWA Expert Meeting: Capacity-building Initiatives for the twenty-first century. Bejrut 1-3, November [E/ESCWA/TECH/2000/WG.1/23] 2000.
145. Snowdon B., Vane H., Wynarczyk P. *Współczesne nurty teorii makroekonomii.* PWN, Warszawa 1998.
146. „South China Morning Post" 18 maj 1977.
147. Szelenyi I., Szelenyi S., *Circulation or reproduction of elites during the post-Communist transformation.* „Theory and Society" Nr 24 1995.
148. Weber M., *Etyka protestancka i duch kapitalizmu.* Test, Lublin 1994.
149. World Bank. *Building Trust. Developing the Russian Financial Sector.* Washington DC 20433 2002.
150. World Bank. *World development indicators.* Washington, DC. World Bank 2010.
151. Van den Akker P., *Savings clubs (Jam'iyyat Iddikhar): The Egyptian Experience.* „Development: Seeds of Change" Vol 2 Nr 3 1987.
152. Vogel, F., Hayes, S., *III. Islamic Law and finance.* Boston: Kluwer Law, 1998.
153. Xin R. *China.* [in] N. J. Davis (Ed.), *Prostitution. An international handbook on trends, problems, and policies Westport*, CT: Greenwood Press, 1993.
154. Xu S., *An Examination and Understanding of Crime Comitted by High Ranking Officials: A Sociological Analysis of Corruption among High Ranking Chinese Government Officials.* „Law& life" Nr 267 2004.
155. Yao. T. K., *Report on BOC Group.* Hongkong 1987.
156. Yan - ki Ho R., *Hongkong Financial System.* Oxford Univesity Press, Hongkong 1991.
157. Yip D., *Finacial System in Colony.* Hongkong 1975.
158. www. Map of Freedom, 2007 civicpedia.ngo.pl/x/332992 2010-02-11.
159. www.wikipedia.org/wiki/Wskaźnik_Wolności_Gospodarczej 2010-02-11.
160. www.mg.gov.pl - Ministerstwo Gospodarki - strona internetowa Arabia Saudyjska data dostępu 2010-02-07.
161. www.gospodarka.pl/33420 2009-12-25
162. www.7dni.wordpress.com/.../inwestorzy-z-bliskiego-wschodu-inwestuja-w-europie/2010-02-15.
163. www.polish.cri.cn/1/2003/09/29/2@800.htm. 2010-03-02.
164. www.finanse.egospodarka.pl/40380,Rezerwy-walutowe-Chin-a-problem-dolara,1,48,1.html.2010-02-03.
165. www.stat.gov.pl 2010-03-29.
166. www.mg.gov.pl 2010-03-29.
167. www.money.pl/gospodarka2010-03-29.
168. www.msz.gov.pl/files/...%20pdf/Rosja/Rosja%2004.pdf,2010-03-29.
169. www.moskwa.polemb.net 2010-03-29

CENY TRANSFEROWE

Narzędzia optymalizacji podatkowej grupy kapitałowej

Marek Barowicz

rok wyd.: 2009

ISBN 978-83-7488-142-5

Celem niniejszej publikacji jest kompleksowa analiza problematyki cen transferowych w transakcjach realizowanych w obrębie grupy kapitałowej oraz omówienie najnowszych trendów w tej dziedzinie. Zamieszczone tezy wyrażono z uwzględnieniem obowiązujących regulacji prawnych (krajowych i wspólnotowych), poglądów, doktryn, interpretacji skarbowych oraz wykładni i orzecznictwa sądów administracyjnych.

Książka zawiera bogaty zestaw narzędzi i sposobów praktycznego rozwiązywania sporów na płaszczyźnie zarządzania cenami transakcyjnymi. Ich właściwy dobór stanowi podstawę racjonalnych decyzji kapitałowych (finansowych).

Intencją autora jest, aby niniejsza pozycja pozwoliła praktykom życia gospodarczego – członkom zarządu, dyrektorom finansowym, a także politykom – dostrzegać i analizować zagadnienie cen transferowych w szerszym, interdyscyplinarnym kontekście.

PRZEŁAMYWANIE SZOKU KULTUROWEGO

Elisabeth Marx

rok wyd.: 2000

Seria Biblioteka Biznesmena

ISBN 83-85428-53-4

Oto pierwsza książka, omawiająca ten ważny temat, oparta na systematycznych badaniach naukowych, a nie anegdotach. Elizabeth Marx, proponuje zestaw praktycznych i konstruktywnych rad, jak poradzić sobie z szokiem kulturowym. Autorka udowadnia, że możemy być efektywni, pracując za granicą lub w zespołach międzynarodowych, jeśli wykształcimy w sobie umiejętności adaptacyjne.

Szok kulturowy, „poczucie obcości", stał się w świecie globalnego biznesu zagrożeniem dla powodzenia wielu przedsięwzięć. Stwarza on znaczne ryzyko zawodowe niedostosowania się do naszych firmowych, zagranicznych kolegów mających inne motywacje, zachowania oraz sposoby podejmowania decyzji. Co siódmy menedżer brytyjski ponosi klęskę w międzynarodowych interesach, a w przypadku ich amerykańskich kolegów ten odsetek sięga prawie połowy.

Bezcenny przewodnik zapewniający czytelnikowi możliwość oceny samego siebie. Szczególnie ostatni rozdział pomaga zastanowić się nad pewnymi kwestiami, które są bardzo istotne dla odniesienia sukcesu w pracy w otoczeniu międzynarodowym, włącznie m.in. z motywacją, oczekiwaniami oraz umiejętnością polegania na sobie.